基于平板集热的太阳能光热利用新技术研究及应用

Research and Application of the Novel Solar Thermal Technologies Based on Flat-plate Solar Collectors

季 杰等 著

科学出版社

北 京

内 容 简 介

本书首先介绍平板集热的基本原理、分类、工艺、结构，利用传热学理论建立了传统平板集热器热性能及冻结性能模型并进行了优化分析，在此基础上研发了太阳能平板-环路热管热水器、带有相变储能的太阳能平板热水器、大尺度平板热水器、主动式平板空气集热器、可逆转百叶型被动式集热系统、太阳能双效集热器、太阳能平板蒸发器/直接膨胀式热泵、太阳能平板集热-间接膨胀式多功能热泵、光伏直驱太阳能集热等多种基于平板集热的新技术，详细阐述了各种技术的基本原理、结构设计、数理模型、实验方法、参数分析，并介绍了部分技术的应用案例。

本书可供太阳能领域、建筑热工领域的科研人员、工程技术人员参考，也可作为高等学校相关专业本科生和研究生教材。

图书在版编目(CIP)数据

基于平板集热的太阳能光热利用新技术研究及应用 = Research and Application of the Novel Solar Thermal Technologies Based on Flat-plate Solar Collectors /季杰等著. — 北京：科学出版社，2018

ISBN 978-7-03-056084-1

Ⅰ. ①基… Ⅱ. ①季… Ⅲ. ①太阳能利用–新技术–研究 Ⅳ. ①TK51

中国版本图书馆CIP数据核字(2017)第315300号

责任编辑：刘翠娜 / 责任校对：桂伟利
责任印制：张　伟 / 封面设计：无极书装

科 学 出 版 社 出版
北京东黄城根北街 16 号
邮政编码：100717
http://www.sciencep.com

北京建宏印刷有限公司 印刷
科学出版社发行　各地新华书店经销

*

2018 年 1 月第 一 版　开本：720 × 1000 1/16
2019 年 1 月第二次印刷　印张：21 3/4
字数：426 000
定价：128.00 元
(如有印装质量问题，我社负责调换)

前　言

太阳能低温热利用是太阳能应用的最简单、最廉价、最高效的应用方式。在太阳能低温集热中平板集热器和真空管集热器应用最为广泛，主要应用在生活热水供应、低温采暖、农副产品干燥、工业预热等多个领域。以往平板集热在国外应用相对较多，由于其防冻能力差，在我国主要应用于南方地区。然而平板集热具有低温集热效率高、承压性能好、加工方便及易于建筑一体化等优点，近年来在我国得到越来越多的应用，部分省市甚至出台了在建筑中太阳能集热器必须使用平板集热器的规定。

传统平板集热器只是吸收太阳能制备热水，然而，鉴于平板集热的结构特点，中国科学技术大学季杰教授团队研发了基于平板集热的多种太阳能利用新技术，拓展了平板集热的应用范围。本书首先介绍平板集热的基本原理、分类、工艺、结构，利用传热学理论建立了传统平板集热器热性能及冻结性能模型并进行了优化分析，在此基础上研发了太阳能平板-环路热管热水器、带有相变储能的太阳能平板热水器、大尺度平板热水器、主动式平板空气集热器、可逆转百叶型被动式集热系统、太阳能双效集热器、太阳能平板蒸发器/直接膨胀式热泵、太阳能平板集热-间接膨胀式多功能热泵、光伏直驱太阳能集热等多种基于平板集热的新技术，详细阐述了各种技术的基本原理、结构设计、数理模型、实验方法、参数分析，并简要介绍了部分技术的应用案例。

本书由季杰教授策划和组织，其内容主要为季杰教授指导研究生所做成果，共13章。第1章由季杰教授撰写；第2章、第4章、第5章、第6章由周帆、季杰撰写；第3章由裴刚教授据其本人及张涛博士的论文进行编写；第7章、第10章由孙炜博士据其本人及马进伟、罗成龙、于志博士的论文进行编写；第8章由何伟教授据其本人及研究生胡中停博士、王臣臣硕士的工作进行编写；第9章由赵东升、季杰撰写；第11章由黄文竹博士撰写；第12章由蔡靖雍博士撰写；第13章由王艳秋博士撰写。全书由季杰教授统稿并对各章内容进行修改和补充。

衷心感谢国家自然科学基金委、科技部、中国科学院、广东省及东莞市多个项目的支持。衷心感谢广东五星太阳能股份有限公司胡广良董事长和中国科学院广州能源研究所徐刚教授的帮助。

平板集热是太阳能集热的基本方式之一，具有广阔的应用前景。本书内容旨在拓展平板集热的研发和应用范围，希望能对学术研究和行业发展有所帮助。本书虽经多次修改，但疏漏之处在所难免，敬请读者批评指正。

作　者

2017 年 8 月

目　　录

第1章 绪　　论

太阳能是可再生能源中最引人注目、研究最多、应用最广的清洁能源。按照太阳能利用的不同途径，可将太阳能利用分为太阳能光热利用、太阳能光电利用、太阳能光化学利用、太阳能光生物利用以及太阳能储存与转换利用等，其中太阳能光热利用技术是目前效率最高、经济性最好的太阳能利用方式，而太阳能热水器又是发展最为成熟的利用形式之一。

太阳能热水器以其经济、节能、安全、环保的优点，近年来更是得到了前所未有的发展。中国已成为全球最大的太阳能热水器生产和使用国。2013 年，我国太阳能集热器总销量约为 6600 万 m^2，与 2012 年 6390 万 m^2 同比增长 3.3%，总产值超过千亿。太阳能平板集热器增长明显，2013 年产量为 650 万 m^2，同比增长 27.3%。目前市面上主要存在两种集热器形式：太阳能真空管型集热器和太阳能平板型集热器。太阳能真空管型集热器的特点是成本低、热损小、终温高，但热转移系数小，承压能力不强，不易与建筑结合，尤其是安装在高层建筑上存在安全隐患；而太阳能平板型集热器作为一种最常见的光热利用装置，因具有集热效率高、承压性能好、加工方便以及易于建筑一体化等优点具有良好的发展前景，如图 1.1 所示。

(a) 阳台壁挂式　　　　　　　　(b) 墙面嵌入式

图 1.1　太阳能平板型集热器建筑一体化

1.1　太阳能平板集热器的基本结构及材料

1.1.1　太阳能平板集热的基本原理

太阳能平板集热器的基本原理是：太阳辐射穿过透明盖板后照射在集热板上，集热板吸收太阳辐射后温度升高，然后将热量传递给集热板内的传热介质，使得传热工质的温度升高，作为集热器的有用热能输出；同时，温度升高后的集热板通过传导、对流和辐射等方式向四周散热，即为集热器的热量损失。

1.1.2　太阳能平板集热器的基本结构

太阳能平板集热是一种吸收太阳辐射能量并将产生的热能传递给工质的装置。所谓平板型并不一定是平的表面，而是指集热器采集太阳辐射能的表面积与其吸收辐射能的表面积相等。典型的平板集热器主要由集热板(包括吸热面板和传热介质流道)、透明盖板、外壳、隔热保温材料和密封条等几部分组成，其结构如图1.2所示。

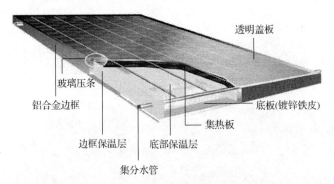

图 1.2　太阳能平板集热器结构示意图

1.1.3　太阳能平板集热器的主要构件与材料

1) 集热板

集热板是接收太阳辐射能并将热能传向传热介质的一种特殊热交换器，其包括吸热面板和与其良好结合的流体流道或通道。吸热面板的材料可以为金属或者非金属，一般采用铜、铝合金、不锈钢、合成树脂以及橡胶等。根据国家标准《平板型太阳能集热器》(GB/T 6424-2007)，集热板的结构形式主要分为管板式、翼管式、扁盒式和蛇管式等几种，如图1.3所示。最初的金属吸热板翼管式采用吹胀工艺制作。目前吸热板多采用金属肋管结构，肋片为铝板，肋管为铜管，良好的接触是保证良好传热的关键，管板式和蛇管式主要采用超声波焊接和激光焊接。

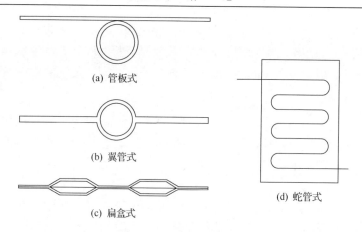

(a) 管板式

(b) 翼管式

(c) 扁盒式

(d) 蛇管式

图 1.3　吸热板的基本类型

2) 涂层

　　为使吸热板最大限度地吸收太阳辐射能，其表面常覆盖有选择性或者非选择性吸收涂层。所谓选择性涂层指的是对太阳的短波辐射具有较高的吸收率，而本身所在温度的长波发射率较低的一种吸收涂层。这种涂层既可使吸热板吸收更多的辐射能，又可以减少集热板向环境的辐射热损失，如图 1.4(a) 所示。

　　根据太阳光谱能量的分布特点，在太阳辐照范围内(300nm～2.5μm)有高的吸收率 α，在黑体辐射区域(2.5～25μm)有较低的发射率 ε，这就是太阳能光谱选择性吸收涂层的特性。高性能的选择性吸收涂层要求 $\alpha>92\%$、$\varepsilon<0.1$，α/ε 越大越好[图 1.4(b)]。

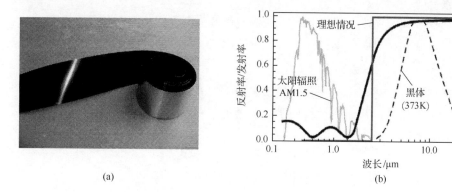

(a)

(b)

图 1.4　选择性涂层(a)及理想涂层与实际涂层的光谱吸收曲线(b)

　　目前国内还没有高效、环保且适于平板集热器的光谱选择性吸收涂层：真空管上的磁控溅射技术制备 AL 系薄膜对环境要求高，接触空气会很快氧化，耐候性差；电镀铬制备光热转换涂层的方法不环保，污染极大，在很多大城市禁止使用；高分子材料喷涂、铝阳极氧化等方法不仅制备方法不环保，而且性能不佳，发射率偏高；真空磁控溅射镀膜制备方法环保，光谱选择性吸收性能好，而且对环境要求不高，可在空气中使用，是与平板集热器最完美结合的涂层，但是由于技术所限，以前绝大多数为进口产品，目前市面上的国产蓝膜的质量参差不齐。

3）透明盖板

透明盖板位于集热板上方，主要是减少吸热板表面对大气的对流和辐射热损失，同时也起到保护吸热板，使其不受灰尘及雨雪的侵蚀。对透明盖板的主要技术要求包括：太阳透射比高、红外透射比低、导热系数小、冲击性强度高及耐候性能好等。目前国内外广泛使用的是平板玻璃，特别是低铁平板玻璃，其太阳透射比高达 91%。透明盖板的层数取决于集热器的工作温度和使用地区的气候条件。绝大多数情况下，采用的都是单层透明玻璃，包括超白低铁钢化玻璃或超白低铁布纹钢化玻璃。由于平板集热器的热损失主要是通过透明盖板途径散失，特别是考虑到寒冷地区应用的防冻问题，国内外也呈现了双层玻璃、中空玻璃、真空玻璃集热器。

4）隔热保温层

在集热板的背面和侧面都充填有隔热保温材料，以减少吸热板通过热传导向周围散热。底部隔热保温层的常用材料有：岩棉、矿棉、聚苯乙烯及聚氨酯等，这些材料具有导热系数小、不易变形、吸水性小、耐高温、不分解、便于安装及价格低廉等特点。底部隔热保温层的厚度一般为 3～5cm，四周隔热保温层的厚度大约为底部的一半。

5）外壳

集热器外壳的作用是将吸热板、透明盖板及隔热层组成一个整体，并具有一定的刚度和强度。一般用钢材、塑料或者玻璃钢等制成。

6）密封

集热器外壳与透明盖板之间的间隙采用密封条密封，以隔绝外界水蒸气及其他有害物质的渗透，从而减少对透明盖板透过率和涂层的影响，密封条材料一般是采用硫化橡胶或热塑化橡胶。

1.2　太阳能平板集热器的类型

太阳能平板集热器可以按多种方法进行分类。

1）按传热介质的种类划分

（1）水作为传热介质——太阳能平板热水器。

（2）空气作为传热介质——太阳能平板空气集热器。

(3)制冷工质作为传热介质——直接膨胀式太阳能热泵。

(4)低沸点工质作传热介质——热管太阳平板集热器。

2)按是否消耗外界机械动力划分

(1)主动式平板集热器——利用外加的风机或者水泵驱动循环。

(2)被动式平板集热器——仅依靠热浮生力或者重力驱动循环。

3)按功能性划分

(1)单功能平板集热器——仅具有单一的功能,如采暖、供热水、发电或者干燥等。

(2)多功能平板集热器——根据用户的需要可同时或分时段空气采暖、供热水或者发电,如热空气/热水双效集热器、PV/T 等。

1.3 新型太阳能平板集热技术

普通的平板型太阳能集热器虽然具有结构简单、价格低廉、维护方便等优点,然而经过多年的广泛使用发现有诸多问题亟待解决:冬季结冰导致管道胀裂、表面热损较大、功能单一以及实际运行效率偏低等。为了改善平板集热器存在的上述问题,国内外学者提出了许多新的方法,进行了大量的理论与实验研究。这些工作有些是为了提高平板集热的效率及其功能,有些则是为了提高太阳能建筑一体化的利用。主要涉及的新型平板集热技术如下:

(1)太阳能平板-热管集热技术;

(2)太阳能平板-相变储能平板集热技术;

(3)太阳能大尺寸平板集热技术;

(4)太阳能平板-直接膨胀式/间接膨胀式热泵热水技术;

(5)太阳能平板-双效集热技术;

(6)太阳能平板-百叶型被动集热墙技术;

(7)光伏直驱平板集热系统;

(8)太阳能平板 PV/T 技术。

1.3.1 太阳能平板-热管集热器

热管传热是利用低沸点介质的热端蒸发后在冷端冷凝的相变过程(即利用液体的蒸发潜热和凝结潜热),使热量快速传导。与铜、铝等金属相比,单位重量的热管可多传递几个数量级的热量。太阳能平板-热管集热器自管壁至介质的传热,是一个蒸发—凝结—对流的复杂过程,而常规的平板集热器传热仅是管内的对流换热过程,所以开发太阳能平板-热管集热器,降低热损,提高传热性能是关键。

　　目前太阳能平板-热管集热器的研究主要集中管板式结构，即将圆柱形热管与铝翅片吸热板结合，即圆形热管在下，其上包裹一个吸热铝片，或通过激光焊接，组成铜铝复合板芯，铝板上表面覆盖有高吸收涂层吸收太阳辐射能并将其转换为热能，但该结构的太阳能平板-热管集热器存在一定问题，如热管为铜质，成本较高；热管与板芯之间焊接加工工艺要求高，难度大；热管之间为铝翅片，其集热效率受翅片效率影响较大。近期提出了一种太阳能平板-热管（微槽道平板）集热器的结构，采用二维微通道阵列平板热管与太阳能吸热板结合，如图 1.5 所示。该集热器本身全为吸热体，可阵列式密排实现最大限度采光和传热，其集热性能更优。

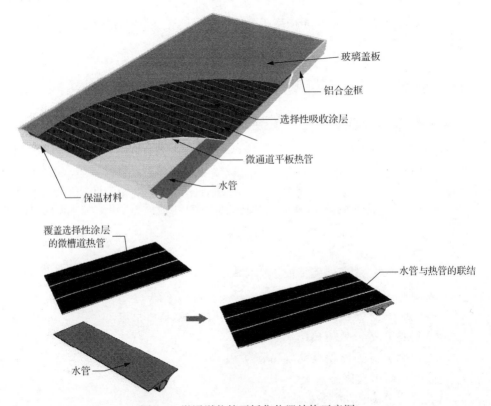

图 1.5　微通道热管平板集热器结构示意图

1.3.2　太阳能平板-相变储能平板集热器

　　太阳能平板集热系统在晴好天气条件下，特别是夏季，蓄水温度过高，水箱和集热器本身热损失大大增加。另外，在辐照条件不理想条件下，如夜间或阴雨天，蓄热水箱的水温则难以达到洗浴等用户需求。这是由太阳能间歇性及供给与使用的不一致造成的。为此，国内外许多学者提出将蓄热材料用于太阳能平板集热系统的相变储能平板集热器(图1.6),不仅能储存接收的太阳能,还可以起到隔热保温的作用,进而改善一体式平板热水器在降温过程中温度下降较快的问题。

目前研究重点主要在相变材料的应用对系统蓄、放热过程、热水保有时间、热水量及用于分体式平板集热系统的抗冻性能的改善等。

图 1.6　带有相变储能的平板集热器

1.3.3　太阳能大尺寸平板集热器

传统的平板太阳能热水器为便于与建筑结合以及提供家庭生活热水,其单块采光面积通常在 $1\sim2m^2$,对于大热水需求量太阳能热水系统,通常使用平板集热器串并联组成集热器阵列的方式实现。在大面积的平板集热器阵列中,由于前后集热器的遮挡以及左右相邻集热器的进出口连接,其占地面积会大于实际有效采光面积,造成了安装面积资源的浪费。同时,在大型平板集热器阵列中,集热器之间排列不紧密存在较大空隙使得其整体散热损失较大。

近年来随着跨季节储热供暖系统性能研究和示范的开展,为充分提高土地利用效率,提升系统性能,一种采光面积大于 $10m^2$ 大尺度平板集热器的研究和使用开始增多,如图1.7所示。国内对大尺度平板集热器的研究处于起步阶段,国外对大尺度平板集热器的研究和使用较多,在芬兰和丹麦,大尺度集热器通常用来作为跨季节性储热系统的集热器,介质一般采用水或防冻液。

图 1.7　丹麦跨季节储热大尺寸平板集热器

1.3.4　太阳能平板-直接膨胀式/间接膨胀式热泵

　　太阳能热泵将太阳能热利用与热泵技术有机结合起来,既能克服太阳能自身低密度、不稳定性与间歇性等缺点,又能提高热泵系统的工作性能,是具有开发和应用潜力的新型节能环保技术。

　　太阳能热泵分为太阳能直接膨胀式和间接膨胀式热泵。所谓太阳能平板-直接膨胀式热泵是指采用太阳能平板集热器取代热泵蒸发器形成的热泵系统,如图 1.8(a)所示;而太阳能平板-间接膨胀式热泵则是指太阳能平板集热器与热泵蒸发器采用附加板式换热器相连的热泵系统。太阳能热泵由于吸收了太阳能提高了热泵蒸发温度,热泵 COP 大幅提高。近年来,太阳能电池与热泵热水器联合运行技术(PV-SAHP)越来越受到关注,相比于传统太阳能热泵热水器,PV-SAHP 系统

(a) 盖板可调式太阳能热泵　　　　　　　　(b) 太阳能光伏热泵

图 1.8　直接膨胀式太阳能热泵热水器

中将太阳能电池层压在平板蒸发器中，太阳能电池发电的同时将所产生的热量传递给热泵的蒸发器，可降低太阳能电池温度并提升热泵的蒸发温度，进而达到同时提高太阳能电池发电效率与热泵热水器热效率的目的。目前关于 PV-SAHP 的研究主要集中于太阳能电池的冷却器与热泵蒸发器合二为一的直接膨胀式系统，如图 1.8(b) 所示。

1.3.5 太阳能平板-双效集热器

传统太阳能集热墙系统在冬季能实现良好的建筑被动采暖，但由于未考虑非建筑采暖期太阳能利用的问题，全年利用率较低。此外，传统被动采暖系统易导致建筑夏季过热，存在地域局限性。

为解决以上问题，我们提出了一种新型的与建筑一体化太阳能平板双效集热系统，如图 1.9 所示。该系统的太阳能集热设备——太阳能平板双效集热器，具有两种独立功能：一是采用空气集热给建筑供暖，二是采用水集热制生活热水。从系统功能上讲，该系统在冬季采用空气集热，为太阳能采暖系统；而在非采暖季，相当于太阳能热水系统。作为两者的结合，该新型系统应季节需求采取合理的工作模式，既可保留太阳能被动采暖系统低成本、无需维护的特点，又可消除太阳能采暖系统的夏季建筑过热问题，并且避免了太阳能集热水系统的冬季结冻等问题。新型的太阳能系统在各个季节都能有效利用太阳能，提高了系统的全年利用率和建筑的太阳能保证率，具有更好的经济性。

图 1.9 与建筑一体化的太阳能平板双效集热系统

1.3.6　太阳能平板-百叶型集热墙

将太阳能集热器设置在建筑外墙面的太阳能集热墙系统是一种典型的被动太阳能采暖方式，但是这种集热墙在亚热带地区应用时，存在夏季墙体过热问题，加大了建筑冷负荷。

因此我们提出了一种改善上述传统太阳能集热墙的性能以及美观性的可逆转百叶型太阳能集热墙，如图 1.10 所示，其结构简单、易操作，并且相比于传统集热墙，增加成本较少。这种百叶型集热墙通过两面不同吸收率百叶的翻转，解决了传统太阳能集热墙系统功能单一的缺陷，冬季可以向室内供暖，夏季可以降低室内冷负荷；最重要的是可以根据室外环境(温度、太阳辐照)的特点来调节百叶的角度以达到室内温度波动最小的热舒适环境。

图 1.10　可逆转百叶型太阳能集热墙

1.3.7　光伏直驱平板集热系统

大多数太阳能热水系统是使用集热器阵列和交流泵的主动循环式热水系统。系统使用温差控制器来控制交流泵的开启与关闭，在循环启动后流量基本恒定。目前此种系统得到广泛运用，但仍然存在技术问题。系统中的温差控制器和温度探头导致在低辐照时，交流泵频繁的启动和关闭。此外，控制系统部件复杂，容易导致系统故障。泵的频繁启闭导致系统消耗的电功率不稳定，同时，在非检修期间，控制器必须保持全天 24h 工作，以确保系统的正常运行。这意味着即使在夜晚和阴雨天气，热水系统不需要启动时，热水系统的控制器仍然需要消耗电能保持工作状态。因此，利用光伏来驱动的太阳能热水系统循环的概念被提出，如图 1.11 所示。

图 1.11 光伏直驱式热水系统的对比实验装置图

由于辐照变化与热水系统的流量需求自然相关，光伏电池一方面可提供系统循环控制信号，使得热水系统只在接受太阳辐照的时候才有循环流量；另一方面可作为系统循环的动力来源，使得系统不再需要接入市电电网。因此，光伏驱动的太阳能热水系统不需要额外的循环控制器、温度探头以及辅助循环动力电源，系统更加简单和可靠。

1.3.8 太阳能平板 PV/T 技术

将光伏电池与平板集热相结合，形成光伏光热一体化装置(PV/T)，同时发电和产热，极大地提高了太阳能利用效率。主要形式为光伏热水器、光伏被动空气集热器及光伏热泵等(图 1.12)。已有其他书作介绍，不再赘述①。

图 1.12 光伏热水器和光伏被动空气集热器

———————————

① 详见季杰等著《太阳能光伏光热综合利用研究》，科学出版社.

第2章 太阳能平板-肋管集热器及优化

平板式太阳能热水器是采用平板式集热器以及水箱、连接管道、循环水泵(主动循环系统)以及控制器等设备的热水系统。与真空管集热器相比,平板式集热器由金属吸热板以及管路组成,可以承压运行。除此之外平板式集热器还具有热效率高、免维护性较好且集热面积大、对辐照的利用效率较高等特点。平板-肋管集热器是一种较常见的平板式集热器,本章针对平板-肋管集热器详细介绍了其加工工艺、性能分析和测试方法以及工程应用。

2.1 平板-肋管集热器的工艺及构造

在所有平板热水器的类型中,平板-肋管集热器(图 2.1)从工艺流程上来说是最易于加工制造的一种类型。与其他类型平板集热器相比平板-肋管集热器加工的主要特点在于其板芯流道管和吸热板之间可采用整板激光焊接或者超声波焊接,且各个支管和集管均采用标准管件而且连接工艺简单。由于热效率高,耐压能力强,且加工工艺简单,整个生产过程可以实现机械化,平板-肋管集热器是目前国内外使用比较普遍的一种平板集热器类型。图 2.2 为平板-肋管集热器的组装图。

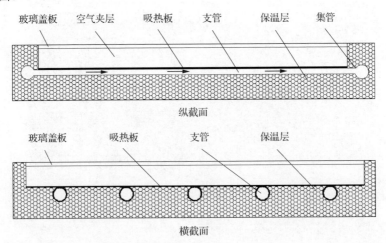

图 2.1 平板-肋管集热器内部结构图

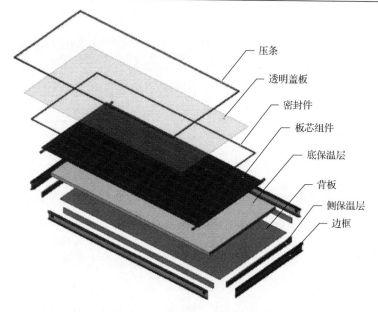

图 2.2　平板-肋管集热器的组装图

2.1.1　平板-肋管集热器主要部件

1) 吸热板芯及流道管

平板-肋管集热器的吸热板芯结构形式如图 2.3 所示。将多根支管平行放置组成排管，然后再与上下集管焊接，最后将吸热板与排管逐条焊接构成整块吸热板芯。

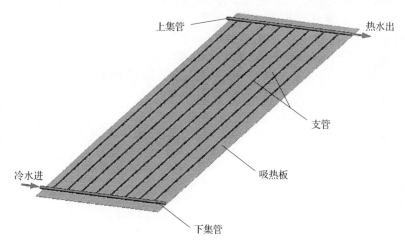

图 2.3　平板-肋管集热器板芯结构图

近年来，全铜吸热板正在我国逐步兴起，它是将铜管和铜板通过高频焊接或超声焊接工艺连接在一起。全铜吸热板具有铜铝复合太阳条的所有优点：热效率高、无结合热阻水质清洁、整个生产过程机械化程度高[1]，除此之外，全铜吸热板由于板和肋管采用同一种材质具有相同的热膨胀特性，可以避免由于温度变化较大而引起的吸热板芯热应力问题。

2) 吸热板上的涂层

在平板-肋管集热器吸热板上通常使用电化学方法或者磁控溅射发制备选择性吸收涂层。一般而言，吸热板要达到较高的性能，既要保持高的太阳吸收比，同时又要达到低的发射率，这两种方法得到的吸热板吸收比都可以达到 0.9 以上[2]，但是它们可达到的发射率范围却有明显的区别。从降低表面发射率的角度来看，采用磁控溅射方法能达到更低的发射率。当然，每种方法的发射率值都有一定的范围，某种涂层的实际发射率值取决于制备该涂层工艺优化的程度。

3) 透明盖板

用于平板-肋管集热器透明盖板的材料主要有平板玻璃和玻璃钢板两大类。但两者相比，目前国内外使用更广泛的是平板玻璃。根据国家标准的规定，透明盖板的太阳透射比应不低于 0.78。相比之下，发达国家的市场上已有专门用于太阳能集热器的低铁平板玻璃，其太阳透射比高达 0.90～0.91[2]。因此，我国太阳能行业面临的一项任务是在条件成熟时，联合玻璃行业，专门生产适用于太阳能集热器的低铁平板玻璃。

由于顶部损失在集热器总热损失中占大部分比重，对于在寒冷地区使用的平板-肋管集热器通常使用双层或者多层玻璃盖板，以减小通过盖板的顶部热损失。一般情况下，很少采用 3 层或 3 层以上透明盖板，因为随着层数增多，虽然可以进一步减少集热器的对流和辐射热损失，但同时会大幅度降低实际有效的太阳透射比[3]。实际上使用单层玻璃也可以达到大幅度减小集热器顶部热损失的目的，就是使用 Low-E 低发射率玻璃。关于 Low-E 低发射率玻璃盖板集热器在冬季的应用部分，本书将在后面章节做详细介绍。

2.1.2　平板集热器的生产工艺

平板集热器的生产工艺主要包括流道焊接、吸热板与流道结合加工、壳体加工、集热器总装等，以下分别介绍各部件的加工特点。

1) 流道的结构形式及加工

集热器流道，主要以铜管为主，目前市场上常见的结构形式以栅形和 S 型曲线流道为主，如图 2.4 所示。

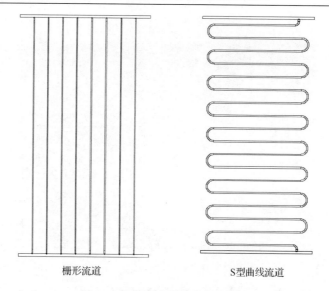

栅形流道　　　　　　　　　　　S型曲线流道

图 2.4　集热器流道管的结构形式

　　流道加工最核心的工艺是流道之间的焊接,保证流道能长期承受 0.6Mpa 且最高承受不低于 1.2MPa 压力,所以焊接必须牢固。目前各企业主要用火焰钎焊,采用含银 5%的铜焊条或磷铜焊条加助焊剂的方式焊接。图 2.5 所示为火焰钎焊,焊接要求不能有漏焊、气孔等焊接缺陷。集管桶身加工孔在与排管焊接位置,且集管的孔最好是翻边孔,这样有利于加大焊接位置的接触面积。

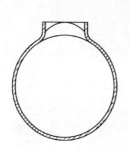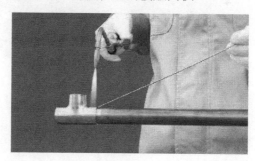

图 2.5　集管与支管的焊接

　　吸热板采用铜基材和铝基材为主,也有少数采用不锈钢材质;流道采用铜基材为主,也有少数采用铝材和不锈钢。管板之间结合方式主要有激光焊接和超声波焊接两种(图 2.6、图 2.7)。

　　2) 集热器外壳结构

　　平板集热器的外壳主要有两种类型:组合式和整体式(图 2.8、图 2.9)。

图 2.6　激光焊接

图 2.7　超声波焊接

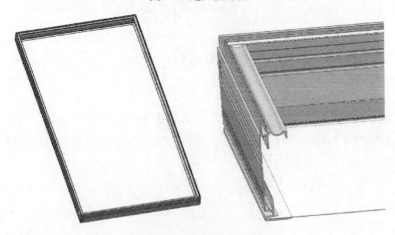

图 2.8　组合式集热器外壳

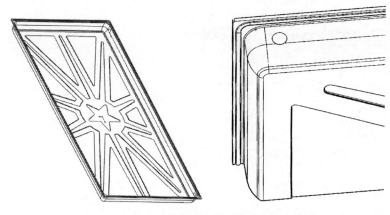

图 2.9　整体式集热器外壳

组合式：采用边框和背板的组合方式，边框与边框之间通过连接角码紧固，边框与背板采用铆钉、压合、胶粘等方式固定，结合成有机的整体，起到保护集热器板芯和安装支撑的作用，具有尺寸灵活变换和开发成本低的优点。

整体式：采用有机塑料材料注塑成型或金属钣金材料，通过模具压合成型的方式，具有整体效果好的优点，但一旦成型，尺寸就不能变更，还有开发成本高的缺点。

2.2　平板-肋管集热器的数理模型

本节建立了一个拥有足够复杂度和精确度的平板-肋管集热器白天非稳态运行模型。该模型考虑了保温层、吸热板、盖板、管路结构对系统性能的影响，采用各部件之间耦合传热的计算方法对热水系统白天运行状况进行了模拟。该模型经过计算可以得到集热器内部每一点的温度随时间的变化，为集热器的设计和优化提供了一个精确的理论工具。在模型中对平板-肋管集热器做了以下假设：

(1) 固体的热物理特性是固定不变的；

(2) 流体的热容和密度在计算中可作为定值；

(3) 集热器中的流量分布均匀；

(4) 集热器空气夹层中的空气热容可以忽略不计；

(5) 集热器保温层的热容可以忽略；

(6) 边框热损失相对可以忽略不计。

图 2.10 显示了集热器内部的热阻结构网络图。

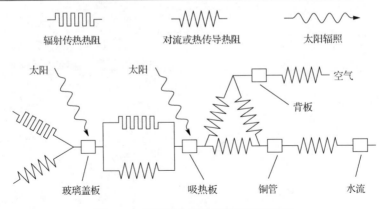

图 2.10　集热器内部的热阻结构网络图

2.2.1　集热器各部件的能量平衡方程

1) 盖板方程

模型中因盖板与吸热板不直接接触且两者之间存在较为复杂的辐射换热，假设玻璃盖板温度梯度可以忽略，盖板的能量守恒方程为

$$m_g C_g \frac{\mathrm{d}T_g}{\mathrm{d}t} = \alpha I + (T_{air} - T_g) h_{cv} + (T_{sky} - T_g)h_r (T_p - T_g)(h_{r,a} + h_{cv,a}) \tag{2.1}$$

式中，m_g 为单位面积盖板质量，kg/m^2；C_g 为盖板比热容，J/(kg·K)；α 为盖板吸收率，使用文献[4]中透明盖板吸收率的公式计算；I 为太阳辐照强度，W/m^2；T_{air} 为环境空气温度，K；T_{sky} 为天空温度，采用文献[5]中的经验公式 $T_{air} = 0.0552T_{air}^{1.5}$，K；$T_p$ 为吸热板平均温度，K；h_{cv}、h_r 分别为盖板与环境间的对流与辐射换热系数，使用文献[6]中公式，$h_{cv} = 6.5 + 3.3V_w$，W/(K·m^2)；$h_{r,a}$、$h_{cv,a}$ 分别为盖板与吸热板之间的对流与辐射换热系数，W/(K·m^2)；$h_{cv,a}$ 可采用文献[7]中的倾斜矩形空间换热公式计算，其中包含空气夹层厚度项。

2) 吸收率方程

入射太阳光线在玻璃盖板与吸热板结构中的光路图如图 2.11 所示。光线在经过玻璃时会在玻璃内部产生无数次反射、折射，如图 2.11 (a) 所示，且在穿透玻璃的过程中被玻璃部分吸收。透过玻璃的光线在玻璃盖板与吸热板之间也经历无数次的反射、吸收、折射(进入玻璃)。根据相关理论，在此种玻璃盖板与吸热板结构中，玻璃与吸热板对太阳直射和散射光线的吸收率(α_{dr}、α_{df}、$\alpha_{a,dr}$、$\alpha_{a,df}$)可通过以下方程组求得。

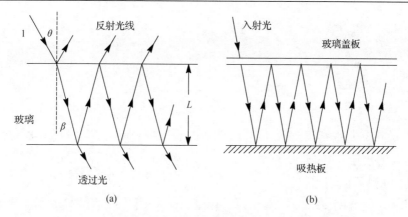

图 2.11　入射太阳光线在玻璃盖板与吸热板结构中的光路图

$$\rho_1 = \frac{1}{2}\left[\frac{\sin^2(\beta-\theta)}{\sin^2(\beta+\theta)} + \frac{\tan^2(\beta-\theta)}{\tan^2(\beta+\theta)}\right] \tag{2.2}$$

$$\tau_1 = \exp\left(-\frac{KL}{\cos\beta}\right) \tag{2.3}$$

$$\tau_2 = \frac{(1-\rho_1)^2 \tau_1}{1-\rho_1^2 \tau_1^2} \tag{2.4}$$

$$\rho_2 = \rho_1(1+\tau_1\tau_2) \tag{2.5}$$

$$\alpha_{a,dr} = \frac{\alpha_a \tau_2}{1-\rho_2(1-\alpha_a)} \tag{2.6}$$

$$\tau = \frac{\tau_2}{1-\rho_2(1-\alpha_a)} \tag{2.7}$$

$$\rho = \rho_2 + \tau\tau_2(1-\alpha_a) \tag{2.8}$$

$$\alpha_{dr} = 1 - \alpha_{a,dr} - \rho \tag{2.9}$$

$$\alpha_{df} = \alpha_{dr}\big|_{\theta=60°} \tag{2.10}$$

$$\alpha_{a,df} = \alpha_{a,dr}\big|_{\theta=60°} \tag{2.11}$$

3) 吸热板方程

对于单块平板集热器，假设流量分布均匀，则吸热板上和每根支管所对应的部分的温度分布完全相同，故模型中只需计算一根支管及其对应的半边吸热板翅

片，其能量守恒方程为

$$\rho_p \delta_p C_p \frac{\partial T_p}{\partial t} = \alpha_a I + \lambda_p \delta_p \left(\frac{\partial^2 T_p}{\partial x^2} + \frac{\partial^2 T_p}{\partial y^2} \right) + \left(T_g - T_p \right) \left(h_{r,a} + h_{cv,a} \right) + \frac{T_b - T_p}{\delta_{ins}} \lambda_{ins}$$

(2.12)

式中，ρ_p 为吸热板密度，kg/m^3；δ_p 为吸热板厚度，m；λ_p、λ_{ins} 分别为吸热板和保温层的热导率，$W/(K \cdot m^2)$；x、y 分别为横向与纵向坐标，m；α_a 为吸热板吸收率，使用文献[7]中吸热板吸收率的公式计算；C_p 为吸热板比热容，$J/(K \cdot m^2)$；T_b 为背板平均温度，K；δ_{ins} 为保温层厚度，m。对于与支管焊接处的吸热板，其能量守恒方程只需在原公式的基础上增加与支管的热传导项。

4）背板方程

集热器背板的能量方程为

$$m_b C_b \frac{dT_b}{dt} = \left(T_{air} - T_b \right) h_{cv,b} + \frac{T_p - T_b}{\delta_{ins}} \lambda_{ins}$$

(2.13)

式中，m_b 为单位面积背板质量，kg/m^2；C_b 为背板比热容，$J/(K \cdot m^2)$；$h_{cv,b}$ 为背板与环境间的对流换热系数，$W/(K \cdot m^2)$。

5）支管方程

忽略支管横截面的温度梯度，其能量守恒公式为

$$\rho_t C_t A_t \frac{\partial T_t}{\partial t} = \lambda_t A_t \frac{\partial^2 T_t}{\partial y^2} + \pi D h \left(T_f - T_t \right) + U_{a,l} \left(T_p - T_t \right)$$

(2.14)

式中，A_t 为支管管壁横截面积，m^2；λ_t 为支管导热率，$W/(K \cdot m^2)$；T_f 为管内工质的温度，K；D 为支管的内径，m；T_p 为焊接点处吸热板的温度，K；$U_{a,l}$ 为单位焊接长度的换热系数，$W/(K \cdot m^2)$；C_t 为铜管比热容，$J/(kg \cdot K^2)$；ρ_t 为铜管密度，kg/m^2。

6）水流方程

支管内水流采用一维模型，其的能量方程为

$$\rho_f C_f A_f \frac{\partial T_f}{\partial t} = \dot{m}_f C_f \frac{\partial T_f}{\partial y} + \lambda_f A_f \frac{\partial^2 T_f}{\partial y^2} + \pi D_t h \left(T_t - T_f \right)$$

(2.15)

式中，A_f 为支管内横截面积，m^2；$\dot{m}_f$ 为质量流量，kg/s；C_f 为流体比热容，$J/(kg \cdot K)$；λ_f 为载热流体的导热率，$W/(K \cdot m^2)$。

7) 水箱方程

水箱热平衡方程

$$\rho_f C_f A_{tank} \frac{\partial T_{tank}}{\partial t} = n \dot{m}_f C_f \frac{\partial T_{tank}}{\partial x} + \lambda_f A_{tank} \frac{\partial^2 T_{tank}}{\partial x^2} + P_{tank} h_{tank} (T_t - T_f) \qquad (2.16)$$

式中，n 为支管根数；A_{tank} 为水箱横截面积，m^2；P_{tank} 为水箱横截面周长，m；h_{tank} 为水箱热损系数，$W/(K \cdot m^2)$。

2.2.2　能量平衡方程的求解方法

模型中，集热器对应一根支管的吸热板部分采用点中心网格划分为 50×20 网格，以计算吸热板的温度分布，支管和水流各被划分为 50 个温度节点，对吸热板、铜管和上下集管，在对称中心和边缘处均采用绝热边界。在网格的基础上对以上方程和边界条件做二阶隐式离散，其中对流项采用二阶迎风格式。

在计算中，每次进入下一时刻首先更新气象参数(辐照、环温、风速)，其次根据入射光入射角计算盖板与吸热板的吸收率，然后根据结构和各个点温度计算各部分之间的换热系数，最后根据离散方程计算出所有节点温度。其具体求解流程如图 2.12 所示。

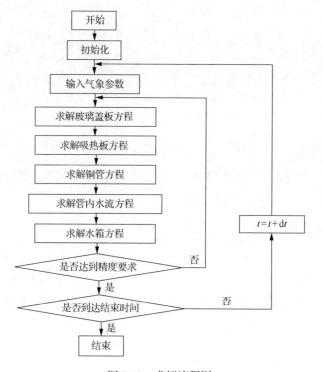

图 2.12　求解流程图

2.3　平板-肋管集热器的测试与分析

本节对平板-肋管集热器的测试指标、测试方法进行了阐述，同时也分析了各种环境参数、运行参数以及结构参数对平板-肋管集热器热性能的影响。所得到的结果对平板-肋管集热器优化运行和优化设计有重要参考意义。

2.3.1　平板-肋管集热器的性能评价指标和测试方法

标准的平板集热器，其瞬时效率 η 与状态参数(归一化温度 $\Delta T / G$)的关系能很好地符合以下线性方程

$$\eta = \eta_0 - U_L \frac{T_{\text{in}} - T_{\text{air}}}{G} \tag{2.17}$$

式中，η_0 为集热器截距效率，即集热器在进口水温与环境温度相等时的集热器效率；U_L 为总热损失系数，$\text{W}/(\text{m}^2 \cdot \text{K})$ ；G 为太阳辐照强度，W/m^2 ；T_{in} 和 T_{air} 分别为集热器进口水温和环境温度，K。

在评价集热器性能的参数中，η_0 和 U_L 是两个最重要的参数，也是目前国家对集热器性能评定的核心参数。当前国标规定，标准测试条件(辐照垂直入射，强度大于 $700\text{W}/\text{m}^2$ ，环境风速小于 4m/s)下平板集热器的截距效率不低于 72%，热损失系数不高于 $6\text{W}/(\text{m}^2 \cdot \text{K})$ 。

集热器的瞬时效率为

$$\eta = \frac{\left(T_{\text{in}} - T_{\text{air}}\right)\dot{m}C}{GA} \tag{2.18}$$

式中，$\dot{m}$ 为系统循环水流量，kg/s；C 为集热器有效热容量，J；A 为集热器采光面积，m^2 。对于平板-肋管集热器的实验测试有相关国家标准 GB/T4271-2007，通常选用太阳能热水器标准测试平台对平板-肋管集热器的热性能进行测试。在实际测试中需要测量环温、风速、直射辐照、散射辐照、集热器进口水温、出口水温和水箱水温等性能控制参数。

当天气晴朗，环境温度为 10℃，集热器倾角 32°，太阳光垂直入射集热器且辐照强度为 $1000\text{W}/\text{m}^2$ ，面积流量 $0.03\text{L}/(\text{s} \cdot \text{m}^2)$ ，入口温度为 10℃时，通过计算机模拟所得的集热器瞬时效率特性曲线如图 2.13 所示。计算中所用的参数均为五星太阳能公司提供的参数。从图中可以看出，集热器的截距效率为 75.3%，热损失系数为 $5.18\text{W}/(\text{K} \cdot \text{m}^2)$ ，且集热器的瞬时效率符合线性特性方程。

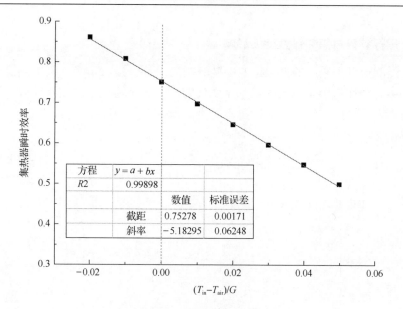

图 2.13　集热器瞬时效率特性曲线

集热器内部上端横截面温度分布如图 2.14 所示。由图可知，吸热板的平均温度比环境温度高出约 22℃，铜支管温度比内部水流高约 10℃。由此可知，此两处为集热器内部传热的主要限制点。

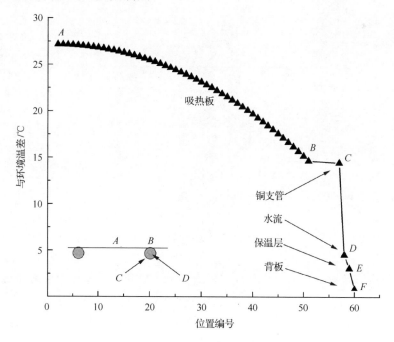

图 2.14　集热器内部上端横截面温度分布

2.3.2 运行参数对集热器性能的影响

上面的计算中采用的是恒定的标准测试流量 $0.03L/(s \cdot m^2)$。但集热器实际运行过程中各种环境因素以及流量都是变化的，因而，模拟中集热器模型的计算结果需能体现出辐照、流量、入射角等对集热器热性能的影响。

1) 辐照的影响

图 2.15 为辐照对集热器热性能的影响。在低辐照情况下，集热器与天空之间的辐射热损导致截距效率的降低。而随着辐照升高，热流量升高，吸热板与水流温差加大，使集热器热损失系数略有上升。

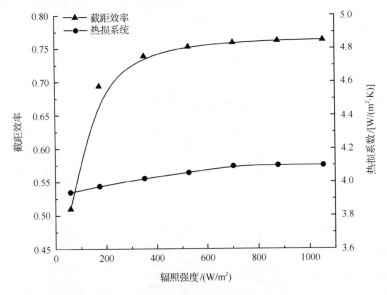

图 2.15　辐照对平板集热器热性能的影响

2) 面积流量的影响

图 2.16 为单位面积流量对平板集热器热性能的影响，其中 DT 为入口水流与环境的温差。两种 DT 的效率差别反映出热效率受入口温度的影响，即热损失系数的变化。

由图可知，热效率先随着流速的增加而增加，当流速大于 $0.015L/(s \cdot m^2)$ 时，热效率随流量的增加不再有明显变化。这是因为小流量时水流沿支管的温升较大，是影响集热器效率的主要因素。而当流量大到一定程度，水流温升较小成为次要因素。此外，小流量时不同进口温度下的热效率比大流量时更接近。这说明小流量时进口温度对热效率的影响要比大流量时小，即小流量时热损失系数较小。

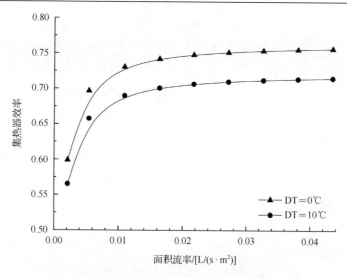

图 2.16　单位面积流量对平板集热器热性能的影响

2.3.3　结构参数对集热器性能的影响

1)未焊接长度的影响

图 2.17 为吸热板未焊接长度对集热器截距效率的影响。图中支管长 2m 表明支管与长边平行放置,支管长 1m 表明其与短边平行放置。不同的放置方式中支管间距相同。集热器截距效率随未焊接长度的增大而显著减小,且当支管与短边平行放置时,截距效率降低更明显。当未焊接长度超过 7cm 后,截距效率近似直

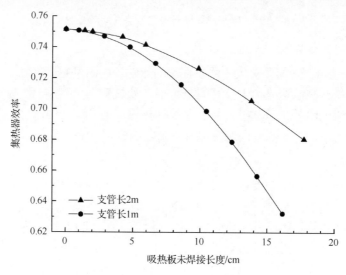

图 2.17　吸热板未焊接长度对集热器截距效率的影响

线下降，说明距离焊接点最近距离大于 7cm 的吸热板所吸收的热量较难传递给支管内的水流。由此可知支管更宜沿长边布置，且应尽可能降低未焊接长度。当前许多阳台壁挂平板集热器支管长 1m，未焊接长度约 8cm，且最外边支管与吸热板边缘距离长达 30cm。根据此图的分析，降低支管未焊接长度以及最外支管与边缘的距离能大幅提高集热器的热效率。

2) 吸热板厚度的影响

图 2.18 为吸热板厚度对集热器热性能的影响。随着板厚的增加，热效率先显著提高然后趋于不变。图中显示最佳吸热板厚度约为 0.4mm。

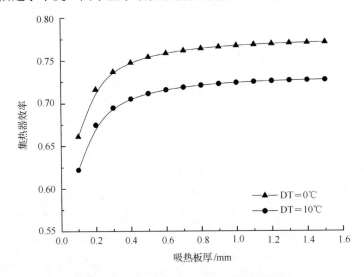

图 2.18　吸热板厚度对集热器热性能的影响

3) 支管间距的影响

图 2.19 显示支管间距对集热器热性能的影响。由图可知，热效率随支管间距的减小而显著升高。这是由于支管间距越小，吸热板上热流越小，吸热板上温差和铜管与水流的温差都将越小，从而导致了热效率的升高。由此可知，在经济条件允许的情况下，缩小支管间距是提升集热器热性能的有效途径。

4) 保温层的影响

在实际使用中，集热器内部可能凝结水汽，甚至可能有水漏入集热器，导致保温层潮湿，从而降低保温效果。同时潮湿的保温层热容变大，其所吸收的热能难以被利用，导致集热器系统热效率的明显降低。图 2.20 显示了保温层受潮后热导率变化对集热器热性能的影响。由图可知，保温层热导率的增加会降低集热器热效率，且使热效率对入口温度更加敏感，即热损失系数变大。鉴于此，集热器内保温材料的防潮非常重要，必要时可用塑料袋包裹保温层后安放于集热器内部。

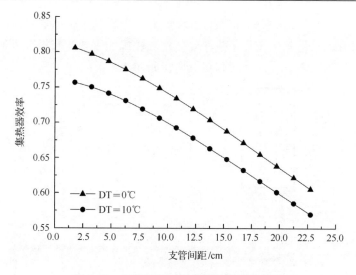

图 2.19 支管间距对集热器热性能的影响

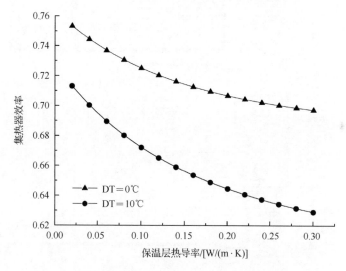

图 2.20 保温层受潮后热导率变化对集热器热性能的影响

2.4 太阳能平板-肋管集热器的应用

2.4.1 阳台壁挂式平板热水器

阳台壁挂式平板热水器是集热器安装在南墙上的阳台外墙，水箱就近壁挂安装或相隔一定距离安装的家庭小容积太阳能热水器。水箱在集热器上部就近安装的多采用热虹吸自然循环的方式。集热循环无需额外动力驱动，在水温较高的区域具有较大的浮升力，因此水箱布置的高度要高于集热器，从而使系统在工作情况下使热水流入水箱。水箱与集热器安装距离较远的，热虹吸循环不通畅，采用加循环泵的强制循环方式，其结构和原理图如图 2.21 所示。

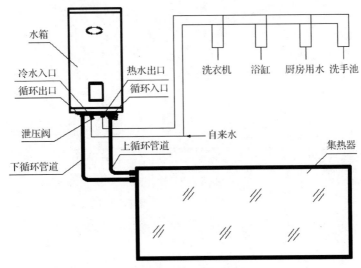

(a) 自然循环系统工作原理图

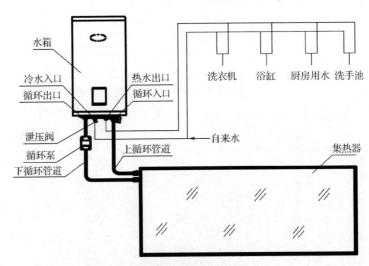

(b) 强制循环系统工作原理图

图 2.21　阳台壁挂式平板热水器工作原理图

1) 自然循环系统工作原理

自然循环系统采用光热转换与热虹吸原理运行。当太阳光透过玻璃照射到集热器吸热板上，吸热板上的选择性涂层吸收太阳能辐射转换成热能，通过管道与吸热板基材的接触，将所转化的热能传递给流道中的介质。水箱夹套中的介质经下循环管进入集热器下集管接口，经集热器流道的加热(光热转换)，从集热器上集管接口流出，然后通过上循环管进入到水箱夹套内。如此往复循环，不断将集热器的热量带到水箱，使水箱升温。

2) 强制循环系统工作原理

强制循环系统采用光热转换与温差控制循环原理运行。当太阳光透过玻璃照射到集热器吸热板上时，吸热板上的选择性涂层吸收太阳能辐射转换成热能，通过管道与吸热板基材的接触，将所转化的热能传递给流道中的介质。在太阳的辐射下，集热器吸热板吸收太阳能辐射，将所转化的热能传递给流道中的循环介质，使得介质温度不断升高；当集热器出口温度与水箱温度差值达到设定值时，智能控制系统控制循环泵启动，将集热器流道中的高温介质送到水箱，将水箱中的低温介质(经换热器后，介质温度降低)送到集热器流道中。在循环过程中，当集热器出口温度与水箱温度差值达到设定停止值时，水泵停止运行，集热器继续加热升温。如此往复循环，不断将集热器的热量带到水箱，使水箱升温。

3) 阳台壁挂式平板热水器系统配置

阳台壁挂式平板热水器由阳台式集热器、储热承压水箱、管道循环系统、智能控制系统、系统安装装置、循环泵站(用于强制循环)等各部分集成，通过自动控制与辅助加热设施配套使用。集热器安装在室外，储水箱安装在室内，循环管路连接水箱和集热器，整套系统依靠自然循环或者温差感应传感器强制循环原理进行工作，满足用户定时或全天候定量或恒温用水需求。

阳台集热器结构为适应阳台安装的需求，要求集热器的高度不能太大，尽可能使得安装后不会造成阳台的挡光或其他一些美观上的影响，通常设计宽度在 1m 以内。为满足集热器更好的换热效果，阳台集热器流道的布局也有特殊设计，常见的有横式排管布局和竖式排管布局，如图 2.22 和图 2.23 所示。

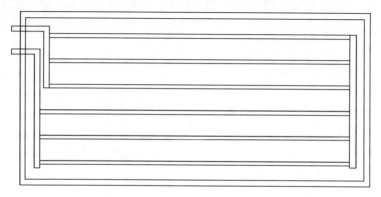

图 2.22　阳台壁挂式平板热水器管路布局(横排)

图 2.23　阳台壁挂式平板热水器管路布局(竖排)

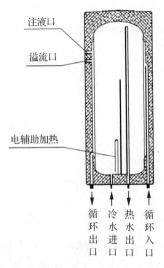

注液口

溢流口

电辅助加热

循环出口　冷水进口　热水出口　循环入口

图 2.24　搪瓷夹套水箱结构图

横式排管布局具有各流道长度接近，管道阻力差异小，循环均匀，焊接点少，可靠性高的优点，是在市面上应用最多的结构。由于排管横排布置自然循环的虹吸力对支管内部水流作用效果不显著，因此这种类型的集热器通常应用于强制循环系统。

竖式排管布局集热器的焊点较多，且上下循环管较长，应用在强制循环系统情况下会产生较大的流量不均匀。市场有少数运用水箱采用循环阻力小的搪瓷夹套水箱，有利于集热循环，其结构图如图 2.24。

水箱夹套层宽度通常为 7~10mm，设计注液口和溢流口，也有水箱注液口和溢流口共用一个口的情况。注液口到水箱套层顶部有一定的空间，用于介质膨胀，满足当水箱水温由环境温度到 99℃封闭夹套层压力不能大于 0.1MPa，确保水箱使用过程中的安全。

2.4.2　大型平板热水系统-亚运会

在第 16 届亚运会期间，五星太阳能有限公司为亚运城提供了平板太阳能热水的供应，本小节从亚运城热水供应这个项目，简述了五星公司为本次亚运会实施热水的工程情况。

1)工程情况及解决方案

广东五星太阳能股份公司作为广州亚运会太阳能集热器产品供应商，提供全部 11256m^2 高效太阳能集热器的供应及服务，主要承担了整个亚运城居住建筑的日常生活热水，服务面积 40 万 m^2。

设计团队在总计 22 栋建筑的屋顶上设计建造了太阳能热水系统，每栋楼太阳能热水系统相对独立运行，配备有太阳能集热水箱、防止超温和亏水的泄水箱。相应组团则配套足量的太阳能储热水箱，各太阳能系统均采用闭式循环系统，板式换热器换热。各系统太阳能采用温差自动循环，屋面太阳能集热水箱采用定温放水方式，由定温放水阀控制向相应组团的二级站室太阳能储热水箱输水，储水箱容积按可储存全天太阳能制备热水量设计配套，输水温度按季节在 48～65℃ 可调。太阳能系统保证率为 40%，阴雨天或日照不足部分由水源热泵辅助。

2) 节能效益

亚运会运动员村、国际区、技术官员区、主媒体中心等 22 栋建筑安装了 12000m^2 的五星太阳能热水器，有效实现赛时居住面积 119.79 万 m^2、27500 人的热水供应；赛后实现居住面积 192.8 万 m^2、56000 人热水供应。全年生活热水新能源替代率不小于 75%。与常规冷源系统及热水锅炉系统比较，亚运城安装的热水工程设备可节电 404.7 万度/年，减少二氧化碳排放量 4496.7 吨/年。图 2.25 为亚运会项目应用效果展示图。

五星太阳能荣誉广州2010年亚运会太阳能热水器供应商。提供11256m^{2}高效太阳能热水器集热器。

广州2010年亚运会太阳能热水系统

图 2.25　应用效果图片展示

参 考 文 献

[1] 刘仙仙. 太阳能平板集热器集热性能实验研究与模拟分析. 西安: 西安建筑科技大学硕士学位论文, 2012.

[2] 高腾. 平板太阳能集热器的传热分析及设计优化. 天津: 天津大学硕士学位论文, 2012.

[3] 李芷昕. 平板太阳能集热器抗冻方法研究. 昆明: 昆明理工大学硕士学位论文, 2009.

[4] Duffie J A, Beckman W A, Mcgowan J. Solar engineering of thermal processes. Journal of Solar Energy Engineering, 1994, 116(1): 549.

[5] Swinbank W C. Long-wave radiation from clear skies. Quarterly Journal of the Royal Meteorological Society, 1963, 89(381): 339-348.

[6] Cardinale N, Piccininni F, Stefanizzi P. Economic optimization of low-flow solar domestic hot water plants. Renewable Energy, 2003, 28(12): 1899-1914.

[7] Duffie J A, Beckman W A, Mcgowan J, et al. Solar engineering of thermal process. American Journal of Physics, 1985, 53(4), 382.

第3章　环形热管太阳能平板集热系统的
实验和理论研究

整体热管由于蒸发段和冷凝段结合紧凑，不易实现远距离的热量传递。而环形热管的蒸发段和冷凝段可以分离在不同的位置，与太阳能集热器具有非常好的结合性，将整个太阳能集热器作为环形热管的蒸发段，将带有盘管的水箱作为环形热管的冷凝段，中间通过热管工质管道连接，即可实现较远距离的热量传输。根据其工质循环动力的不同，环形热管又可分为重力环形热管和动力环形热管。

本章介绍了两种环形热管太阳能平板集热系统，主要从系统原理、实验设计以及实验结果三方面对两种环形热管太阳能平板集热系统进行了系统介绍和性能分析。

3.1　重力环形热管太阳能平板集热系统

3.1.1　重力环形热管太阳能平板集热系统实验平台介绍

1) 重力环形热管的工作原理[1]

重力环形热管的工作原理简图如图 3.1 所示，重力环形热管将受热部分与放热部分分离，用蒸汽上升管与冷凝液下降管相连接，可应用于冷、热流体相距较

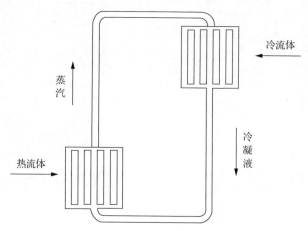

图 3.1　重力环形热管的工作原理简图

远或冷、热流体绝对不允许混合的场所。其工作原理如下：重力环形热管的蒸发端吸热后，蒸发段内的流体工质蒸发变成蒸汽，通过气体上升管道进入到冷凝端，蒸汽在冷凝端被冷凝变成液体，冷凝后的液体工质在重力作用下又重新回到蒸发端完成整个循环。

2) 重力环形热管太阳能平板集热系统测试平台

图 3.2 为重力环形热管太阳能平板集热系统的原理简图。重力环形热管太阳能平板集热系统由一块太阳能集热器、一个带冷凝盘管的水箱组成，中间用管道连接起来；为了观察板子的蒸发液位，在板子一侧并联了 4 个视液镜。重力环形热管太阳能平板集热系统的工作原理如下：透过玻璃的太阳辐照被涂有选择性吸收涂层的吸热板吸收后转换成热能，吸热板温度升高；热量经热传导传递给吸热板背面铜管内的循环工质，工质吸热后蒸发变成蒸汽；蒸汽经蒸汽上升管道进入水箱里面的盘管被冷凝成液体；冷凝后的液体在重力的作用下回到集热器完成整个循环。图 3.3 是测试平台实物图。表 3.1 是系统主要部件的尺寸及说明。

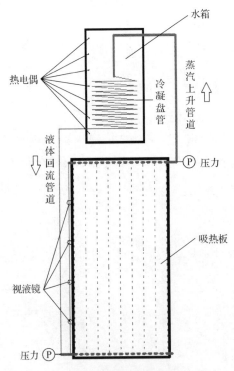

图 3.2　重力环形热管太阳能平板集
热系统的原理简图

图 3.3　重力环形热管太阳能平板集
热系统测试平台

表 3.1　重力环形热管太阳能平板集热系统主要部件的尺寸及说明

设备或铜管	尺寸/mm	备注
水箱	$\phi450\times1570$	$150\pm1L$
集热器	$1000\times2000\times95$	$\eta = 0.751 - 4.206\dfrac{T_{ic} - \overline{T_a}}{G} - 0.017\dfrac{(T_{ic} - \overline{T_a})^2}{G}$
吸热板	$950\times1960\times0.4$	吸收率$\geqslant0.96$
	—	发射率$\leqslant0.05$
蒸汽上升管道	$\phi28\times1000\times1$	—
液体回流管道	$\phi16\times2000\times1$	—
视液镜	—	艾默生
集热器背面铜管	$\phi10\times1970\times0.8$	—
系统连接铜管	$\phi10\times0.8$	—
水箱冷凝盘管	$\phi12\times18000\times1$	—

3.1.2　实验设计及说明

1. 实验仪器

本实验的主要测量参数包括温度、流量、辐照、压力等。相关测试实验仪器的具体信息如下。

1) 温度测量

温度测量使用的是铜-康铜热电偶(T 型，图 3.4)，其测量精度为$\pm0.2℃$。对水箱的进出口水温、水箱温度、集热器的进出口水温、环境温度、基板温度、热

图 3.4　铜-康铜热电偶

管温度、吸热板表面温度、玻璃表面温度等进行测量。由于水箱内的水温普遍存在分层现象，为了更准确地计算水箱的真实温度，在水箱内从上到下等距离布置了 7 个测温点。热管的蒸发段、绝热段和冷凝段也分别布置了测量点，以便观察热管的温度分布。温度测量采用采集仪内部补偿的方式。

2) 辐照测量

太阳总辐射强度的测量使用的是 TBQ-2 总辐射表(图 3.5)，与集热器平行放置。其响应时间小于 30s，稳定性为±2%，测试精度＜2%。

图 3.5　总辐射表

3) 流量测量

流量测量采用的是埃美柯 LXSR 型热水表(图 3.6)，其测量精度为：流量在 $0.03\sim0.12m^3/h$ 时为±5%；流量在 $0.12\sim3m^3/h$ 时为±3%。

图 3.6　热水表

4）压力的测量

压力测量采用的是 HUBA510 冷媒专用的压力传感器（图 3.7），其量程范围为 −1～9bar[①]。精度等级为 0.5，防护等级为 IP67，外螺纹连接方式。采用 12V 直流电供电，为 4～20mA 标准电流输出。

图 3.7　压力传感器

5）视液镜

在板子侧面并联放置了 4 个艾默生视液镜（图 3.8），用于观察集热器内工质的蒸发液位，以便了解蒸发液位对系统性能的影响；同时用于观察系统内是否含有水分。

图 3.8　艾默生视液镜

以上所有测量数据通过 Agilent 34970A 数据采集仪统一采集，采集数据的时间间隔为 30s，其中，数据采集系统如图 3.9 所示。

2. 实验设计及安排

和普通的整体热管一样，重力环形热管的充注量对重力环形热管的性能也具有较大影响，为了寻求重力环形热管（也是系统的）的最佳充注量，优化系统的性能，本节对不同充注量对系统性能的影响进行了长期的室外测试。实验测试均在合肥（31.52°N，117.17°E）的室外进行，集热器正南方向放置，倾角为 40°，比当地纬度略高，是因为考虑到了重力环形热管冷凝液回流对角度的需求；水箱底部

---

① 1bar=0.1MPa。

图 3.9　数据采集系统

距地面高 1390mm；4 个视液镜距离集热器底部的距离分别为 350mm、750mm、1150mm、1550mm；采用 R600a 作为循环工质；为了准确测量水箱里面的水温，水箱内放置了 7 个热电偶；同时集热器的吸热板表面、玻璃表面、吸热板背面铜管上均布置了一些热电偶用于监测集热器及重力环形热管的温度分布。系统充注量分别为 0.268kg、0.535kg、0.803kg、1.338kg、1.873kg，即在 25.0℃时，分别为系统体积的 10%、20%、30%、50%、70%。

3. 太阳能平板集热系统的评价分析

太阳能平板集热系统一天的平均热效率，可通过式(3.1)计算：

$$\eta_t = \frac{C_w M (T_f - T_i)}{HA} \tag{3.1}$$

式中，M 为水箱中水的重量，kg；C_w 为水的比热容，J/(kg·K)；H 为实验期间照射到单位集热器面积的辐照总量，MJ；T_i 和 T_f 分别为计算时间间隔内的水箱的初温和末温，K，实际取值以七个热电偶的平均值作为实际值；A 为集热器的面积，m^2。

单对一天的性能进行分析很难反映系统的实际热性能，因为不同的天气情况会对系统性能造成不同的影响，所以一般情况下都是通过长时间在不同天气下进行测试，并对测试结果进行线性拟合或二次拟合，拟合后的结果可在一定程度上反映系统的实际性能，也可用来对不同工况下系统的热性能进行评估。

很多学者采用典型热效率[2-5]来评价 PV/T 系统的热性能，典型热效率考虑了环境、风速、湿度等的影响。即通过长期的室外测试线性拟合其典型热效率来评估系统的性能，其计算公式如下：

$$\eta_t^* = \eta_0 - U_t \frac{T_i - \overline{T_a}}{G} \tag{3.2}$$

式中，T_i 为系统的初始水温，K；$\overline{T_a}$ 为平均环温，K；η_0 为当 T_i 等于 $\overline{T_a}$ 时系统的光热转换效率；U_t 为总的热损系数，MJ/K；G 为测试期间照射在单位集热器表面的太阳辐照总和，MJ；η_t^* 为系统的典型热效率。

三次样条插值现在广泛地应用于插值计算中，它是通过一系列形值点的光滑曲线，通过求解三弯矩方程组得出曲线函数组的过程。本节采用三次样条插值的方式来计算最佳充注量。三次样条插值函数是一个分段 3 次多项式，其在第 i 个区间 $[x_i,\ x_{i+1}]$ 上的表达式如下：

$$S_i(x) = a_{i0} + a_{i1}x + a_{i2}x^2 + a_{i3}x^3,\quad i = 0, 1, \cdots, n-1 \tag{3.3}$$

式中，a_{i0}、a_{i1}、a_{i2}、a_{i3} 为待定的系数，因此一共有 $4n$ 个待定系数。同时分段函数 $S(x)$ 和它的一阶和二阶导数在整个区间 $[a,\ b]$ 上必须连续，因此函数在每个连接点上都必须连续，即

(1)插值点

$$S(x) = f(x_i),\quad i = 0, 1, \cdots, n \tag{3.4}$$

(2)连接点

$$\begin{aligned} S(x_i - 0) &= S(x_i + 0), \\ S'(x_i - 0) &= S'(x_i + 0),\quad i = 1, 2, \cdots, n-1 \\ S''(x_i - 0) &= S''(x_i + 0), \end{aligned} \tag{3.5}$$

本节中使用的是默认的边界条件，通过对 $4n$ 个方程的求解可以确定 $4n$ 个待定的系数，因此三次样条插值函数在每个区间的函数都可以确定，函数的最大值也就可以确定，函数最大值对应的插值点也就可以确定。

3.1.3　实验结果分析

当系统充注量为 0.268kg，即 10%体积充注量的情况下，最底部的视液镜内也看不到液体的存在，系统绝大部分区域内只有工质气体。由于 R600a 气体的热容非常小，集热器出口的气体过热度非常大，因此集热器的温度会非常高，当天的测试结果显示，中午 12:00～13:00，吸热板温度最高温度高于 160.0℃。同时由于工质气体热容小，能够吸收的太阳能有限，因此系统的热效率也较低，通过对10/10/12 天测试的数据计算得知，其热效率仅为 23.72%。吸热板的高温会导致用于固定热电偶胶带的脱落，造成热电偶的脱落，从而导致测量数据的错误；另外，

高温还会损坏吸热板背面的保温层。因此为了保证实验的继续进行，10%充注量下只进行了一天的测试，并且由于该充注量下系统的性能与其他情况下不具备比较性，因此以下关于系统运行时细节的分析没有涉及。而其他充注量情况下，都进行了长时间的室外测试，并获得了有效的数据。由于实验都是在 2012 年进行的，所以本节以下的分析中均略去年份。

为了能够具体分析不同充注量下系统的运行特性，对各个不同的充注量，选择其相应的具有代表性的一天进行分析，各天的环境参数变化，如辐照强度、环温及水温变化(七个热电偶的平均值)，如图 3.10 所示。各天的水箱内水的初终温、平均环温、总的太阳辐照见表 3.2。测试时间均是从早上 8 点到下午 4 点。

表 3.2 不同充注量下各天的天气数据汇总

日期	T_i/℃	T_f/℃	$\overline{T_a}$ /℃	H/(MJ/m²)
11 月 4 日	21.0	44.7	15.6	22.067
9 月 29 日	25.7	62.4	25.6	22.386
4 月 27 日	21.1	58.3	28.1	21.6
7 月 25 日	33.1	65.1	36.6	22.8

1)不同充注量下瞬时光热效率对比

不同充注量下，系统每 30min 的瞬时光热效率对比如图 3.11 所示。从图中可以看出，在不同充注量下，系统的瞬时光热效率总体趋势是先增加后减小。这是因为实验初期，水温和环温之间的温差较小，即系统的热损较小，温差为负值时，系统没有热损，反而环温起正作用，随着太阳辐照的增强及太阳入射角的逐渐减小，吸热板吸收的太阳辐照能逐渐增加，因此系统的光热效率逐渐增加；实验中期，水温和环温之间的温差开始逐渐变大，系统的热损也逐渐变大，但是此时太阳辐照强度强，太阳的高度角也较小，因此系统的光热效率呈现缓慢下降的趋势；在实验末期，水温和环温之间的温差变得很大，系统的热损也随之变大，同时太阳入射角增加，吸热板吸收的太阳辐照能急剧下降，故系统的光热效率会下降得比较快。

另外，从图中还可以看出，系统的光热效率随着充注量的增加也是呈现先增大后减小的趋势，系统在充注量为 30%和 50%的情况下效率较高。当系统的充注量较低时(如 20%的充注量)，系统内的液态工质量较小，表现为底部第一个视液镜内有液体，第二个视液镜内没有，即没有足够的发生相变吸热的工质，因此在太阳辐照强的时候，太阳辐照能只有部分被吸收变成了工质的潜热，工质的量限制了其能吸收太阳辐照的总量，限制了其热传输能力，表现为图中 20%充注量下光热转换效率有很长的一段是平；虽然有一部分太阳辐照被上升的饱和蒸汽吸收，

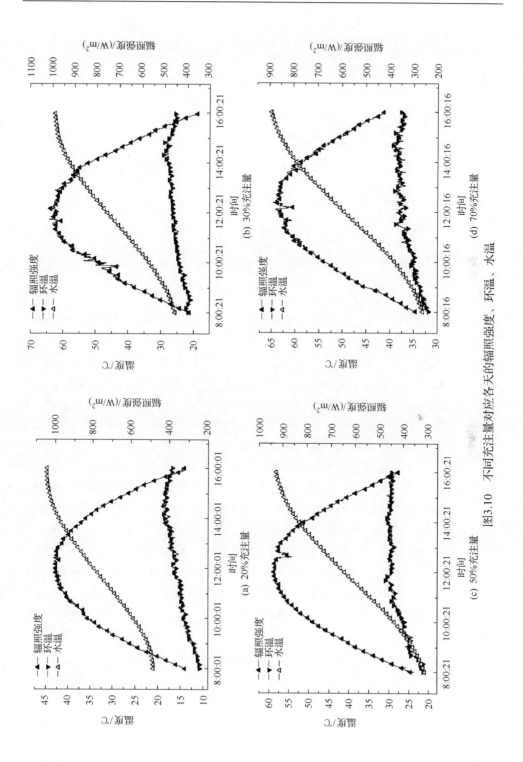

图3.10　不同充注量对应各天的辐照强度、环温、水温

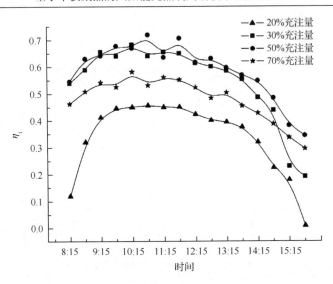

图 3.11 不同充注量下系统的瞬时光热效率对比

但是由于气体的热容比较小，工质气体很快过热，过热的气体使得系统的热损变大；另外，充注量低同时也意味着蒸发液面液位较低，即系统的热阻较大，图中表现为 20%充注量的情况下开始和结束的系统的热效率都很低，同时波动非常大；综合以上原因，当系统充注量较低时，系统的光热效率就较低。当系统充注量较高时(如 70%充注量)，液态工质的量比较多，表现为最上面的视液镜内充满液体，同时也意味着系统的热容比较大；因此太阳辐照的变化对其光热效率的影响就较小，由于工质的液位比较高，蒸发相变的液位变高，被冷凝后很快又可以得到补充，因此蒸发液位高度变化不大，从而底部工质由于液体的压力产生的相变气泡上升慢或难上升，继而影响系统的光热效率，图中表现为在 70%充注量的情况下，系统的光热效率波动比其他充注量情况下要平缓得多。从图中也容易看出，充注量越大其热效率曲线波动就越平缓，在测试开始和测试结束的时候最为明显。在30%和 50%充注量下，系统都具有较高的热效率，由此可以得出在 30%和 50%的充注量下，系统的液态工质量和蒸发液位都比较理想，重力环形热管具有较小的热阻，蒸发段可以迅速地将吸热板吸收的热量传给冷凝段，加热水箱里面的水。因此从瞬时光热效率的变化曲线，我们可以预测，系统的最佳充注量应该是在30%～50%。

2)不同充注量下压力及压差对比

为了便于观察重力环形热管进出口的压力波动，在重力环形热管的进出口各安装了一个压力传感器，一个用于测量重力环形热管进口的液态工质的压力，一个用于测量出口蒸汽的压力。不同充注量下重力环形热管进出口压力及对应的压差如图 3.12 所示。

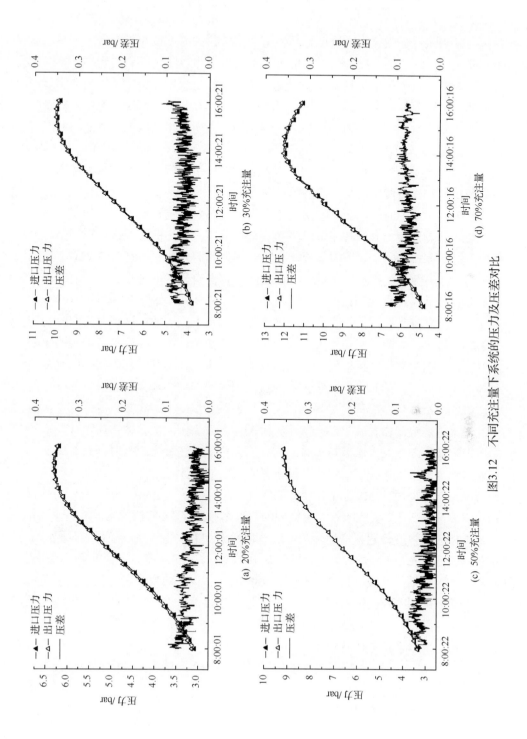

图3.12　不同充注量下系统的压力及压差对比

从图中可以看出，在不同充注量下，系统的压力都是随着时间逐渐增大，这是因为随着水温、吸热板的温度升高，重力环形热管内工质的温度随之升高，在饱和状态下，压力与温度为一一对应关系，所以压力也随之升高。此外，不同充注量下，进出口的压差都具有比较明显的波动，但是和压力相比，压差的实际波动值相对较小。经计算，20%、30%、50%、70%充注量下，系统平均压差分别为4500Pa、6300Pa、2700Pa和7800Pa。本实验测试中所使用的压力传感器的精度等级为0.5级，虽然有个别的点在测量精度之外，但是绝大部分的点都在精度之内，因此本节通过进出口压力相减得到的压差仍能在一定程度上反映了重力环形热管蒸发段进口和冷凝段出口压差的实际情况。

在充注量小的时候，压差产生的主要原因是蒸发液位较低导致饱和蒸汽沿重力环形热管蒸发段上升过程中继续吸热变成过热蒸汽产生的压差；在充注量较高的时候，压差产生的主要原因是液体高度差产生的重力差。从图3.12来看，压差并没有呈现有规律的波动，可能与实际的天气情况有较大的关系。为了研究压差的实际可能波动趋势，本书分析了每30min压差的平均值，如图3.13所示。在20%、30%充注量的情况下，压差的总体变化趋势为先减小再增加。这是因为实验初期太阳辐照较小，太阳入射角较大，吸热板吸收的热量较小，此时只有很少的工质蒸发，同时因为蒸发液位较低，所以蒸发的工质蒸汽在上升过程中继续吸热变成过热蒸气，故开始的时候压差较大；随着太阳辐照的增强及太阳入射角的变小，工质吸收的热量变多，蒸发变得剧烈，工质的蒸发量变多，过热程度降低，故压差呈现下降趋势；在实验末期，随着辐照的减弱及太阳入射角的再次增大，系统的压差也就逐渐变大，原因与实验初期相同。系统充注量为50%时，系统压差的总体趋势为先增大后减小再增大。原因是在实验初期太阳辐照小，太阳入射角大的情况下，系统的吸热量较小，蒸发的气体的量较少，但是系统的热容比20%和30%的情况下要大，因此随着太阳辐照的逐渐增强，蒸发的工质并没有随之增加，但是工质的过热度却逐渐增加，故其压差也变大；当太阳辐照再增强的时候，工质开始剧烈蒸发，故工质气体的过热度也开始变小，因此系统的压差也随之减小；在实验末期，系统的吸热量开始减小，蒸发的气体也开始变少，气体过热压差增大，但此时因为工质的温度较高，故其密度变小，液位变高，因此工质气体的过热量也小，压差较系统初期变小。20%和30%充注量情况下，因为本身的充注量就比较小，所以液位变化就较小，因此实验初期末期的压差也相差较小。在70%的充注量情况下，压差的总体趋势也是先减小后增大。因为系统的充注量较大，其蒸发液位较高，据上面的分析，其压差主要来自于液位差，随着太阳辐照的增强，变成蒸汽的液体变多，因此液位开始下降，其压差也就随着下降。实验末期

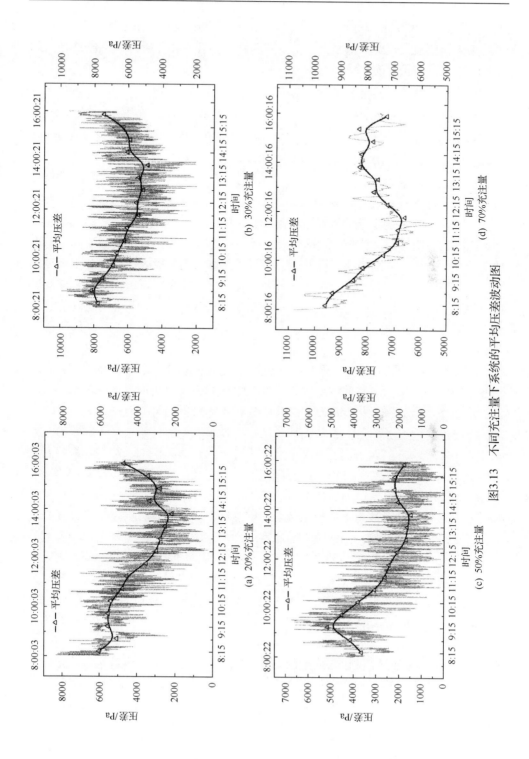

图3.13　不同充注量下系统的平均压差波动图

工质蒸发变少，所以系统的压差又开始变大；由于 70%充注量下系统的热容较大，因此太阳辐照的变化对其液位产生的变化不像其他充注量下波动那么剧烈，因此其压差的波动也较平缓。

3) 不同充注量下系统的温度分布

不同充注量下，重力环形热管蒸发段的顶端、中间、底端的平均温度如图 3.14 所示，同时图中还给出了吸热板正面表面的温度(以下简称吸热板温度)和环温的波动曲线。从图中我们可以看出，除了 20%的充注量之外，重力环形热管的蒸发段都具有良好的等温性，其顶端、中间、底端的温度曲线几近重合，并且吸热板正面的温度绝大部分时间都高于重力环形热管蒸发段的温度。在 20%充注量下，热管蒸发段顶端的温度远高于其中间和底端的温度，蒸发段顶端、中间、底端具有明显的温度差异，同时吸热板正面的温度和热管蒸发段中间的温度较为接近。此外，从图中还可以看出，不同充注量下吸热板表面温度和重力环形热管的温度都是呈现先增大后减小的趋势，但是 20%的充注量下在实验末期其温度下降的更明显，这是因为 20%充注量下系统的过热度较高，与环境之间的热损较大，在实验末期太阳辐照较弱及太阳入射角较大的情况下，温度降低得比较明显。

图 3.15 是不同充注量下重力环形热管蒸发段的顶端与底端的温差和重力环形热管中间与底端的温差的波动图。从图 3.15 中我们可以更明显地看出，在 20%的充注量下，重力环形热管蒸发段的温度分布非常的不均匀；而在 30%、50%、70%充注量的情况下，热管蒸发段具有良好的等温性，即使是顶端与底端的温差也都在 0℃附近。在 20%的充注量下，重力环形热管蒸发段的顶端与底端的温差呈现先增加后减小的趋势，而中间与底端的温差在开始的时候温差具有较明显的波动，后面也是呈现先增加后减小的趋势。这是因为在 20%的充注量下，由于工质的蒸发液位较低，液态工质吸热蒸发后的蒸汽在沿管道上升的过程中继续吸收太阳辐照变成过热蒸气，因此顶端与底端饱和液态工质的温差就较大，随着太阳辐照的增大及太阳入射角的减小，吸热板吸收的热量增大，温差也逐渐增大；而对于重力环形热管的中间段来说，开始太阳辐照弱的时候，工质的蒸发量较少，气体具有一定的过热度；随着吸热板吸热量的逐渐增加，此时工质的蒸发量也增加，因此其过热度增加的不明显；再加上系统实验初期集热器的热容(这里的热容指的是吸热板、玻璃盖板、边框等的热容，不是工质本身的热容)，因此在实验初期，重力环形热管的中间段与底端的温差呈现波动的趋势。待系统运行稳定后，中间与底端的温差也呈现先增加后减小的趋势，原因同上。30%、50%、70%的情况下，重力环形热管各部分的温差虽然很小，但总体上呈现的趋势是先减小后增加，这是因为在实验初期由于系统的充注量较多，系统的热容较大，工质初期蒸

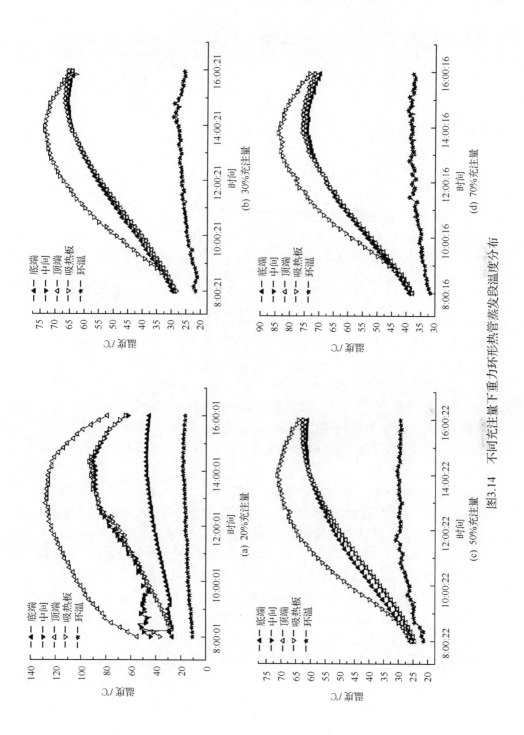

图3.14　不同充注量下重力环形热管蒸发段温度分布

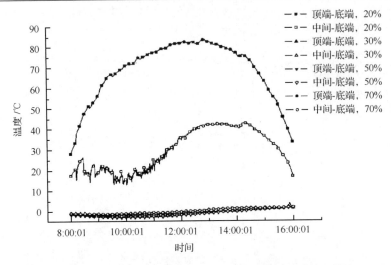

图 3.15　不同充注量下重力环形热管蒸发段顶端与底端温差和
中间与底端温差的波动图

发的量较少，因此出口工质气体具有一定的过热度；随着辐照的增强，此时工质的蒸发变得剧烈，工质的蒸发量变多导致其过热度变小，因此温差变小；但随着吸热板吸热量的继续增加，工质的蒸发量虽然变得更多，但同时工质的蒸发液位变低，再加上重力环形热管本身的传热能力的限制，此时气体过热度又开始增加从而导致温度增加，温差变大；在实验末期，虽然吸热板的吸热量变小，但是与实验初期相比，此时工质的温度较高，即工质气体的热容比实验初期热容更小，因此实验末期在同样的吸热板吸热量情况下，出口处工质气体的过热度会相比较高。

　　吸热板表面的温度与热管蒸发段平均温度的温差在一定程度上能直接反映热管的热传输能力和系统的总体性能。图 3.16 是不同充注量下吸热板表面的温度与重力环形热管蒸发段的平均温度的温差变化图。从图中可以看出，在 30%、50%、70%的充注量下，吸热板表面与重力环形热管蒸发段平均温度的温差除实验开始阶段外，均在 0℃以上，同时温差都呈现先增加后减小的趋势；而 20%充注量下，温差大部分时间为负值，只在实验结束前的一段时间为正值。这是因为在 20%的充注量下，从图 3.14、图 3.15 中可以看出，由于蒸发液位低，工质气体过热度大，热管蒸发段的平均温度高于吸热板的温度，因此其温差绝大部分时候为负值；吸热板的温度与热管中间部分的温度相同就意味着中间以上部分吸热板吸收的太阳能是没法被工质吸收或是只能吸收很少的部分(因为过热气体的热容更小)，即吸热板吸收的太阳辐照只有部分被吸收，大部分都被耗散到环境中去，这从另一个方面也可以解释当充注量较低时系统的热效率不高的原因。

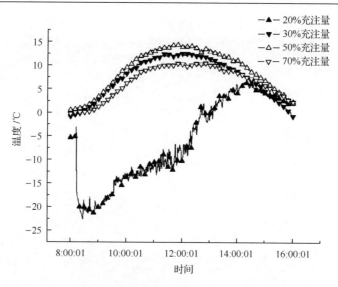

图 3.16　不同充注量下吸热板表面的温度与重力环形热管蒸发段的
平均温度的温差变化图

在 30%、50%、70% 充注量的情况下，系统具有较合适的充注量，在实验初期和实验末期，吸热板吸收的热能较少，热管可以将所吸收的热能全部带走，因此温差较小；在吸热板吸热量较大时，热量不能被及时带走(其原因一方面是重力环形热管热传输能力的限制，另一方面是吸热板与重力环形热管之间存在热阻)，此时温差变大，总体上温差呈现先增大后减小的趋势。虽然三者具有相同的趋势，但是其温差值却有大小，70% 的充注量下温差最小，其次为 30%，最大的为 50%。在 70% 充注量下由于蒸发液位较高，即重力环形热管蒸发段大部分区域内为液态工质，蒸发液位高同时也意味着过热度低，所以吸热板与重力环形热管平均温度的差值较小。30% 充注量下相比 50% 充注量具有较小的温差，意味着 30% 充注量的情况下重力环形热管具有更好的传热性能，从另一个侧面说明系统的最佳充注量应该是在 30%~50%。

4) 不同充注量下集热器的性能

根据国标 GB/T 4271-2007[6]，只有大于 700W/m^2 的辐照才能用来分析集热器的性能。本节对不同充注量下集热器性能的线性拟合是基于公式(3.2)，拟合后的曲线及其对应的函数如图 3.17 所示。在这里，采用式(3.2)在对集热器性能进行评价分析时，G 代表一段时间内的平均太阳辐照，其单位应该是 W/m^2；并且集热器的进口温度应该是集热器内部压力对应下的工质的饱和温度，而不是水箱的水温，在这里用 T_{ic} 代替。

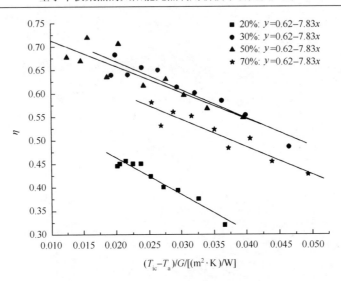

图 3.17　不同充注量下集热器效率拟合

　　从图中看出，在 20%、30%、50%、70% 充注量下集热器的拟合热效率分别为 62%、79%、77%、72%，总体呈现先增大后减小的趋势；而不同充注量下集热器的热损系数分别为 7.83、6.01、5.57、5.85，总体呈现逐渐减小的趋势。通过对集热器线性拟合的结果我们可以再次推断，系统的最佳充注量应该是 30%～50%。关于不同充注量下集热器热效率变化趋势的分析与其对应的瞬时热效率的分析相同，这里不做过多的解释。关于热损的变化趋势可以解释如下：当充注量较低时，集热器内工质的蒸发液位低，可相变的工质量少，工质蒸气的过热度高，重力环形热管及集热器的温度都高，因此集热器的热损就相对较大；当系统的充注量较合适(30%、50% 的情况)和较高时(70%)，系统的热效率为逐渐下降的趋势，故吸热板与环境之间的温差逐渐下降，故其热损系数逐渐下降。

　　5) 不同充注量下系统的性能

　　为了更好地评估不同充注量下系统的热性能，每一个充注量下都进行长时间的室外测试，本节对不同充注量下系统的热性能通过公式 (3.2) 进行线性拟合，拟合结果如图 3.18 所示，拟合后的曲线可以用来评估不同充注量下系统在不同天气情况下系统的热性能。表 3.3(a)、(b)、(c)、(d) 是不同充注量下多天的测试结果详情。从表中可以看出，系统在 30% 和 50% 的充注量下，系统每天的热效率都基本在 55% 以上，水温温升大都可以达到 30℃ 以上，这个温升在春天和秋天完全可以满足家用需求；系统在 20% 和 70% 的充注量下系统的热效率有所下降，系统每天的温升也有所下降，但大多数能达到 20℃ 以上的温升，在晚春或是夏季的时候也可以满足家用需求。

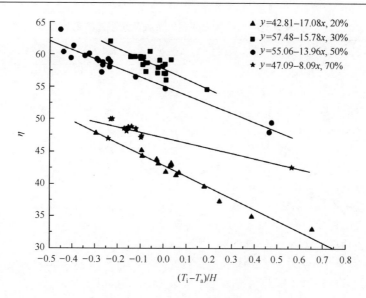

图 3.18　不同充注量下系统效率拟合

表 3.3(a)　20%充注量下系统多天测试结果

日期	$T_{w,i}$ /℃	$T_{w,f}$ /℃	ΔT_w /℃	$\overline{T}_a$ /℃	H_t /(MJ/m²)	$\overline{\eta}_t$ /%
2012 年 10 月 20 日	21.9	41.6	19.7	26.1	14.3	47.8
2012 年 11 月 12 日	15.0	40.5	25.5	16.9	19.7	45.1
2012 年 10 月 19 日	21.2	44.9	23.7	22.9	18.6	44.3
2012 年 10 月 11 日	23.3	45.4	22.1	23.8	17.5	43.8
2012 年 11 月 07 日	17.0	39.7	22.8	17.4	18.4	43.1
2012 年 10 月 12 日	23.4	36.5	13.1	23.3	10.9	41.8
2012 年 10 月 18 日	21.3	45.9	24.6	20.7	20.0	42.8
2012 年 10 月 17 日	21.8	46.1	24.2	21.2	19.5	43.1
2012 年 11 月 06 日	16.6	40.5	23.9	15.9	19.3	43.0
2012 年 11 月 01 日	19.2	38.8	19.4	18.3	16.3	41.3
2012 年 11 月 05 日	18.1	41.6	23.6	14.3	20.8	39.5
2012 年 11 月 11 日	15.0	39.6	24.6	13.6	20.6	41.7
2012 年 11 月 04 日	21.1	44.7	23.6	15.6	22.1	37.3
2012 年 10 月 15 日	30.4	44.7	14.3	24.9	14.2	34.9
2012 年 10 月 23 日	32.5	49.9	17.4	20.5	18.4	33.0

表 3.3(b)　30%充注量下系统多天测试结果

日期	$T_{w,i}$ /℃	$T_{w,f}$ /℃	ΔT_w /℃	$\bar{T}_a$ /℃	H_t /(MJ/m²)	$\bar{\eta}_t$ /%
2012 年 09 月 27 日	25.4	44.8	19.4	28.0	10.9	62.0
2012 年 09 月 24 日	26.0	56.2	30.2	28.5	17.7	59.6
2012 年 10 月 06 日	23.6	44.2	20.5	25.2	12.0	59.6
2012 年 10 月 08 日	24.1	57.3	33.2	26.1	19.4	59.6
2012 年 09 月 18 日	25.9	57.5	31.6	27.8	18.5	59.4
2012 年 09 月 19 日	25.8	57.1	31.4	27.5	18.7	58.4
2012 年 09 月 20 日	25.9	51.9	26.0	27.3	15.2	59.6
2012 年 09 月 26 日	25.7	49.0	23.3	26.8	13.8	58.6
2012 年 09 月 16 日	25.7	56.0	30.3	27.1	18.4	57.3
2012 年 10 月 01 日	24.4	59.2	34.8	25.9	20.6	58.6
2012 年 10 月 09 日	25.1	53.5	28.3	26.1	16.3	60.4
2012 年 09 月 15 日	26.8	61.3	34.5	27.4	21.0	57.1
2012 年 09 月 28 日	25.2	58.7	33.5	25.7	20.1	58.0
2012 年 09 月 17 日	26.1	55.4	29.3	26.5	17.2	59.1
2012 年 10 月 04 日	25.5	45.9	20.4	25.6	12.2	58.2
2012 年 10 月 07 日	25.2	51.5	26.3	25.2	16.0	57.0
2012 年 10 月 03 日	25.4	50.1	24.7	25.3	14.7	58.5
2012 年 09 月 29 日	25.7	62.4	36.7	25.6	22.4	57.0
2012 年 09 月 05 日	29.0	64.3	35.3	28.8	21.9	56.0
2012 年 09 月 30 日	25.4	55.1	29.6	24.9	17.4	59.1
2012 年 09 月 14 日	31.5	66.7	35.2	27.3	22.5	54.6

表 3.3(c)　50%充注量下系统多天测试结果

日期	$T_{w,i}$ /℃	$T_{w,f}$ /℃	ΔT_w /℃	$\bar{T}_a$ /℃	H_t /(MJ/m²)	$\bar{\eta}_t$ /%
2012 年 04 月 19 日	18.2	49.6	31.4	26.0	17.1	63.8
2012 年 04 月 06 日	16.3	48.2	31.8	24.4	18.3	60.3
2012 年 04 月 23 日	21.3	57.5	36.2	29.9	21.2	59.4
2012 年 05 月 05 日	24.0	57.1	33.2	31.4	18.8	61.3
2012 年 04 月 07 日	18.0	50.1	32.1	24.4	18.6	59.8
2012 年 04 月 27 日	21.1	58.3	37.3	28.1	21.6	60.1
2012 年 04 月 22 日	19.0	54.1	35.1	25.0	20.6	59.2
2012 年 04 月 28 日	22.3	54.8	32.6	27.8	19.2	59.00
2012 年 05 月 17 日	24.9	59.9	35.0	30.7	21.3	57.2
2012 年 05 月 18 日	26.0	56.2	30.2	30.8	18.0	58.3
2012 年 05 月 19 日	26.6	59.6	34.0	31.0	20.1	58.8

日期	$T_{w,i}$ /℃	$T_{w,f}$ /℃	ΔT_w /℃	$\overline{T}_a$ /℃	H_t /(MJ/m²)	$\overline{\eta}_t$ /%
2012 年 05 月 16 日	24.9	59.2	34.3	29.8	20.1	59.2
2012 年 04 月 26 日	16.4	55.2	35.8	24.5	24.5	58.0
2012 年 05 月 10 日	23.8	56.7	33.0	28.3	19.5	58.8
2012 年 05 月 21 日	25.7	57.0	31.3	25.6	19.9	54.7
2012 年 05 月 15 日	33.5	55.1	21.6	26.2	15.6	48.0
2012 年 05 月 04 日	40.0	68.8	28.8	30.4	20.2	49.4
2012 年 05 月 22 日	24.3	53.1	28.8	26.5	17.7	56.5

表 3.3（d）　70%充注量下系统多天测试结果

日期	$T_{w,i}$ /℃	$T_{w,f}$ /℃	ΔT_w /℃	$\overline{T}_a$ /℃	H_t /(MJ/m²)	$\overline{\eta}_t$ /%
2012 年 06 月 13 日	29.5	56.6	27.1	34.4	20.1	47.0
2012 年 07 月 22 日	31.9	61.2	29.3	36.6	20.4	50.0
2012 年 07 月 23 日	32.2	61.8	29.6	36.8	20.6	50.0
2012 年 07 月 26 日	32.9	62.1	29.2	36.5	20.9	48.6
2012 年 07 月 24 日	32.7	60.4	27.6	36.0	20.0	48.1
2012 年 07 月 25 日	33.1	65.1	32.0	36.6	22.8	48.7
2012 年 07 月 21 日	32.0	60.6	28.6	34.8	20.4	48.8
2012 年 06 月 21 日	29.7	55.6	25.9	31.9	18.6	48.5
2012 年 06 月 02 日	24.6	49.2	24.6	26.4	18.1	47.1
2012 年 06 月 20 日	29.2	54.9	25.7	31.0	18.9	47.4
2012 年 07 月 20 日	45.4	68.7	23.3	34.7	19.0	42.6

　　从图中可以看出，不同充注量下系统拟合趋势与集热器性能拟合具有相同的趋势，系统的拟合热效率呈现先增大后减小的趋势，而系统热损则是逐渐地减小。20%、30%、50%、70%充注量下，系统的拟合热效率分别为 42.81%、57.48%、55.06%、47.09%。30%和 50%的充注量下，系统的热效率已经和普通的水冷型的太阳能热水器相当，但是重力环形热管式太阳能热水器应用范围更广，使用寿命更长。关于不同充注量下系统热效率和热损的变化原因与集热器性能分析当中热效率和热损的变化原因解释大同小异，这里不再赘述。从系统热效率的拟合再一次证实了系统的最佳充注量应该在 30%～50%。

　　6）系统的最佳充注量

　　把不同充注量下系统的拟合热效率与充注量结合起来，可以得到四个充注量和系统热效率的对应点，即（20%，42.81%）、（30%，57.48%）、（50%，55.06%）、（70%，47.09%），对应工质的充注量即为：（0.535，42.81%）、（0.803，57.48%）、

（1.338，55.06%）、（1.873，47.09%）。采用默认边界条件，认为不同充注量下系统的热效率连续可导，在 origin 中对四个连续的点进行三次插值函数拟合，拟合的结果如图 3.19 所示。

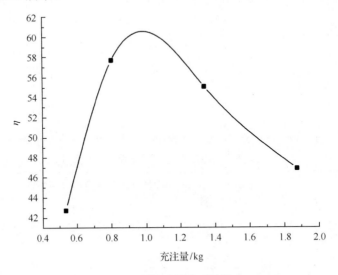

图 3.19　系统最佳充注量拟合

　　根据以上假设，并结合式(3.3)～式(3.5)可以求出相邻两个充注量区间所对应的三次插值函数，三次插值函数的具体求解过程本节不做过多的表述，具体的求解结果如下：

当充注量为 20%～30%时，即充注量在 0.535～0.803 时，其函数为

$$y = -148.748(x-0.535)^3 + 159.753(0.803-x) + 226.242(x-0.535)$$

当充注量为 30%～50%时，即充注量在 0.803～1.338 时，其函数为

$$y = 74.385(x-1.338)^3 + 10.9348(x-0.803)^3 + 129.107(1.338-x) + 99.7686(x-0.803)$$

当充注量为 50%～70%时，即充注量在 1.338～1.873 时，其函数为

$$y = 10.9348(1.873-x)^3 - 5.46742(x-1.338)^3 + 99.7686(1.873-x) + 89.212(x-1.338)$$

　　根据以上函数式，对函数求导即可求出系统的最大拟合热效率和最大拟合热效率对应的充注量。经计算得，系统的最大拟合热效率可达 60.53%，对应的充注量为 0.98kg，即系统体积充注量的 36.6%。系统的热效率越大，其性能与之对应的也是最佳。

3.2　动力环形热管太阳能平板集热系统

重力环形热管的驱动力主要来自于冷凝液的重力差，其驱动力有限，因此其管道不宜太长，同时集热系统的水箱必须高置。这些缺陷使得重力环形热管太阳能平板集热系统的应用具有比较大的局限性，比如实际家庭应用或是工程中多个集热器的串并联等。动力环形热管可以解决以上的问题，在环形热管的冷凝段和蒸发端之间安装微型工质泵，通过泵来补充蒸发端内的蒸发工质，虽然增加了额外的电力消耗，但是系统的驱动力却大大增加，水箱也没有位置限制。本节搭建了动力环形热管太阳能平板集热系统，并对 50%体积充注量下系统的性能进行了实验研究，结果表明动力环形热管太阳能平板集热系统的热性能和普通的太阳能平板集热系统的热性能相当，低于相同体积充注量下重力环形热管太阳能平板集热系统的热性能。

3.2.1　动力环形热管太阳能平板集热系统实验平台介绍

动力环形热管太阳能平板集热系统由一块太阳能集热器、一个冷凝储液罐、一个蒸发储液罐、一个微型工质泵、一个带盘管的冷凝水箱、一个单向阀等组成，中间用管道连接起来。为了观察动力环形热管蒸发段的蒸发液位，在集热器的一侧平行并联了 3 个视液镜。集热器用来吸收太阳辐照；带冷凝盘管的水箱用来冷凝吸热蒸发的气体工质并将其热量转成水的热能；冷凝成液态的工质在重力作用下流到冷凝储液罐，冷凝储液罐用于储存冷凝液态工质；微型工质泵用来补充蒸发储液罐内的液态工质；单向阀的作用是防止在系统不工作时蒸发储液罐内液体工质回流，保证集热器内有液态工质的存在，同时保证微型工质泵的前后都有液态工质的存在，延长微型工质泵的使用寿命；连通管的作用是用来平衡储液罐与水箱、集热器的压力，使工质液体只在重力的作用下自然回流；之所以没有采用工质泵直接给蒸发段供液是因为考虑到泵的压力波动会导致集热器内的压力波动，从而影响系统的性能。

动力环形热管太阳能平板集热系统的工作原理(图 3.20)如下：透过玻璃的太阳辐照被表面涂有选择性吸收涂层的吸热板吸收后转换成吸热板的热能，吸热板温度升高；吸热板的热量经热传导传递给吸热板背面铜管内的液态工质，工质吸热后蒸发变成蒸汽；蒸汽经管道进入水箱里面的盘管被冷凝成液体，工质的潜热转化成水的热量；冷凝后的液态工质在重力的作用下回流到冷凝储液罐，冷凝储液罐的液体通过微型工质泵被抽到蒸发储液罐；蒸发储液罐的液体在重力的作用下回流到动力环形热管蒸发段完成整个循环。图 3.21 是系统的实物图，表 3.4 是系统主要部件的尺寸及说明。

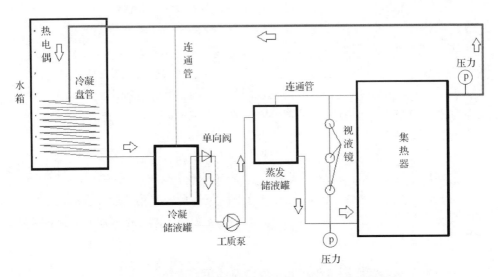

图 3.20　动力环形热管太阳能平板集热系统的工作原理简图

图 3.21　动力环形热管式太阳能光热系统测试平台

表 3.4　动力环形热管太阳能平板集热系统主要部件的尺寸及说明

设备或铜管	尺寸/mm	备注
水箱	$\phi450\times1570$	$(150\pm1)\text{L}$
冷凝储液罐	$\phi58\times440$	5.9L
蒸发储液罐	$\phi58\times440$	5.9L
微型工质泵	—	60W(额定功率)
集热器	$1000\times2000\times95$	$\eta=0.751-4.206\dfrac{T_{ic}-\overline{T_a}}{G}-0.017\dfrac{(T_{ic}-\overline{T_a})^2}{G}$
吸热板	$950\times1960\times0.4$	吸收率$\geqslant0.96$
		发射率$\leqslant0.05$
连通管	$\phi4$	—
冷凝盘管	$\phi12\times18000\times1$	—
视液镜	—	艾默生
集热器背面铜管	$\phi10\times1970\times0.8$	—
系统连接铜管	$\phi10\times0.8$	—

3.2.2　实验设计及说明

1. 实验仪器

本节实验中温度、辐照的测量、压力的测量和视液镜的型号及数据采集所使用的仪器与 3.1.2 节中相同。此外，本节中还涉及微型工质泵的选型及其功率的测量，采用的仪器及具体信息如下。

1)工质泵功率的测量

采用四川维博生产的 WBP111S91 有功功率传感器(图 3.22)来测量微型工质泵的功率。其准确度等级为 0.5 级，响应时间小于 300ms，采用 12V 直流电源供电。

2)微型工质泵

在动力环形热管太阳能平板集热系统中，为了使系统可以持续循环，工质泵的选择很关键。如果选型过大，冷凝储液罐的液体很快被抽空，泵大部分时间处于空转的状态，会极大地降低泵的寿命，同时由于蒸发段内工质过多，工质的蒸发液位变高，其热效率会较低；如果选型过小，系统蒸发储液罐的液体没法及时补充，

图 3.22　有功功率传感器

工质的蒸发液位变低，动力环形热管出口处的工质气体过热度较高，根据 3.1.3 节的分析，也会明显降低系统的热效率。在综合考虑了太阳辐照及系统的换热能力的基础上，选择了 MG1004A 微型工质泵，如图 3.23 所示，其理论排量为 0.34mL/r，流量范围为：100～952mL/min。实验期间吸热板的吸热总量不同，动力环形热管单位时间内蒸发的液态工质量也不同，因此需要配变频器来调节泵的转速，变频器为厂家配送，可在最大最小流量间调节。

图 3.23　微型工质泵

2. 系统设计及说明

系统性能测试均在合肥当地室外进行，板子正南朝向放置，倾角为 40°，同样也是考虑了动力环形热管工作的倾角需求；水箱，冷凝储液罐，蒸发储液罐的距离地面的高度分别为 150mm、500mm、950mm；与集热器平行的视液镜距离集热器底端的高度分别为 120mm、750mm、1020mm；水箱里面同样也放置了七个热电偶用于准确测量水箱的水温；系统采用的工质为 R600a，充注量为 4.0kg，50%体积充注量(25℃)。本节选择了具有代表性的一天(25/03/12)对其进行分析，当天的环温、太阳辐照、水温(用七个热电偶的平均值代表水箱的真实温度)如图 3.24 所示。实验是从早上 8 点到下午 4 点，共 8 个小时。通过对吸热板吸热量的估计，工质泵的流量设计如下：571.2mL/min(理论上的，下同，8:00～9:00)，761.1mL/min(9:00～10:00)，952.0mL/min(10:00～14:00)，571.2mL/min(14:00～15:00)，380.8mL/min(15:00～16:00)。系统性能如瞬时热效率，集热器、系统性能的线性拟合采用的计算公式及拟合方法均与 3.1.2 节中相同。

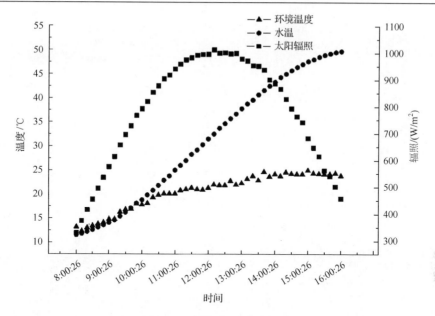

图 3.24　辐照环温水温波动图

3.2.3　实验结果分析

1）瞬时光热效率分析

系统的瞬时光热效率及其误差（每 30min）、环温和水温的波动如图 3.25 所示。从图中可以看出，系统的瞬时光热效率总体变化趋势为先增加后减小，最大值为 69.54%，出现在 10:15；最小值出现在实验结束前，大小为 28.77%。系统瞬时光热效率波动趋势的原因可以解释如下：在 10:30 以前，水温、动力环形热管蒸发段和环温的温差比较小（图中水温和环温的曲线接近重合），随着太阳辐照的增强及太阳入射角的减小，玻璃透过率变大，吸热板的吸热量逐渐增加，系统的光热效率逐渐增加；10:30～14:15，水温、动力环形热管蒸发段和环温之间的温差逐渐变大，系统的热损随之逐渐变大，但由于此时太阳辐照很强，同时入射角很小，因此系统的光热效率呈现缓慢下降的趋势；14:15 之后，水温、热管蒸发段和环温之间的温差很大，即系统的热损也较大，同时太阳入射角也逐渐变大，因此系统的瞬时热效率呈急剧下降趋势。经计算得知，系统当天的日平均热效率为 58.22%。

2）压力波动及压差分析

为了便于观察动力环形热管进出口的压力波动，在动力环形热管的进出口各安装了一个压力传感器，一个用于测量动力环形热管进口的液态工质的压力，一个用于测量出口蒸汽的压力。动力环形热管进出口压力及压差的变化图如图 3.26 所示。

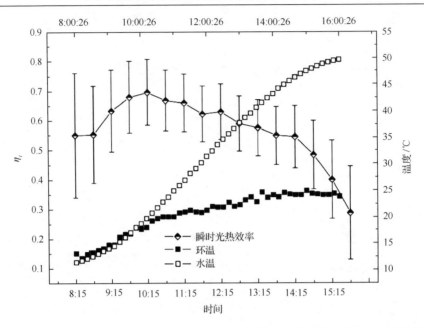

图 3.25　动力环形热管太阳能平板集热系统瞬时光热效率及其误差、环温和水温波动图

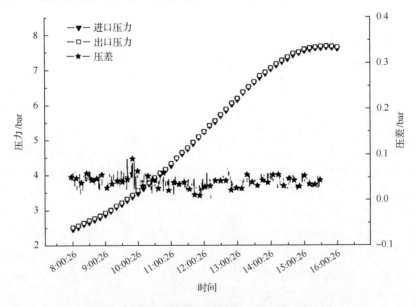

图 3.26　动力环形热管进出口压力及压差波动图

　　从图中可以看出，系统的压力逐渐升高，从 2.4bar 升高到 7.6bar。这是因为动力环形热管蒸发段内工质的温度随着系统的水温、吸热板的温度的升高而升高，同时蒸发段内大部分区域为两相区，根据压力和温度的对应关系就可知其压力也是逐渐地升高。但是动力环形热管蒸发段进出口的压差却波动的比较厉害，最大

值为 8443Pa，最小值为 840Pa，平均压差大约在 4000Pa。实验中所用的压力传感器的精度为0.5级，最大的测量范围是 10bar，所以测量误差范围应为−500～500Pa。虽然有个别点在测量精度之外，但是绝大部分的点都在精度之内，因此本节通过进出口压力相减得到的压差仍能在一定程度上反映动力环形热管蒸发段进口和冷凝段出口压差的实际情况。压差存在的原因是进口的是饱和或是过冷液态工质的压力，而出口是饱和或是过热气体的压力，这二者之间存在着压差。

　　热管的传热主要是靠工质的相变潜热，动力环形热管蒸发段大部分的区域是处于液态和两相区，因此蒸发段的上下压差比较小。这可以从视液镜中蒸发液位的高度来解释。在早上 8:30 以前，吸热板吸收的热量较小，最上面的视液镜里面都充满液体；在 8:30～10:00，最上面视液镜里面还是可以看到液体，同时可以看到很多的气泡从底部跑上来，在液面处可以看到类似沸腾的现象；在 10:00～14:00，此时的泵处于最大功率，中间的视液镜内充满了液体，最高处的视液镜里面没有液体，但是可以看见气泡快速流过，此时可以估计工质的蒸发液位。小的压差对泵来说也意味着小的功率，经过计算，泵的日平均功率大约在 30W。

　　3）集热器的温度分布

　　根据测试的动力环形热管蒸发段进出口的压力，可以计算其对应的饱和温度。系统运行期间，动力环形热管蒸发段进出口压力对应的饱和温度及其温差如图 3.27 所示；动力环形热管蒸发段底端、中间、顶端的平均温度及蒸发段顶端和底端的温差如图 3.28 所示。由于铜管和吸热板之间有接触热阻，因此吸热板的底

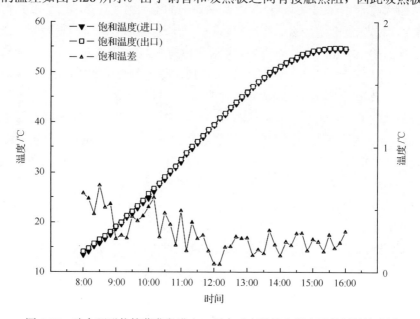

图 3.27　动力环形热管蒸发段进出口压力对应的饱和温度及其温差波动图

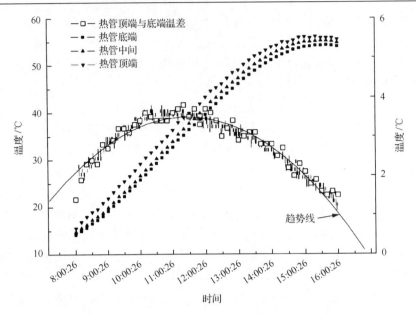

图 3.28　动力环形热管蒸发段底端、中间、顶端的平均温度及蒸发段顶端和底端的温差波动图

端、中间、顶端的温差要大于蒸发段的温差。和图 3.25 相同，饱和压力对应下的饱和温度的温差也比较小，但是波动的较厉害，最大值为 0.7℃，最小值为 0.1℃，压力的波动是温差波动的主要原因。

　　从图 3.27 和图 3.28 可以看出，不管是对应的饱和温度还是动力环形热管蒸发段的温度都是先逐渐增加然后稳定的趋势。而动力环形热管蒸发段顶端和底端的温差呈现的是先增加后减小的趋势，其最大值为 3.9℃，出现在正午时分，最小值为 1.0℃，出现在实验初期。系统测试中使用的热电偶的精度是 0.2℃，温差的波动范围均在其精度以内，因此图 3.27 中的温差可以真实地反映动力环形热管蒸发段顶端与底端的温差的波动趋势。温差波动的趋势也可以结合视液镜的液位高度（即工质的蒸发液位高度）来解释：当液位高的时候，一般是辐照较弱及太阳入射角比较大，此时系统吸热较少，温差小；液位降低时，太阳辐照较强及太阳入射角比较小，此时系统吸收量大，虽然工质流量大，但由于动力环形热管传热能力的限制，蒸发段出口的工质气体的过热度较大，因此温差较大；蒸发液体的变化趋势是先减小后增加，则温差的趋势就与之相反地呈现先增加后减小的趋势。工质气体温度越高其热容相比越小，因此实验末期和实验初期相比，同样辐照情况下实验末期具有较大的温差。

4）热管传热性能

图 3.29 反映的是热管每 30min 的传热功率。系统的传热功率和太阳辐照有着相同的变化趋势，都是呈现先增大后减小。但是二者也有不同的地方，热传输性能在 10 点以前增加得比较快，因为此时水箱内的水、集热器和环温的温差比较小，热管的传热基本都被水吸收；而 14 点以后，当水温、集热器与环境的温差比较大时，系统的传热性能下降得比较快，这是因为热管的部分传热用于平衡系统的热损；系统传热功率从早上的 393.7W 增加到中午的 1153.4W，然后在实验结束又降到 268.4W，平均传热功率为 835.5W。

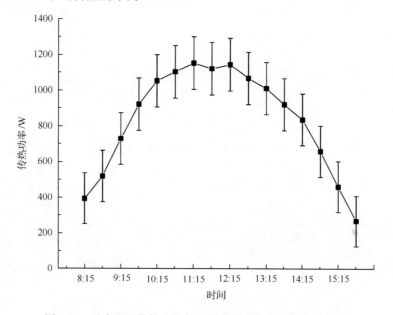

图 3.29　动力环形热管太阳能平板集热系统传热效率波动图

5）集热器的热性能

根据国标 GB/T 4271-2007，只有太阳辐照大于 700W/m^2 的才能用于集热器性能的评价。本节对集热器性能的线性拟合是基于公式(3.2)，拟合后的曲线及其对应的函数如图 3.30 所示。在这里，采用公式(3.2)在对集热器性能进行评价分析时，G 代表的是一段时间内的平均太阳辐照，其单位应该是 W/m^2；并且集热器的进口温度应该是集热器内部压力对应下的工质的饱和温度，而不是水箱的水温，在这里用 T_{ic} 代替。表 3.5 是集热器拟合的详细数据。

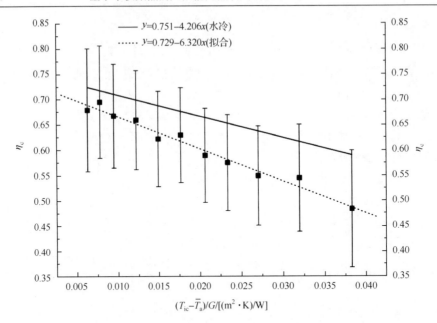

图 3.30　动力环形热管太阳能平板集热系统集热器线性拟合

表 3.5　动力环形热管式集热器性能分析

时间	T_{ic}/℃	$\overline{T_a}$/℃	G/(W/m²)	η/%
9:45	21.9	17.2	745.698	0.679
10:15	25.2	18.7	831.796	0.695
10:45	28.8	20.2	908.420	0.668
11:15	32.3	20.5	960.682	0.659
11:45	36.0	21.2	990.689	0.622
12:15	39.4	21.7	998.936	0.630
12:45	42.8	22.3	994.909	0.590
13:15	45.8	23.3	966.365	0.575
13:45	48.8	23.9	921.590	0.549
14:15	51.1	24.1	843.782	0.545
14:45	52.8	24.1	748.462	0.484

　　从图中我们可以看出，动力环形热管式太阳能集热器具有比较高的热性能，仅比常见的水冷型集热器稍小；但是其热损系数大于普通的水冷型，这是因为在集热器拟合过程中所使用的初始温度是逐渐增大的，并且比水冷型拟合时的水温要高得多(普通水冷型拟合时，一般进口温度稳定为 20.0℃)，因此其热损也就比较大。尽管动力环形热管太阳能平板集热系统的热损相对较大，热效率比传统水冷及无驱动的环形热管式太阳能热水集热器小，但是它可以解决普通水冷型存在

的结冰和腐蚀问题，同时还可以解决无驱动环形热管式太阳能热水器驱动力不足的问题，在传统的集热器基础上很容易改装，是高纬度地区和寒冷地区使用时比较好的替代品。

6) 系统性能拟合

为了更好地评价在不同天气状况下系统的综合性能，按照国标，在合肥的室外进行了多天的测试，表 3.6 是室外测试的详细信息。从表中我们可以看出，即使在合肥早春，系统在天气好的情况下也可以提供 50.0℃ 以上的热水；另外系统的热效率基本都可以达到 55% 左右，不小于普通的水冷型的集热系统，即使在冬天也有高达 50% 的热效率，并且没有结冰现象出现。

表 3.6　动力环形热管太阳能平板集热系统性能室外测试详细信息(按时间排序)

日期	T_i/℃	T_f/℃	ΔT/℃	$\overline{T_a}$/℃	H/[MJ/(m²·d)]	η/%
2011 年 12 月 17 日	7.4	30.3	22.8	5.3	15.8	50.0
2011 年 12 月 19 日	7.9	28.4	20.5	7.5	14.1	50.4
2011 年 12 月 23 日	7.8	29.7	21.9	5.9	15.3	49.5
2012 年 3 月 14 日	10.8	42.5	31.7	17.6	20.4	54.0
2012 年 3 月 24 日	11.3	50.3	39.1	17.3	24.1	56.1
2012 年 3 月 25 日	11.5	49.7	38.2	22.7	20.5	58.2
2012 年 3 月 26 日	13.7	48.8	35.1	21.0	21.6	56.3
2012 年 4 月 1 日	15.4	52.2	36.8	22.4	23.1	55.2
2012 年 4 月 3 日	14.4	48.7	34.4	17.6	22.3	53.3
2012 年 4 月 5 日	15.3	46.9	31.5	22.0	19.5	55.8
2012 年 4 月 6 日	16.0	46.4	30.3	24.3	18.3	57.5
2012 年 4 月 7 日	17.5	47.8	30.3	24.4	18.6	56.4

图 3.31 是对几天测试数据的线性拟合，并与传统水冷型的进行了对比。线性拟合后的系统性能如下：

$$\eta = 0.514 - 0.138 \frac{T_i - \overline{T_a}}{H} \tag{3.6}$$

式中，0.514 为系统在初始水温等于环温情况下系统的的典型热效率；0.138 为系统的热损系数。根据式 (3.6)，系统在不同辐照、环温、风速、初始水温等条件下的系统的性能都可以估算。与传统的水冷型相比，系统的热效率相对偏低，同时热损相比偏高，但是系统没有冬季结冰和腐蚀的问题，同时夜晚的热损也相比小很多，因此在高纬度地区或是冬季结冰的地方是传统型较好的替代品。

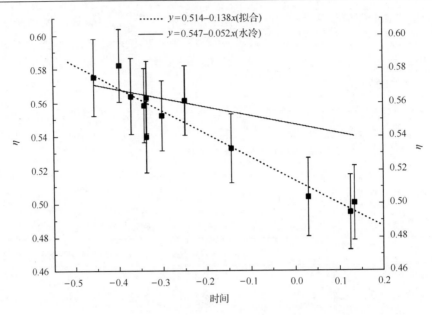

图 3.31 动力环形热管太阳能平板集热系统热效率线性拟合

参 考 文 献

[1] 张涛. 重力热管在太阳能光电光热利用中的实验和理论研究. 合肥: 中国科学技术大学博士学位论文, 2013.

[2] Wu W, Zheng Z H, Chen H L. Theoretical and experimental study for FPV-CPC medium-temperature solar collector. Acta Energiae Solaris Sinica, 1987, 8 (3): 209-219.

[3] Carvalho M J, Collares-Pereira M, Mendes J F. Optical and thermal testing of convection reduction mechanisms in a new 1.2X CPC solar collector. SPIE, 1994, 2255: 582-594.

[4] Reindl D T, Beckman W A, Duffie J A. Evaluation of hourly tilted surface radiation models. Solar Energy, 1991, 45 (1): 9-17.

[5] Sandnes B, Rekstad J. A photovoltaic/thermal (PV/T) collector with a polymer absorber plate. Experimental study and analytical model. Solar Energy, 2002, 72 (1): 63-73.

[6] GB/T 4271-2007, 太阳能集热器热性能测试方法.

第 4 章　太阳能平板热水器冻结性能与防冻

平板型太阳能集热器结构简单、运行可靠、成本低廉、热流密度较低，即工质的温度也较低，安全可靠，与真空管太阳能集热器相比，它具有承压能力强，吸热面积大等特点，是太阳能与建筑一体化结合最佳选择的集热器类型之一。然而对于平板型太阳能集热器的使用通常限制于南方的温暖地带，在北方寒冷地区真空管热水器的普及率要远大于平板型太阳能集热器。造成这种现象的其中一部分原因是与真空管热水器相比，平板型太阳能集热器的保温性能较差，在较低的气温下顶部、底部和边框的大量热损失会大幅度降低平板集热器在白天的运行效率。另一部分原因是集热器常用的循环工质是水，在低温条件下很容易结冰，而水结冰对阻碍其体积膨胀的器壁会产生巨大的力，这可导致集热器破裂损坏[1, 2]。在寒冷地区由于平板集热器保温较差，冬季一天运行过后，到了夜晚往往会出现冻结现象。为防止这种现象，多采用防冻液二次循环的方法，但是，由于集热器内部循环工质为防冻液，这种方法既提高了成本也降低了集热器的性能。除此之外，平板集热器防冻方法还包括使用异型管流道、夜间防冻排空、夜间防冻循环等[3-6]。但是这些方法在使用的过程中通常伴随着整个系统复杂程度的提升，或者会降低整个系统的热性能。因此，针对于寒冷地区平板集热器的防冻问题，应该着手于提高集热器自身的抗冻性能，通过提高集热器的保温能力以减小热损失或者提高集热器的热容量来提高集热器的抗冻性能。

本章着重研究平板型太阳能集热器在冬季的运行特性以及夜间抗冻性能，并针对于减小集热器热损失提高抗冻性能提出了几种方法。

4.1　平板热水器冻结模型

为研究平板集热器在寒冷气候下的运行规律以及在夜间的降温冻结过程，本节建立了一个平板集热器的全天运行模型(包括白天集热模型和夜晚降温冻结模型)。在夜晚冻结模型中采用焓法分析模型处理排管内部工质的相变传热过程，该模型可以得到集热器内部每一点的温度变化以及排管内工质的固液相界面变化，进而可以得到集热器夜间降温冻结过程以及确定影响集热器夜晚抗冻性能的各种因素。

4.1.1　集热器夜晚降温冻结情况下的能量平衡方程

当集热器循环水泵停止运行后，集热器排管和上下集管内的水由流动状态变为静止状态。由于夜晚不存在辐照而且气温快速下降，集热器一天运行过后的余热会很快散失到周围环境中，排管内水的热量也会通过铜管和吸热板快速散失，用于在白天运行时吸热的管板结构在夜晚降温的情况下就会变为类似于加快热量散失的肋片结构。本小节介绍了集热器在夜晚无照射且水流静止的情况下各部件的能量平衡方程，模型简图如图 4.1 所示。在模型中对集热器的降温冻结过程做了以下假设：

(1) 忽略支管内部的水或冰在支管截面圆周方向上的温度变化；

(2) 忽略支管壁厚方向、圆周方向、吸热板厚度方向以及盖板厚度方向上的温度梯度；

(3) 固体的热物理特性是固定不变的；

(4) 水的冻结温度为 0℃，不考虑过冷现象；

(5) 忽略排管内部冻结过程的压力变化和密度变化；

(6) 不考虑支管内部水的温度分层现象；

(7) 所有平行支管的降温冻结过程完全相同。

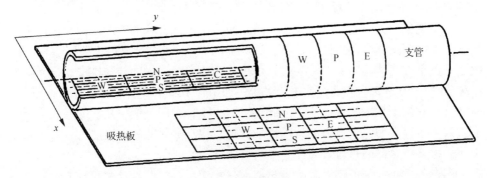

图 4.1　模型简图

1) 盖板方程

集热器盖板的能量平衡方程为

$$m_g C_g \frac{\mathrm{d}T_g}{\mathrm{d}t} = (T_{air} - T_g)h_{cv} + (T_{sky} - T_g)h_r + (T_p - T_g)(h_{r,a} + h_{cv,a}) \tag{4.1}$$

式中，m_g 为单位面积盖板质量，kg/m^2；C_g 为盖板比热容，$J/(kg \cdot K)$；α 为盖板吸收率，使用文献[7]中透明盖板吸收率的公式计算；T_{air} 为环境空气温度，K；T_{sky} 为天空温度，采用文献[8]中的经验公式 $T_{sky} = 0.0552T_{air}^{1.5}$，K；$T_p$ 为吸热板平均温度，K；h_{cv}、h_r 分别为盖板与环境间的对流与辐射换热系数，使用文献[9]中公式 $h_{cv} = 6.5 + 3.3V_w$，$W/(K \cdot m^2)$；h_r 由式(4.2)得到，其中，ε_g 为盖板的发射率。

$$h_{r,e} = \sigma\varepsilon_g(T_{sky} + T_g)(T_{sky}^2 + T_g^2) \tag{4.2}$$

式中，$h_{r,a}$、$h_{cv,a}$ 分别为盖板与吸热板之间的对流与辐射换热系数，$W/(K \cdot m^2)$，$h_{r,a}$ 可由式(4.3)得到，其中，ε_p 为吸热板的发射率，$h_{cv,a}$ 可采用文献[7]中的倾斜矩形空间换热公式计算(式(4.4))，其中，l_a 为集热器空气夹层厚度，φ 为集热器安装倾角。

$$h_{r,a} = \frac{\sigma(T_p^2 + T_g^2)(T_p + T_g)}{\dfrac{1}{\varepsilon_p} + \dfrac{1}{\varepsilon_g} - 1} \tag{4.3}$$

$$Nu = h_{cv,a}\frac{l_a}{\lambda_{air}} = 1 + 1.44\left[1 - \frac{1708}{Ra\cos\varphi}\right]^+\left[1 - \frac{1708(\sin 1.8\varphi)^{1.6}}{Ra\cos\varphi}\right] + \left[\left(\frac{Ra\cos\varphi}{5830}\right)^{\frac{1}{3}} - 1\right]^+ \tag{4.4}$$

式中，上标"+"表示当括号内表达式的值小于零时自动令表达式为零。

2) 吸热板方程

对于单块平板集热器，假设吸热板上和每根支管所对应部分的温度变化和冻结过程分布完全相同，则模型中只需计算一根支管及其对应的半边吸热板翅片，其能量平衡方程为

$$\rho_p\delta_pC_p\frac{\partial T_p}{\partial t} = \lambda_p\delta_p\left(\frac{\partial^2 T_p}{\partial x^2} + \frac{\partial^2 T_p}{\partial y^2}\right) + (T_g - T_p)(h_{r,a} + h_{cv,a}) + \frac{T_b - T_p}{\delta_{ins}}\lambda_{ins} \tag{4.5}$$

式中，ρ_p 为吸热板密度，kg/m^3；δ_p 为吸热板厚度，m；λ_p、λ_{ins} 分别为吸热板和保温层的热导率，$W/(K \cdot m^2)$；x、y 分别为横向与纵向坐标，m；C_p 为吸热板比热容，$J/(kg \cdot K)$；T_b 为背板平均温度，K；δ_{ins} 为保温层厚度，m。对于与支管焊接处的吸热板，其能量方程只需在原公式的基础上增加与支管的热传导项。

3) 支管内水方程

当集热器排管内水流静止时，由于水的导热性较差，沿支管径向方向上的温度梯度不可忽略，故采用柱坐标系下的二维导热模型。当支管内水温持续降低到水的结冰温度时支管内部就会发生相变，相变潜热就会从固-液相界面处释放。为了计算该柱坐标系下的二维相变导热过程，对支管和管内部的水引入焓法分析模型[7]。焓法模型是一类用于分析计算多维相变传热的数学工具，该模型以相变介质的焓为控制对象，无须追踪相界面但相界面可以直接从介质的焓分布中得到。采用焓法模型，支管内部水的能量平衡方程可写为

$$\rho_{\mathrm{f}} \frac{\partial H}{\partial t} = \lambda \left[\frac{1}{r} \frac{\partial}{\partial r} \left(r \frac{\partial T}{\partial r} \right) + \frac{\partial^2 T}{\partial y^2} \right] \tag{4.6}$$

在焓法模型中，介质的温度和焓的对应关系如式(4.7)和(4.8)所示：

$$T - T_0 = \begin{cases} \left(H - H_{\mathrm{s}}^* \right)/c_{\mathrm{i}}, & H < H_{\mathrm{s}}^* \\ 0, & H_{\mathrm{s}}^* \leqslant H \leqslant H_{\mathrm{l}}^* \\ \left(H - H_{\mathrm{l}}^* \right)/c_{\mathrm{w}}, & H > H_{\mathrm{l}}^* \end{cases} \tag{4.7}$$

$$H_{\mathrm{l}}^* = H_{\mathrm{s}}^* + \gamma \tag{4.8}$$

式中，T_0 为相变温度，K，本书假设相变温度为 0℃；C_{i} 和 C_{w} 分别为固相和液相的比热容，J/(kg·K)，下标 i 为固相，w 为液相；H_{s}^* 和 H_{l}^* 为在相变温度下固相和液相的焓，J/kg，以相变温度下固态水的焓为零，即 $H_{\mathrm{s}}^* = 0$，则 $H_{\mathrm{l}}^* = H_{\mathrm{s}}^* + \gamma$，$\gamma$ 为相变潜热，J/kg。

水在液相和固相两种状态下有不同的导热率：

$$\lambda = \begin{cases} \lambda_{\mathrm{wa}}, & H > H_{\mathrm{l}}^* \\ \lambda_{\mathrm{ic}}, & H < H_{\mathrm{s}}^* \end{cases} \tag{4.9}$$

4) 支管和集管方程

支管的能量平衡方程可写为

$$\rho_{\mathrm{t}} C_{\mathrm{t}} A_{\mathrm{t}} \frac{\partial T_{\mathrm{t}}}{\partial t} = \lambda_{\mathrm{t}} A_{\mathrm{t}} \frac{\partial^2 T_{\mathrm{t}}}{\partial y^2} + U_{\mathrm{jo}} \left(T_{\mathrm{p}} - T_{\mathrm{t}} \right) + \lambda \pi O_{\mathrm{t}} \frac{T_{\mathrm{wa}, O_{\mathrm{t}}/2 - \Delta r/2} - T_{\mathrm{t}}}{\Delta r/2} \tag{4.10}$$

式中，U_{jo} 为支管和吸热板之间的传热系数，W/(K·m²)；r 为支管内部工质的径向坐标；Δr 为对工质划分网格时在径向方向上的步长；O_{t} 为支管外径，m。

在集热器夜间温降时，要考虑上下集管的热库作用[8]对降温过程的影响，所以还需要计算与支管连接的左右半截集管内的工质，与支管连接的上下集管采用以下焓法模型：

$$A_{\mathrm{ct}} \rho_{\mathrm{f}} \frac{\partial H_{\mathrm{ct}}}{\partial t} = A_{\mathrm{ct}} \lambda \frac{\partial^2 T_{\mathrm{ct}}}{\partial x^2} + U_{\mathrm{ct}} (T_{\mathrm{b}} - T_{\mathrm{ct}}) \tag{4.11}$$

式中，U_{ct} 为集管和背板之间的传热系数，W/(K·m²)。

5) 背板方程

集热器背板的能量平衡方程为

$$m_b C_b \frac{\mathrm{d}T_b}{\mathrm{d}t} = (T_{air} - T_b)h_{cv,b} + \frac{T_p - T_b}{\delta_{ins}}\lambda_{ins} \tag{4.12}$$

式中，m_b 为单位面积背板质量，kg/m²；C_b 为背板比热容，J/(kg·K)；$h_{cv,b}$ 为背板与环境间的对流换热系数，W/(K·m²)。

4.1.2　模型的求解方法

模型在计算集热器的非稳态降温冻结过程中首先将集热器所有部件的能量方程和焓方程做全隐式离散，具体节点数和离散格式如表 4.1 所示，然后在每一时间步上采用全局收敛算法，按照次序求解各个能量方程，具体求解流程如图 4.2 所示(图中 E 和 E^* 分别表示本次和上次的迭代值)。

表 4.1　集热器各部分节点数和离散格式

盖板	1 节点
背板	1 节点
吸热板	1000 节点；二阶中心差分
支管	50 节点；二阶中心差分
水(或冰)	500 温度节点；500 焓节点；二阶中心差分

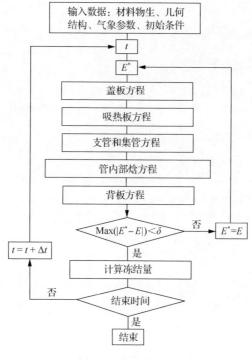

图 4.2　求解流程图

4.2　平板热水器冻结实验与分析

由于太阳能热水器内部的冻结过程很难被观测到或者使用某种测量方法检测到，以往对太阳能热水器冻结方面的研究较多使用单根裸管，通过实验分析其冻结机理和冻结顺序。伊利诺伊大学做了一系列单管冻结实验，在实验中将注满水的铜管放入冷冻室内降温冻结，结果发现铜管两端最先发生冻结，而中间部分由于结冰膨胀压力逐步增加最终将铜管胀破。这个实验表明了其冻结破坏的机理，冻结破坏是由管内两个冻结栓塞之间的压力逐步增加造成的[9]。Schollenberger 等[10]通过实验的方法测定了整体式太阳能热水器(ICS)在冻结情况下集热管壁应力的变化情况，该实验将压力传感器探头放入整体式太阳能热水器的集热-储热一体管中，这种方法可以通过压力变化记录集热管内的冻结变化过程。

目前国内外对平板集热器的冻结性能研究涉及较少，其中最主要的原因是平板集热器支管管径较小不便于安装压力传感器探头，其内部降温冻结过程很难通过实验测定。然而平板集热器又是一种冻结破坏现象很常见的集热器类型，因此对平板集热器在低温情况下的冻结过程的研究具有很重要的意义。本小节叙述了一种通过实验研究平板集热器冻结过程的方法和实验过程，并使用实验测试的结果与模拟计算结果对比。基于此，分析了平板集热器的具体冻结过程以及影响平板集热器抗冻性能的各种因素。相关研究成果已经以论文形式发表[11]。

4.2.1　实验装置与实验过程

为了观察平板集热器的内部冻结过程，项目组加工了一块平板集热器模型。这块平板集热器模型和常用平板集热器的唯一不同点在于其板芯流道管全部采用亚克力(PMMA)制成。亚克力是一种拥有高韧度和高强度的有机玻璃，可以通过支管直接观测到内部的冻结情况，同时在冻结过程中不易对支管造成破坏。在平板集热器模型中使用无布纹的平整玻璃盖板，这样就可以在集热器降温冻结试验中直接观测到集热器内部的冻结情况。

实验地点设在中国合肥(31°N，117°E)，实验装置如图 4.3 所示，集热器参数如表 4.2 所示。在实验装置中，将六根 PMMA 支管用有机玻璃胶粘接到 PMMA 吸热板上，粘接宽度为 3.5mm。支管和集管的连接使用密封硅胶以防止漏水。下集管两端堵死，上集管一端堵死另一端连接热水进口。在吸热板上沿支管方向均匀布置 4 个温度测点，同时测量盖板和周围的空气温度以及风速。所测得的数据使用 34970A 型数据采集仪传入 PC 端。由于水和冰具有几乎相同的光线折射率，所以即使使用透明支管也很难直接观察到其冻结过程。因此，为了使支管的冻结过程更便于观测，在支管的一固定位置放置一块带有横向条纹的背景纸板(图 4.4)，并在条纹纸下放置激光光源(光线垂直于吸热板)。这样一来,在观测点处的支管在夜晚的冻结情况就可以被观测到并记录下来。

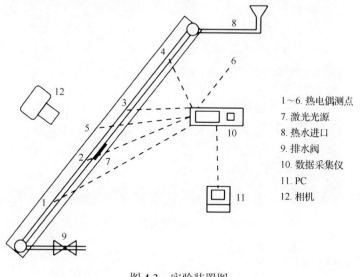

1~6. 热电偶测点
7. 激光光源
8. 热水进口
9. 排水阀
10. 数据采集仪
11. PC
12. 相机

图 4.3　实验装置图

表 4.2　实验装置中的集热器参数

尺寸	1m×2m
盖板厚度	3.8mm
盖板发射率	0.84
安装倾角	32°
支管长度(PMMA)	1.85m
支管外径	10mm
支管壁厚	1mm
吸热板厚度(PMMA)	3mm
吸热板发射率	0.4
集管外径(PMMA)	20mm
空气夹层厚度	30mm
保温层厚度(聚酯纤维)	20mm

实验选择了一个典型的冬季气候(夜空晴朗且气温在0℃以下),实验开始时间为19:20,通过热水进口往集热器内注满热水(15℃)用以模拟集热器在冬季情况下一天运行结束的状态。为了观测并记录集热器的冻结状态,每隔10min打开激光光源在观测点处拍照一次,使用的相机型号为CCD感光元件PENTAX645D。

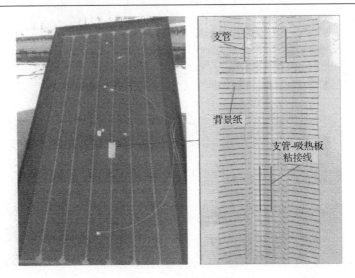

图 4.4　实验装置照片

4.2.2　实验结果分析

图 4.5 显示了实验中测得的气象数据，可以看出整个实验时段气温均在-2℃以下，在这样的环温下传统集热器的冻结是不可避免的。

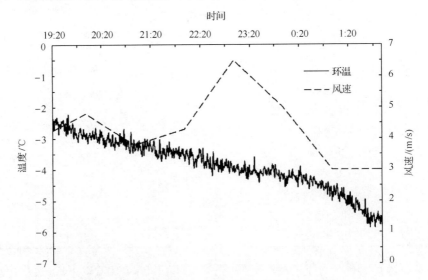

图 4.5　实验气象数据

1)PMMA 集热器温度变化的实验和模拟结果

图 4.6 显示了吸热板温度和盖板温度的实测结果以及与计算机模拟结果的对比，可以看出，模型计算结果和实测结果符合度很高，加注热水后吸热板和盖

板温度逐渐下降，且降低到一定程度后下降减缓直至停止然后持续下降至更低温度。从图中可以看出，与模拟结果相比实测结果有比较大的波动，这是由云层的遮挡导致的集热器对天空辐射受阻。实际上，在冬季晴朗的夜空下，集热器大部分的热损失是由对天空的热辐射导致的，关于集热器的热损失分析会在下文做详细介绍。

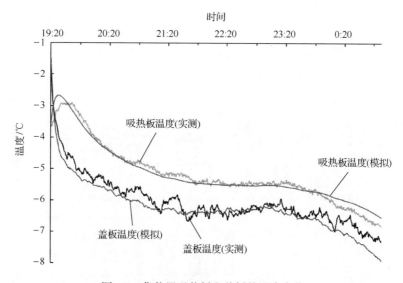

图 4.6　集热器吸热板和盖板的温度变化

2) PMMA 集热器冻结过程的模拟结果

对于集热器平均冻结厚度变化的模拟计算结果如图 4.7 所示，可以观察到，集热器在 20:20 时开始出现冻结，然后冻结厚度持续增加，直到第二天凌晨 00:50 冻结过程停止，支管内部全部冻结。图 4.8 显示了在冻结过程中支管内部固液相界面的变化情况。可以看出集热器中间部分最先出现冻结，两端最后冻结。这是由于相比于支管，集管有较好的保温能力且蓄热量大、降温较慢，在降温冻结的过程中支管两端与集管连接处的降温速率会小于中间部分。然而实际上，由于支管内部水的温度分层，开始冻结的部分可能不在集热器中间部分，但本书中的模型并未考虑水的温度分层。本研究的目的在于探究影响集热器冻结速率的各种因素，温度分层现象和集热器摆放方式以及倾角等诸多因素对冻结过程不会有较大影响，故本书不做详细研究。

由图 4.7 可以看出集热器冻结是一个逐渐加快的过程，当集热器的排管全部冻结后，在集管相邻的两支管的连接段就会出现冻结栓塞，进一步的冻结就会将集管冻裂胀破。

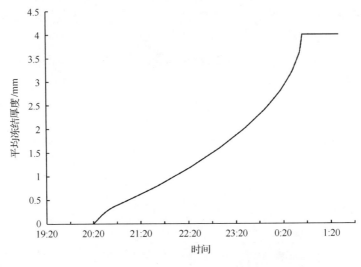

图 4.7　平均冻结厚度变化模拟结果

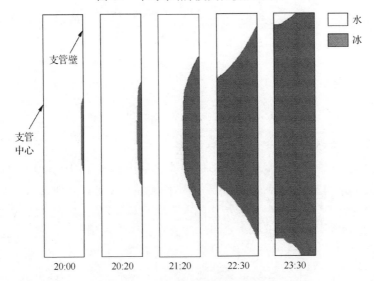

图 4.8　固液相界面变化模拟结果

3) PMMA 集热器冻结过程的实验和模拟结果对比

图 4.9 显示了固液相界面变化的实验和模拟结果对比。冻结照片显示的背景纸的条纹在 20:20 时开始出现模糊不清晰，而且随着时间的变化，条纹的不清晰度逐渐增加。这表明支管在观测点处 20:20 时开始出现冻结，随后冻结厚度不断增加。在第二天凌晨 1:00 时出现了明显的冻结裂纹，说明此时观测点处的支管段已经全部发生冻结。支管开始出现冻结后条纹变得不清晰是由于水的冻结过程首先发生于水中凝结核心的冰晶体增长，在这个过程中，冰晶体会对照射进来的光

线有散射作用。随着支管冻结厚度的增加,冰晶体数量越来越多,从而导致背景纸的条纹变得越来越模糊。从图中的固液相图(模拟结果)可以看出,模拟计算的结果和照片中的支管冻结过程符合得较好,这表明本模型对集热器的降温冻结过程有比较准确的预测效果。

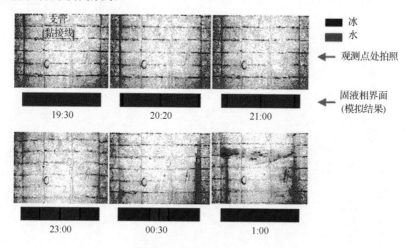

图 4.9　固液相界面变化的实验和模拟结果对比

4) 常用平板集热器降温冻结过程模拟

完成了以上 PMMA 板芯集热器试验和模型验证以后,下面使用该模型对常用平板集热器(铜铝板芯)的降温冻结过程做模拟和分析。在模拟计算中所采用集热器的参数如表 4.3 所示。采用图 4.5 中实测的气象参数,假设集热器初始状态下温度分布均匀(20℃)。

表 4.3　模拟计算中的集热器参数

尺寸	1m×2m
盖板厚度	3.8mm
盖板发射率	0.84
安装倾角	32°
支管长度(铜)	1.85m
支管外径	10mm
支管壁厚	0.5mm
吸热板厚度(铝)	0.4mm
吸热板发射率	0.1
集管外径(铜)	20mm
空气夹层厚度	30mm
保温层厚度(聚酯纤维)	20mm

　　吸热板温度和冻结厚度的变化如图 4.10 所示。可以看出，集热器 19:50 时开始出现冻结，20:40 时完全冻结。吸热板温度在冻结发生之前下降得很快，在冻结发生之后下降得很慢，几乎没有变化。这是由于在冻结发生的过程中支管内部相变潜热的释放减缓了吸热板温度的下降。

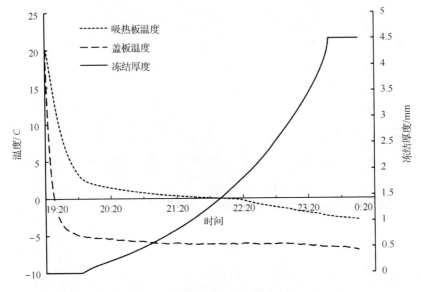

图 4.10　吸热板温度和冻结厚度变化

5) 常用平板集热器降温冻结过程热损失分析

　　图 4.11 显示了集热器在降温冻结过程中顶部和底部的热损失。集热器的顶部热损失是通过盖板向周围环境散失热量；底部热损失是通过背板向周围环境散失热量。由图可以看出，在集热器冻结过程中，顶部热损失在 $35W/m^2$ 附近，底部

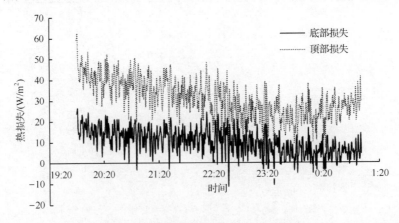

图 4.11　集热器降温冻结过程中的热损失

热损失在 10W/m^2 附近。这表明在集热器的降温冻结过程中顶部热损失占主要部分，它是导致集热器发生冻结的主要因素。因此通过减小顶部热损失可以显著提高集热器的抗冻能力。实际上在集热器白天的运行过程中，顶部损失也是其热损失的主要部分，在冬季运行情况下顶部热损失会显著降低其运行热效率。常用的方式比如通过优化空气夹层厚度、使用双层玻璃盖板或者使用 TIM 透明蜂窝都可以减小平板集热器顶部热损从而提高其热性能。因此通过减小顶部损失的方式既可以显著提高白天的热效率也有利于提高其夜间的抗冻能力。

图 4.12 显示了集热器在降温冻结过程中盖板的热损失。盖板热损失通常包括与周围空气的对流换热损失和与天空的辐射散热损失两部分。从图中可以看出，在夜间降温冻结过程中盖板的热损失全部来源于对天空的辐射散热损失，达到 150W/m^2，而对周围环境的对流散热为 -100W/m^2。这说明由于冬季晴朗夜空的极低天空等效温度，集热器盖板温度在冻结过程中已经低于周围空气温度。以上结果表明，在晴朗夜空下盖板对夜空的直接辐射热损失是盖板热损失的主要来源。通过降低对天空辐射热损的方式，比如使用低发射率玻璃(Low-E 玻璃)盖板就可以显著提高集热器的抗冻性能。

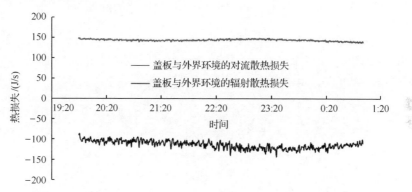

图 4.12　盖板热损失

4.2.3　影响平板集热器抗冻性能的因素分析

基于被实验验证后的模型，本小节研究了平板集热器在不同结构下的抗冻性能，找出影响其抗冻能力的主次因素。青海西宁 1 月份夜间室外环境温度一般在 -5℃以下，在这种情况下平板集热器很容易发生冻结，故模型采用青海西宁 1 月份平均气象数据对集热器的结构做抗冻优化，气象数据如图 4.13 所示。模型中集热器的结构参数如表 4.3 所示。本小节利用验证后的集热器全天运行模型(包括白天运行和夜晚降温冻结)，对平板集热器主动式热水系统全天运行状况进行了模拟。分析了材料、吸热板、盖板、管路结构对抗冻性能的影响。

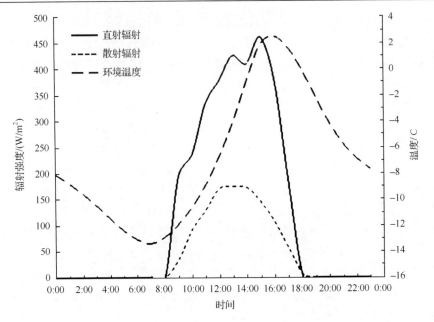

图 4.13　青海西宁 1 月份平均气象数据

1) 支管间距对抗冻性能的影响

图 4.14 显示支管间距对抗冻性能的影响，纵坐标为支管完全冻结的时刻（从 18:00 到第二天 9:00）。由图可知，支管间距越小支管完全冻结所需的时间就越长。

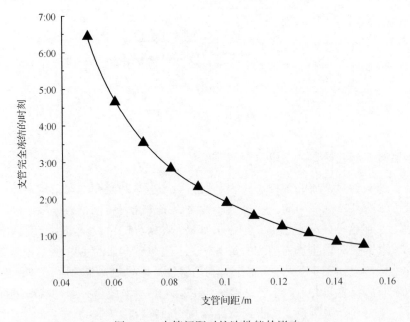

图 4.14　支管间距对抗冻性能的影响

这是由于支管间距越小，单根支管及其翅片的散热面积就越小。由此可见缩小支管间距可提高集热器的抗冻性能，但减小支管间距会造成集热器集热效率下降[12]，所以在集热效率允许的范围内，缩小支管间距是提高抗冻性能的有效途径。

2) 吸热板厚度及涂层对抗冻性能的影响

图 4.15 显示了在使用选择性涂层(发射率为 0.05)和黑漆板(发射率为 0.95)两种情况下吸热板厚度对集热器抗冻性能的影响。可知，使用选择性涂层的集热器抗冻性能明显优于使用黑漆板的集热器，使用选择性涂层能将集热器排管完全冻结时间延迟 2h。但吸热板厚度的变化对抗冻性能的影响很小。

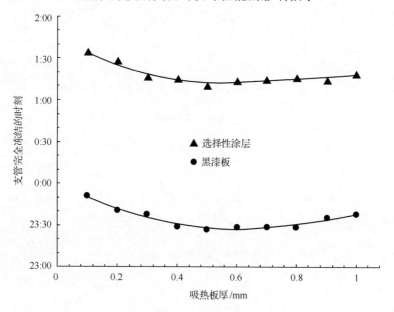

图 4.15　吸热板厚度对抗冻性能的影响

3) 支管长度及集管直径对抗冻性能的影响

图 4.16 显示了当集管直径分别为 2cm 和 1.5cm 时支管长度对抗冻性能的影响。可知，使用较长的支管可以提高集热器的抗冻性能，2cm 集管直径集热器的抗冻性能明显优于 1.5cm 集管直径集热器，它能将排管完全冻结时间延迟将近 1h，这是因为集管直径越大，蓄热就越多，集管的热库作用越明显。

4) 支管壁厚对抗冻性能的影响

图 4.17 是在两种支管管径下不同支管壁厚对集热器抗冻性能的影响。可以看出，随着支管管壁厚度的增加，集热器的抗冻性能下降。使用 10mm 管径支管集热器的抗冻性能优于使用 8mm 管径支管集热器。因此使用较大直径的支管可以提高集热器的抗冻性能。

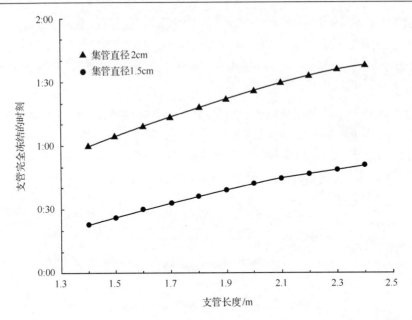

图 4.16　支管长度对抗冻性能的影响

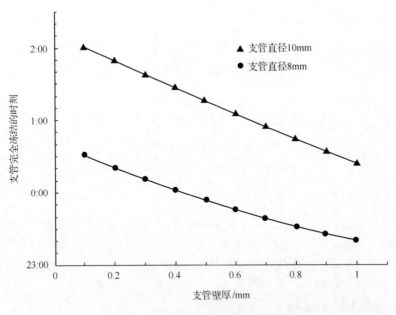

图 4.17　支管壁厚对抗冻性能的影响

5) 空气夹层厚度对抗冻性能的影响

图 4.18 显示了空气夹层厚度对抗冻性能的影响。由图可知，当空气夹层厚度大于 2.5cm 时集热器的抗冻性能随夹层厚度增大而提高。对于平板集热器在白天

运行情况下通常可能达到的吸热板和盖板之间的温差(25~30℃)，间距通常取3~4cm[13]，但当集热器在夜间降温冻结的情况下，吸热板和盖板之间的温差很小(5~10℃)，夹层内对流换热效果不明显，间距应该取得更大。所以在现有平板集热器的基础上增加空气夹层厚度有利于提高集热器的抗冻性能。

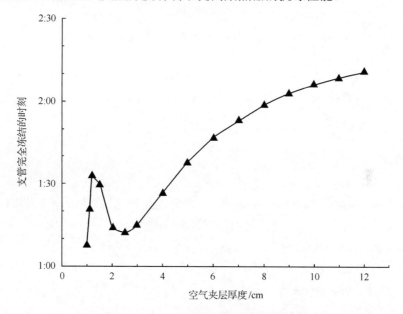

图 4.18　空气夹层厚度对抗冻性能的影响

4.3　平板热水器防冻

针对本章在一开始提出的着手于提高集热器自身的抗冻性能的问题，可通过提高集热器的保温能力减小热损失或者提高集热器的热容量来提高集热器的抗冻性能，本小节提出了几种减小集热器夜间热损失的方法。由 4.2 节的实验和理论分析我们得知，集热器在夜间的顶部热损失(尤其是盖板对天空的辐射热损)是导致其冻结的主要原因。减小集热器顶部热损失的方法通常包括使用 TIM 透明隔热材料或者使用多层玻璃盖板。本小节在利用集热器冻结模型同时耦合隔热装置的传热模型，分别模拟计算了平板集热器使用 TIM 透明蜂窝隔板、中空玻璃盖板和Low-E 低发射率玻璃盖板三种情况下的冬季夜晚降温冻结过程。

4.3.1　隔热装置稳态传热模型及求解方法

1) 中空玻璃传热模型

对于使用中空玻璃(双层盖板)的平板集热器，其盖板能量平衡方程应该包含

有上盖板和下盖板，对于上盖板，能量方程为

$$m_{\mathrm{g,u}}C_{\mathrm{g,u}}\frac{\mathrm{d}T_{\mathrm{g,u}}}{\mathrm{d}t} = \alpha_{\mathrm{g,u}}I + (T_{\mathrm{air}} - T_{\mathrm{g,u}})h_{\mathrm{cv,e}} + (T_{\mathrm{sky}} - T_{\mathrm{g,u}})h_{\mathrm{r,e}} + (T_{\mathrm{g,b}} - T_{\mathrm{g,u}})(h_{\mathrm{r,b-u}} + h_{\mathrm{cv,b-u}})$$

$$(4.13)$$

式中，下标 g,u 表示上玻璃盖板；下标 g,b 表示下玻璃盖板。

下盖板能量方程为

$$m_{\mathrm{g,b}}C_{\mathrm{g,b}}\frac{\mathrm{d}T_{\mathrm{g,b}}}{\mathrm{d}t} = \alpha_{\mathrm{g,b}}I + (T_{\mathrm{p}} - T_{\mathrm{g,b}})(h_{\mathrm{r,a}} + h_{\mathrm{cv,a}}) + (T_{\mathrm{g,u}} - T_{\mathrm{g,b}})(h_{\mathrm{r,b-u}} + h_{\mathrm{cv,b-u}})$$

$$(4.14)$$

2) TIM 透明蜂窝传热模型

对于使用 TIM 透明蜂窝隔板的平板集热器已经有大量的研究[14-18]。以往对透明蜂窝隔板太阳能热水器的研究表明，在平板集热器空气夹层内部加装带有尺寸为 4～10mm 矩形孔的透明蜂窝隔板可以极大地改善集热器的保温能力，从而能显著地提高集热器白天运行的热效率。本小节建立了一个矩形孔透明蜂窝隔板的辐射-导热耦合传热模型，并结合集热器的模型，模拟分析了使用该类型透明蜂窝隔板对提高集热器夜间防冻能力的效果。模型简图如图 4.19 所示，透明蜂窝隔板参数如表 4.4 所示。

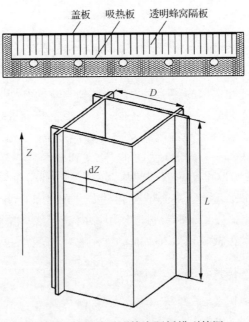

图 4.19　矩形孔透明蜂窝隔板模型简图

表 4.4　透明蜂窝隔板参数

D	4.5mm
L	50mm
蜂窝孔壁厚(聚酯薄膜)	0.04mm
蜂窝孔壁发射率 ε_w	0.41

首先对透明蜂窝作以下假设:

(1)蜂窝孔壁对长波的辐射为漫射表面;

(2)蜂窝板底部孔面为假想的黑体表面[17];

(3)玻璃盖板和吸热板均为漫反射表面;

(4)忽略蜂窝孔壁圆周方向上的温度梯度和净辐射热流密度梯度。

蜂窝孔壁沿高度方向的净辐射热流密度可表示为

$$J_w(Z) = \varepsilon_w \sigma T_w^4(Z) + (1-\varepsilon_w)\left[J_{p'}F_{w-p'} + J_g F_{w-g} + \int_0^L J_w(Z)\mathrm{d}F_{w-w'} \right] \quad (4.15)$$

式中,下标 w 表示蜂窝孔壁; $J_{p'}$、J_g 分别表示蜂窝底部假想面和盖板的有效辐射强度; F 为视角系数,由蜂窝孔的几何结构决定。

蜂窝底部假想面和盖板的有效辐射强度:

$$J_g = \varepsilon_g \sigma T_g^4 + (1-\varepsilon_g)\left[J_{p'}F_{g-p'} + \int_0^L J_w(Z)\mathrm{d}F_{g-w} \right] \quad (4.16)$$

$$J_{p'} = \sigma T_{p'}^4 \quad (4.17)$$

蜂窝孔壁的净辐射热流密度可以根据有效辐射强度来计算:

$$q_{r,w}(Z) = \varepsilon_w\left[\sigma T_w^4(Z) - J_{p'}F_{w-p'} - J_g F_{w-g} - \int_0^L J_w(Z')\mathrm{d}F_{w-w'} \right] \quad (4.18)$$

可得到蜂窝孔壁高度方向上的温度分布:

$$\frac{\mathrm{d}^2 T_w(Z)}{\mathrm{d}Z^2} = \left[\frac{4D}{k_e(D+t/2)^2} \right] q_{t,w}(Z) \quad (4.19)$$

Arulanantham 等在文献[14]中阐述了:当蜂窝孔径比 L/D 大于 5 时,孔内的自然对流就会被完全抑制,而采用纯导热的方式进行传热。本书研究的透明蜂窝孔径比为 50mm/4.5mm=11.1,所以不考虑孔内自然对流传热方式,蜂窝板上下的有效导热率可计算为

$$k_e = \frac{A_c \lambda_{air} + A_w \lambda_w}{A_c + A_w} \tag{4.20}$$

穿过蜂窝隔板的净辐射热流密度和导热热流密度：

$$q_{r,p'} = \sigma T_{p'}^4 - J_g F_{p'-g} - \int_0^L J_w(Z) dF_{p'-w} \tag{4.21}$$

$$q_{cd,p'} = -k_e \left(\frac{dT_w(Z)}{dZ} \right) \Bigg|_{Z=L} \tag{4.22}$$

式中，k_e 为蜂窝孔壁导热率。穿过空气夹层(吸热板和蜂窝底部假想面)的净辐射热流密度和导热热流密度：

$$q_{r,p} = \varepsilon_p \sigma (T_p^4 - T_{p'}^4) \tag{4.23}$$

$$q_{cd,p} = -\lambda_{air} \left(\frac{T_p - T_{p'}}{l_{p-p'}} \right) \tag{4.24}$$

吸热板向盖板的总传热量 Q_p 可表示为

$$Q_p = q_{r,p'} + q_{c,p'} = q_{r,p} + q_{cd,p} \tag{4.25}$$

则吸热板和盖板之间的传热系数 U_{pg} 可表示为

$$U_{pg} = \frac{Q_p}{T_p - T_g} = \frac{q_{r,p} + q_{cd,p}}{T_p - T_g} \tag{4.26}$$

在对模型的求解过程中，将蜂窝沿高度方向分为 40 个节点，将以上方程组差分离散并计算每个节点的温度和辐射热流密度。其具体求解流程如图 4.20 所示。

4.3.2 模拟结果与分析

图 4.21 显示了分别使用中空玻璃盖板、TIM 透明蜂窝隔板和 Low-E 玻璃盖板的集热器夜间单根支管内的冻结量随时间的变化，并与普通单层玻璃盖板集热器做了对比。由图可以看出，使用中空玻璃盖板的集热器抗冻能力高于普通单层盖板集热器，它可将支管最后完全冻结时间推迟 1h；使用 Low-E 玻璃盖板或 TIM 透明蜂窝隔板的集热器均可将支管最后完全冻结时间推迟 2～3h。从成本的角度来看，中空玻璃和 TIM 透明蜂窝的加工成本都高于 Low-E 玻璃，因此使用 Low-E 玻璃盖板是提高集热器夜间抗冻性能的有利途径。

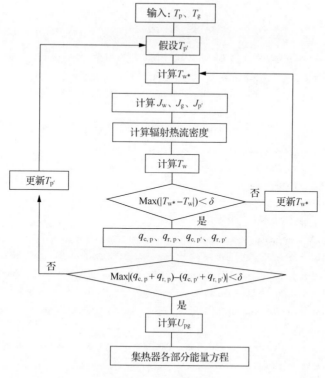

图 4.20　计算流程图

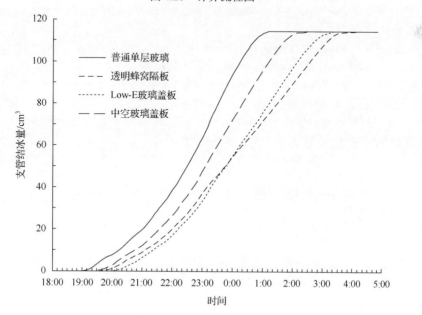

图 4.21　使用中空玻璃盖板、Low-E 玻璃盖板和 TIM 透明蜂窝隔板集热器的抗冻性能

参 考 文 献

[1] 李芷昕. 平板太阳能集热器抗冻方法研究. 昆明: 昆明理工大学硕士学位论文, 2009.

[2] 李芷昕, 杨坚, 李淑兰. 平板太阳能集热器抗冻研究进展. 太阳能, 2008, (05): 24-26.

[3] 刘慧芳, 张时聪, 姜益强, 等. 严寒地区太阳能热利用系统防冻实验研究. 暖通空调, 2014, (04): 27-31.

[4] 陶桢. 抗冻太阳热水器. 太阳能, 1998, (03): 21.

[5] 于晓峰, 陶汉中, 金叶佳, 等. 家用太阳能热水系统的防冻胀方案. 太阳能, 2010, (06): 22-27.

[6] 杨积科. 平板太阳能集热器防冻结构试验研究. 太阳能, 2010, (03): 35-36.

[7] Shamasunder N, Sparrow E. Analysis of multidimensional conduction phase change via the enthalpy method. J. Heat Transfer, 1975, 97: 333-340.

[8] 叶宏, 葛新石, 张永峰. 整体式太阳热水器在寒冷气候条件下的冻结厚度与热损系数 U 值及水层深度的关系. 太阳能学报, 2002, 03: 270-276.

[9] Gordon J R. An Investigation into freezing and bursting water pipes in residential construction, in, Building Research Council. School of Architecture. College of Fine and Applied Arts. University of Illinois at Urbana-Champaign, 1996.

[10] Schollenberger F S, Kreith F, Burch J. Geographical limitations on integral-collector-storage collectors due to collector freeze//ASME 2012 6th International Conference on Energy Sustainability Collocated with the ASME 2012 10th International Conference on Fuel Cell Science, Engineering and Technology, American Society of Mechanical Engineers, 2012: 79-87.

[11] Zhou F, Ji J, Cai J, et al. Experimental and numerical study of the freezing process of flat-plate solar collector. Applied Thermal Engineering, 2017, 118: 773-784.

[12] 高留花, 赵军, 高腾. 吸热板参数对平板太阳集热器热性能的影响. 太阳能学报, 2014, 10: 2054-2059.

[13] 邓月超, 赵耀华, 全贞花, 等. 平板太阳能集热器空气夹层内自然对流换热的数值模拟. 建筑科学, 2012, 10: 87-90, 95.

[14] Arulanantham M, Kaushika N. Coupled radiative and conductive thermal transfers across transparent honeycomb insulation materials. Applied Thermal Engineering, 1996, 16: 209-217.

[15] Rommel M, Wagner A. Application of transparent insulation materials in improved flat-plate collectors and integrated collector storages. Solar Energy, 1992, 49: 371-380.

[16] Ghoneim A. Performance optimization of solar collector equipped with different arrangements of square-celled honeycomb. International Journal of Thermal Sciences, 2005, 44: 95-105.

[17] Cadafalch J, Cònsul R. Detailed modeling of flat plate solar thermal collectors with honeycomb-like transparent insulation. Solar Energy, 2014, 107: 202-209.

[18] Mozumder A, Singh A K, Sharma P. Study of cylindrical honeycomb solar collector. Journal of Solar Energy, 2014, 2014 (3): 1-10.

第5章 带有相变储能的太阳能平板热水器性能研究

太阳能热水器可以利用太阳光将光能转化为水的热能，为生产和生活提供热水。太阳能热水器清洁安全，加工制造成本低廉，便于与建筑一体化结合，目前已被广泛使用。然而对于在寒冷地区使用的太阳能热水器尤其是平板集热器，在冬季经过一天的运行过后，到了夜晚容易出现冻结现象，这对集热器造成严重破坏。关于太阳能集热器的防冻问题，目前较常用的措施包括防冻液二次循环、夜间防冻排空和夜间再循环加热等，相关的防冻方法和研究较多。但大部分防冻措施都使用较为复杂的辅助保障系统以实现抗冻，对于如何提高集热器自身的抗冻能力的研究较少。针对平板集热器的防冻问题，本书在第4章做了关于平板集热器的冻结过程的研究，提出了减小集热器夜间热损失的各种方法以实现抗冻，同时也提出了通过提高集热器自身热容量以实现抗冻的设想。在本章，项目组提出了一种使用相变蓄能材料的平板集热器，该集热器通过在其内部加装相变蓄热体来增大其热容量，进而提高其夜间抗冻性能。与显热蓄热相比，相变蓄热体单位质量可以储存更多热量而且可以定温放热。

对于在太阳能集热器中使用 PCM 相变蓄热体，过去也有较多的研究[1-5]，但在大部分研究中，太阳能集热器使用 PCM 相变蓄热体的目的是为了减少其白天的热损失、增大其全天热效率。引入集热器的对象大部分为集热-储热一体化的集热器热水系统(ISC)。图 5.1 显示了一种使用 PCM 蓄热体的整体式太阳能集热器。其中使用相变温度为 40～45℃的石蜡作为蓄热体，放置在吸热板和一体水箱之间。

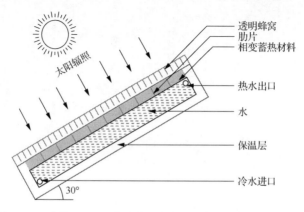

图 5.1　一种使用 PCM 蓄热体的集热-蓄热整体式太阳能集热器

与以上的 PCM 整体式热水器不同，项目组所提出的 PCM 热水器为集热器-水箱分体式热水器，而且加入 PCM 的目的是为了蓄热抗冻。在实际应用中所选用的 PCM 的相变温度要远低于石蜡，而且加入的 PCM 总量要远小于 PCM 整体式热水器。该类型的 PCM 热水器不仅可以在冬季起到抗冻效果，而且可以在夏季防止集热器出现过热损坏。本章首先提出了一种使用相变蓄热体平板集热器的结构，然后研究了使用相变蓄热体对平板集热器各种性能的影响，并对这种相变蓄能抗冻集热器进行了初步的设计和优化。

5.1　带有相变储能的太阳能平板热水器的构造

5.1.1　相变储能集热器的结构及设计参数

在平板集热器中装入相变蓄热体首先要考虑的是所使用的相变蓄热体的类型，包括相变材料选取、相变温度和潜热确定、相变材料封装方式，同时也要考虑蓄热体在集热器的放入位置，蓄热体与集热器的结合方式等。图 5.2 为本项目组设计的一种使用相变蓄热板阵列的平板集热器的组装图，图 5.3 为该相变储能平板集热器的截面图。PCM 相变蓄热板阵列位于保温层和板芯流道管之间，相

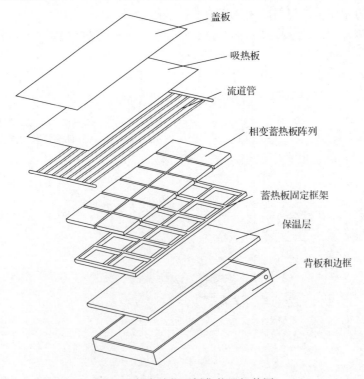

盖板

吸热板

流道管

相变蓄热板阵列

蓄热板固定框架

保温层

背板和边框

图 5.2　相变储能平板集热器组装图

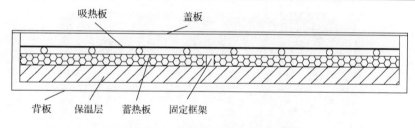

图 5.3　相变储能平板集热器截面图

变板阵列框架安装在集热器壳体开口处。PCM 相变蓄热板阵列使用相变板阵列框架固定，放到保温层上，吸热板芯放在蓄热板阵列上并使用导热胶粘接。每块 PCM 相变蓄热板独立封装，将相变蓄热材料封在盒内部。

　　表 5.1 为本项目组设计的相变蓄能抗冻集热器参数，所有设计参数基于常用的平板集热器，同时考虑了 PCM 蓄热板与集热器结合后的抗冻效果。PCM 蓄热板参数是基于德国 RUBITHERM 公司生产的 CSM 相变储能面板(图 5.4)。

表 5.1　相变蓄能抗冻集热器设计参数

尺寸	2m×1m
盖板厚度	3.2mm
空气夹层厚度	20mm
安装倾角	45°
支管数	8
支管间距	120mm
支管外径	10mm
集管外径	20mm
吸热板厚(铝板)	0.4mm
吸热板发射率	0.05
吸热板吸收比	0.95
保温层厚度(聚酯纤维)	70mm
背板厚度	0.4mm
PCM 蓄热板阵列参数	
蓄热板数量(块)	12
蓄热板尺寸	450mm×300mm×15mm
封装方式	铝盒封装
铝盒壁厚	0.5mm
相变材料类型	有机相变材料
相变材料相变温度	5℃
相变材料相变潜热	222kJ/kg
相变材料密度	673kg/m^2
相变材料导热率	0.3W/(K·m^2)

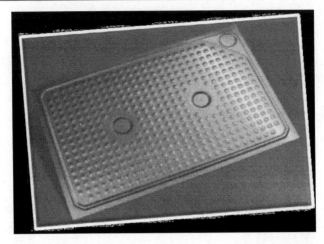

图 5.4　德国 RUBITHERM 公司所生产的 CSM 相变储能面板

5.1.2　相变储能集热器工作原理

　　PCM 相变蓄热板阵列在白天集热器运行的情况下吸收吸热板传递的热量，将相变材料由固相转变为液相。夜晚当集热器内部水温接近冻结温度时相变蓄热板释放潜热，使集热器内部水温长时间高于其冻结温度，直到第二天白天辐照出现后集热器升温，将不存在冻结风险。将蓄热体放置在集热器的板芯和保温层之间可以保证蓄热体和吸热板做充分热量交换的同时降低其对外的热量散失。夜间蓄热体释放潜热时的温度要高于集热器内部水的冻结温度，所以相变蓄热材料要有一个固定的相变温度且高于水的冻结温度，但相变温度不能选取太高，如果相变温度太高就会使集热器在与周围环境有较大温差的情况下释放蓄热体的潜热，从而加速蓄热体的热量释放。因此，要选相变温度略高于水的冻结相变温度的蓄热材料。由于集热器通常为倾斜放置，蓄热体内部的相变蓄热材料在发生相变时，蓄热体内部的液相蓄热材料可能会发生温度分层，使得蓄热体内部固液相分布不均匀。这种不均匀就会导致集热器在夜晚降温冻结时产生温度分布不均匀，增大其冻结风险。因此，项目组在设计 PCM 蓄热板时将蓄热板分为多块 PCM 蓄热板拼接，组成蓄热板阵列，消除了温度分层对蓄热抗冻效果的影响。

5.2　有相变储能的太阳能平板热水器的数理模型

　　基于 5.1 节提出的相变储能太阳能平板热水器的结构，本节建立了一个相变储能太阳能平板集热器系统的数学模型，模型包括集热器白天运行模型和夜晚降温模型。模型中包含集热器内部 PCM 蓄热体白天蓄热相变过程和夜间释放潜热过程。对于集热器白天运行模型，采用与本书第 2 章中肋管式集热器相同的假设。

对于集热器夜晚降温模型，采用与本书第 4 章中平板集热器的夜间降温冻结模型相同的假设。对于集热器内部的 PCM 蓄热体有以下假设：

(1) 相变材料的热物理特性是固定不变的；

(2) 相变材料具有一个固定的相变温度且不存在过冷现象；

(3) 不考虑相变材料液相的流动；

(4) 相变板阵列视为一块整板。

5.2.1　相变储能太阳能平板热水器白天运行情况下各部分的能量平衡方程

1) 盖板方程

由于盖板不与蓄热体直接发生传热，故盖板方程采用与本书第 2 章式 (2.1) 相同的形式。

2) 吸热板方程

吸热板在白天运行过程中与盖板发生对流和辐射传热、与铜管存在焊接点传热、与 PCM 蓄热板上的封装盒壁存在对流和辐射传热 (图 5.5)。其能量方程如下：

$$
\begin{aligned}
\rho_p \delta_p C_p \frac{\partial T_p}{\partial t} = {} & \alpha_a I + \lambda_p \delta_p \left(\frac{\partial^2 T_p}{\partial x^2} + \frac{\partial^2 T_p}{\partial y^2} \right) + \left(T_g - T_p \right) \left(h_{r,a} + h_{cv,a} \right) \\
& + \left(T_{box,u} - T_p \right) \left(h_{r,p} + h_{cv,p} \right)
\end{aligned}
\tag{5.1}
$$

式中，$T_{box,u}$ 为 PCM 蓄热板的封装盒上壁温度；$h_{r,p}$ 为吸热板和上封装盒壁之间的辐射传热系数；$h_{cv,p}$ 为吸热板和上封装盒壁之间的对流传热系数。其余符号的意义可参考本书第 2 章肋管集热器的数理模型部分。$h_{r,p}$ 可由式 (5.2) 得到，其中，ε_{box} 为封装盒壁的发射率。$h_{cv,p}$ 可采用文献 [6] 中的倾斜矩形空间换热公式计算 [式 (5.3)]。其中，D_t 为支管外径，即吸热板与封装盒壁之间空气层的厚度，φ 为集热器安装倾角。

$$
h_{r,p} = \frac{\sigma(T_p^2 + T_{box,u}^2)(T_p + T_{box,u})}{\dfrac{1}{\varepsilon_p} + \dfrac{1}{\varepsilon_{box}} - 1}
\tag{5.2}
$$

$$
Nu = h_{cv,p} \frac{D_t}{\lambda_{air}} = 1 + 1.44 \left[1 - \frac{1708}{Ra\cos\varphi} \right]^{+} \left[1 - \frac{1708(\sin 1.8\varphi)^{1.6}}{Ra\cos\varphi} \right] + \left[\left(\frac{Ra\cos\varphi}{5830} \right)^{\frac{1}{3}} - 1 \right]^{+}
\tag{5.3}
$$

式中，Ra 为空气夹层的流态瑞利数。

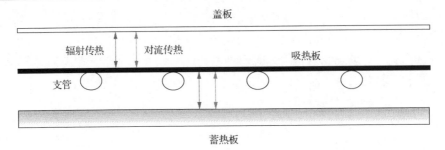

图 5.5　吸热板传热模型

对于与支管焊接处的吸热板，其能量守恒方程只需在原公式的基础上增加与支管的热传导项。根据对集热器中流量分布均匀的假设，所有支管及其半边翅片的温度分布完全相同，因此在模型中只需计算一根支管和其对应的翅片以及翅片以下的 PCM 蓄热体。模型计算区域如图 5.6 所示。

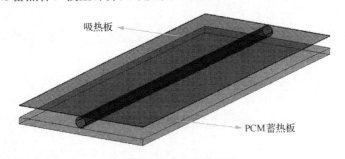

图 5.6　模型的计算区域

3) 支管方程

支管除与吸热板发生焊接点传热以外还与 PCM 蓄热板的上封装盒壁存在接触传热。在这里假设支管与封装盒壁使用导热胶粘接，其能量方程为

$$\rho_t C_t A_t \frac{\partial T_t}{\partial t} = \lambda_t A_t \frac{\partial^2 T_t}{\partial y^2} + \pi D h (T_f - T_t) + U_{a,l}(T_p - T_t) + U_{p,l}(T_{\text{box,u}} - T_t) \quad (5.4)$$

式中，$U_{p,l}$ 为单位长度上支管与封装盒壁之间的传热系数。其余符号参见本书第 2 章式(2.14)。支管内部水流方程采用和第 2 章式(2.15)相同的形式。

4) 蓄热板封装盒上壁方程

PCM 蓄热板的上封装盒壁存在吸热板和支管的传热，同时也存在与蓄热板内部相变材料之间的传热。其能量方程如式(5.5)所示。对于与支管使用导热胶粘接的盒壁，其能量守恒方程只需在原公式的基础上增加与支管的热传导项。图 5.7 显示了蓄热板模型简图和网格划分。

$$\rho_{\text{box}} \delta_{\text{box}} C_{\text{box}} \frac{\partial T_{\text{box},u}}{\partial t} = \lambda_{\text{box}} \delta_{\text{box}} \left(\frac{\partial^2 T_{\text{box},u}}{\partial x^2} + \frac{\partial^2 T_{\text{box},u}}{\partial y^2} \right) + \frac{\left(T_{\text{pcm}} - T_{\text{box},u} \right)}{\delta_{\text{box}}/2} \lambda_{\text{box}}$$
$$+ \left(T_{\text{p}} - T_{\text{box},u} \right) \left(h_{\text{r,p}} + h_{\text{cv,p}} \right) \tag{5.5}$$

式中，ρ_{box} 为封装盒密度；δ_{box} 为封装盒壁厚；C_{box} 为封装盒比热容；λ_{box} 为封装盒导热率；坐标 x 和 y 采用和式(5.1)相同的坐标系；T_{pcm} 为封装盒内相变材料的温度。

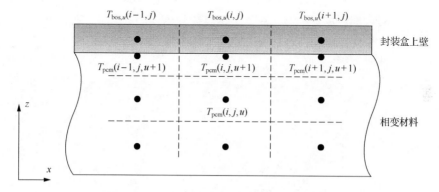

图 5.7　蓄热板模型简图和网格划分

5)蓄热材料方程

对封装盒内部的相变材料采用三维热焓法相变传热模型，坐标 x 和 y 采用和式(5.1)相同的坐标系，坐标 z 为沿蓄热板厚度方向上的坐标。式(5.6)为蓄热材料焓法模型下的能量平衡方程。

$$\rho_{\text{pcm}} \frac{\partial H_{\text{pcm}}}{\partial t} = \lambda_{\text{pcm}} \left(\frac{\partial^2 T_{\text{pcm}}}{\partial x^2} + \frac{\partial^2 T_{\text{pcm}}}{\partial y^2} + \frac{\partial^2 T_{\text{pcm}}}{\partial z^2} \right) \tag{5.6}$$

式中，ρ_{pcm} 和 λ_{pcm} 分别为蓄热材料的密度和导热率。蓄热板上下边界采用上下封装盒壁的耦合传热边界条件，四周边框均采用绝热边界条件。在焓法模型方程的求解过程中，首先建立蓄热板三维温度场和焓场的模型，并根据初始温度场求解出焓场，其温度和焓的对应关系如式(5.7)所示。

$$T - T_0 = \begin{cases} \left(H - H_{\text{s}}^* \right)/c_{\text{i}}, & H < H_{\text{s}}^* \\ 0, & H_{\text{s}}^* \leqslant H \leqslant H_{\text{l}}^* \\ \left(H - H_{\text{l}}^* \right)/c_{\text{w}}, & H > H_{\text{l}}^* \end{cases} \tag{5.7}$$

式中，T_0 为相变温度；C_i 和 C_w 分别为固相和液相的比热容，下标 s 为固相，l 为液相；H_s^* 和 H_l^* 为在相变温度下固相和液相的焓。令相变温度下固态的相变材料的焓为零，即 $H_s^* = 0$，则 $H_l^* = H_s^* + \gamma$；γ 为相变潜热。

6) 蓄热板下封装盒壁方程

PCM 蓄热板的下封装盒壁存在和集热器背板的传热及与蓄热板内部相变材料之间的传热，其能量方程如式 (5.8) 所示。

$$
\rho_{\text{box}} \delta_{\text{box}} C_{\text{box}} \frac{\partial T_{\text{box,b}}}{\partial t} = \lambda_{\text{box}} \delta_{\text{box}} \left(\frac{\partial^2 T_{\text{box,b}}}{\partial x^2} + \frac{\partial^2 T_{\text{box,b}}}{\partial y^2} \right) + \frac{\left(T_{\text{pcm}} - T_{\text{box,b}} \right)}{\delta_{\text{box}}/2} \lambda_{\text{box}}
$$
$$
+ \frac{T_{\text{b}} - T_{\text{box,b}}}{\delta_{\text{ins}}} \lambda_{\text{ins}} \tag{5.8}
$$

7) 背板方程

背板能量方程为

$$
m_{\text{b}} C_{\text{b}} \frac{\mathrm{d} T_{\text{b}}}{\mathrm{d} t} = \left(T_{\text{air}} - T_{\text{b}} \right) h_{\text{cv,b}} + \frac{T_{\text{box,b}} - T_{\text{b}}}{\delta_{\text{ins}}} \lambda_{\text{ins}} \tag{5.9}
$$

式中，T_{b} 为背板温度，其余符号意义可参考第 2 章和第 4 章的部分公式。水箱方程采用和第 2 章式 (2.16) 完全相同的形式。

5.2.2　相变储能太阳能平板热水器夜间降温情况下各部分的能量平衡方程

在夜间无辐照且循环水泵停止工作的情况下，吸热板方程和盖板方程只需去掉辐照项，PCM 蓄热板方程、背板方程和水箱方程均不做改变。因夜间支管内部水停止流动且在冻结以后存在相变传热过程，故支管方程和支管内部工质方程分别采用和第 4 章式 (4.6) 和式 (4.10) 相同的形式。

5.2.3　模型求解方法

模型在求解过程中首先将以上的能量平衡方程差分离散，对集热器内部除 PCM 蓄热板以外的各组件的差分离散采用和第 4 章表 4.1 中相同的离散格式和节点数。对 PCM 蓄热板各部分的离散格式和节点数如表 5.2 所示。集热器全天 (包括白天运行和夜间降温冻结) 的具体求解流程如图 5.8 所示。

表 5.2　PCM 蓄热板各部分的离散格式和节点数

封装盒壁	2000 节点，二阶中心差分
相变材料	10000 温度节点，10000 焓节点，二阶中心差分

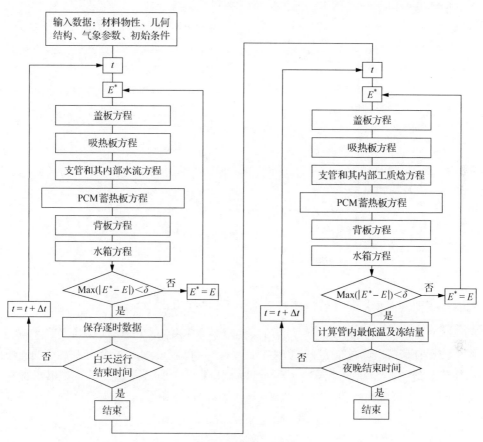

图 5.8　模型求解流程

5.3　相变储能对平板热水器热性能及冻结性能的影响

本节利用相变储能集热器热水系统的数学模型，基于本章 5.1 节中设计的相变储能集热器结构，对这种相变储能集热器热水系统的结构进行了优化。根据本章 5.1 节中分析的限制相变储能集热器性能的主要因素，课题组通过改变相变储能集热器的 PCM 蓄热板相变温度、相变潜热容量、蓄热板和吸热板的结合传热系数和相变板厚度，分析了影响相变储能集热器性能的主次因素。在模拟中所使用的集热器参数如表 5.1 所示。热水系统循环水泵的工作时段为 8:00～18:00，并假设热水系统各部分在初始运行时的温度为 5℃。徐州地区一月份夜晚环境温度通常低于 0℃，其月平均气象参数如图 5.9 所示（数据来源：Energyplus 气象数据库），在这种环境下传统的平板集热器很容易出现冻结。故采用徐州地区一月份平均气象数据对相变储能热水器的性能进行分析。

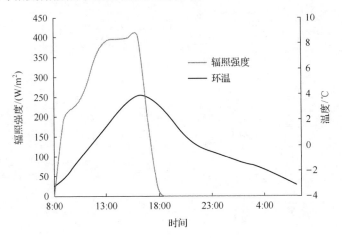

图 5.9　徐州 1 月份平均气象数据

5.3.1　相变储能集热器和传统集热器的全天运行性能对比

图 5.10 和图 5.11 分别显示了传统集热器热水系统和相变储能集热器热水系统的全天运行情况（包括白天运行和夜间冻结）。可以观察到，在徐州 1 月份的气象条件下传统集热器热水系统一天运行过后水箱水温可升温 16℃，集热器内部在 20:00 开始出现冻结，到第二天 2:00 集热器内部全部冻结。可见传统集热器热水

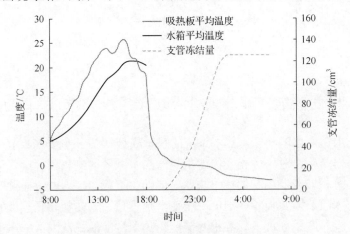

图 5.10　传统集热器热水系统的全天运行情况

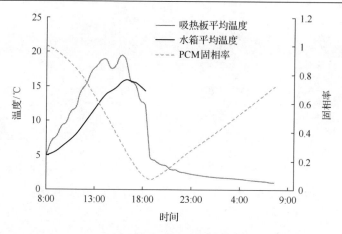

图 5.11　相变储能集热器热水系统的全天运行情况

系统在该地区存在冻结破坏的风险。图 5.11 显示 PCM 相变储能集热器热水系统在夜间吸热板的温度始终高于 0℃，且在第二天 8:00 之前未出现冻结，这表明 PCM 相变储能集热器热水系统可以在同样的气象条件下实现抗冻过夜。但是 PCM 集热器热水系统在一天运行过后水箱温升为 11℃，低于传统集热器，这是由于集热器所获得的热量一部分被 PCM 材料所吸收。

图 5.12 显示了传统集热器和 PCM 集热器各种性能参数的对比。可以总结出以下几点：

(1) PCM 集热器在夜间最低温为 0.38℃，不存在冻结风险；

(2) PCM 集热器夜间顶部热损失占主要部分；

(3) 与传统集热器相比，PCM 集热器有更高的系统全天得热量；

(4) PCM 蓄热板白天所储存的能量约占系统总得热量的 47%。

对于(3)中所述：与传统集热器相比，PCM 集热器有更高的系统全天得热量。这可以解释为：PCM 材料在白天的相变过程使得 PCM 集热器温度较低，从而使得 PCM 集热器与传统集热器相比有较小的热损失，从而获得更高的系统得热量。

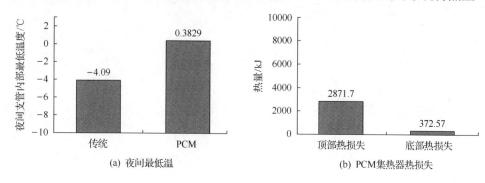

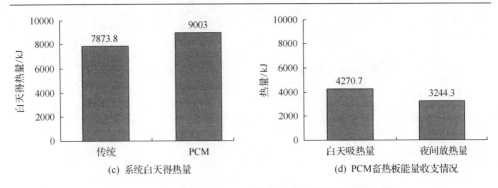

(c) 系统白天得热量　　　　　　　　(d) PCM畜热板能量收支情况

图 5.12　传统集热器和 PCM 集热器各种性能参数的对比

5.3.2　PCM 材料相变温度对集热器性能的影响

在相变储能集热器中,所选用的 PCM 材料的相变温度可以决定集热器内部相变过程的发生时段,对集热器白天运行特性和夜晚抗冻性能有重要影响。本小节研究了不同相变温度的 PCM 材料对相变储能集热器热水系统性能的影响。

1) 白天影响

图 5.13 显示了相变温度对集热器白天运行的影响,可以看出,从 0℃起,随着 PCM 相变温度的升高,系统的水箱终温逐渐上升但系统的总得热量逐渐下降。这可以由图 5.14 做出解释。图 5.14 显示了随着 PCM 相变温度的升高,相变板的白天吸热量逐渐下降,从而使水箱得到更多的热量。由此可见,提高 PCM 畜热温度有利于提高系统的全天热效率。

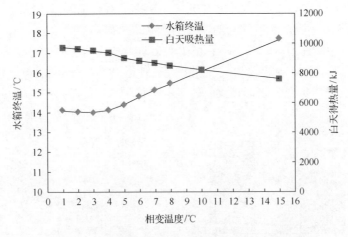

图 5.13　PCM 相变温度对集热器白天运行的影响

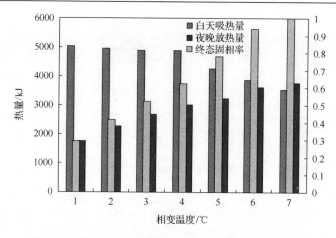

图 5.14　不同的 PCM 相变温度下的相变板的状态变化

2) 夜晚影响

图 5.15 显示了 PCM 相变温度对集热器抗冻能力的影响。可以看出在相变温度处于 2~6℃时，集热器夜间水温始终高于 0℃，不发生冻结；当相变温度太小(<2℃)或者太大(>6℃)都会导致集热器夜间发生冻结。当 PCM 相变温度较小时(接近 0℃)，图 5.14 所示其终态(第二天 8:00)固相率较小，导致蓄热板夜间放热量减小，即 PCM 材料在夜间没有被完全利用。当 PCM 相变温度较大时(>6℃)，其夜间放热量会增大，但仍然会出现集热器冻结现象，这可以由图 5.16 做出解释。图 5.16 显示了在相变温度分别为 4℃和 8℃两种情况下集热器从第二天 1:00~8:00 的内部变化情况。观察到在 8℃相变温度情况下 PCM 放热功率在 4:00 左右迅速下降，这是由于 PCM 相变温度较高导致其相变潜热释放过程提前结束。PCM 潜热提前释放完全以后，集热器会进一步降温从而出现冻结。

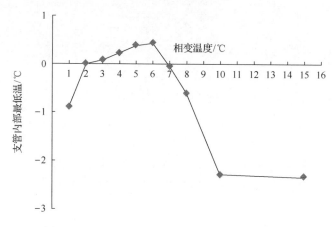

图 5.15　PCM 相变温度对集热器抗冻能力的影响

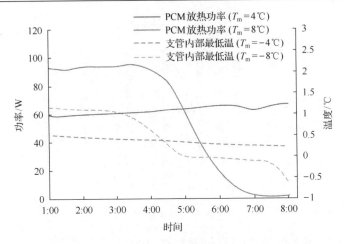

图 5.16　两种不同 PCM 相变温度下的 PCM 放热功率和集热器最低温变化

(T_m：相变温度)

　　由此可见，在 2～6℃的相变温度范围内可以保证集热器夜间不发生冻结，考虑到所使用的 PCM 相变板不对集热器在白天的热效率造成太大的影响，选取相变温度为 4～6℃。

5.3.3　PCM 材料相变潜热对集热器性能的影响

1) 白天影响

　　图 5.17 显示了 PCM 相变潜热对集热器白天运行的影响，观察到随着 PCM 相变潜热的升高系统的总得热量略有增大，水箱终温有所降低。这是由于较大的 PCM 潜热会储存更多的热量从而使水箱的得热量减少。

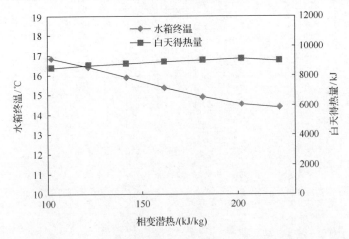

图 5.17　PCM 相变潜热对集热器白天运行的影响

2) 夜晚影响

图 5.18 显示了 PCM 相变潜热对集热器抗冻性能的影响。当相变潜热小于142kJ/kg 时集热器内部出现冻结，当相变潜热大于 142kJ/kg 时集热器内部夜间最低温度快速上升至 0.4℃。因此同时考虑集热器的白天运行热效率和夜间抗冻能力，选取 PCM 材料的相变潜热为 162～182kJ/kg。

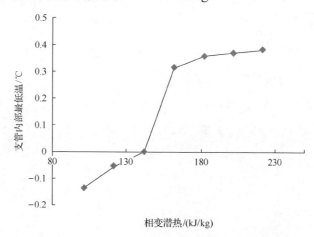

图 5.18　PCM 相变潜热对集热器抗冻性能的影响

5.3.4　PCM 相变板与吸热板之间的热阻对集热器性能的影响

PCM 相变板与吸热板之间的传热状况对 PCM 集热器白天运行及夜晚保温性能会产生较大的影响。当 PCM 相变板与吸热板之间传热较好时，会使蓄热体对集热器温度变化的响应较快，反之则响应较慢。这种现象就使得 PCM 相变板与吸热板之间的传热类似于一个释放 PCM 材料潜热的热阀门，本小节研究了这种热阀门的开合度对 PCM 集热器性能的影响。

1) 白天影响

图 5.19 显示了 PCM 相变板与吸热板之间的平均传热系数对集热器白天运行的影响。随着平均传热系数的增大，系统白天得热量逐渐增大，当超过确 20W/(K·m²)后得热量增幅减缓。水箱终温在平均传热系数为 10W/(K·m²) 时存在一个最低值。图 5.20 显示了不同传热系数下吸热板白天的温度变化。可以看出 PCM 相变板与吸热板之间的传热状况越好，吸热板白天的温度越低，从而使得集热器热损失降低，这有利于提高系统得热量。

2) 夜晚影响

图 5.21 显示 PCM 相变板与吸热板之间的平均传热系数对集热器抗冻能力的影响。观察到平均传热系数为 10W/(K·m²)时存在一个最优的夜间抗冻效果，当

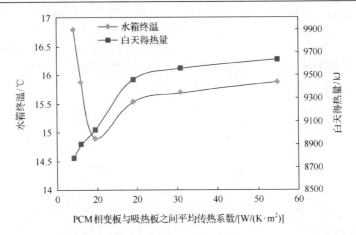

图 5.19　PCM 相变板与吸热板之间的平均传热系数对集热器白天运行的影响

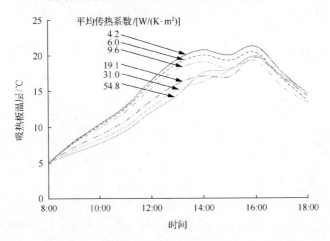

图 5.20　吸热板温度变化

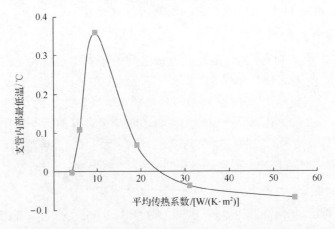

图 5.21　PCM 蓄热板与吸热板之间的平均传热系数对集热器抗冻能力的影响

平均传热系数小于 5W/(K·m²) 或者大于 25W/(K·m²) 时 PCM 集热器将会出现冻结。PCM 相变板与吸热板之间的平均传热系数较小会导致夜间 PCM 材料的潜热不能完全释放，从而使排管内部的水得不到足够的热量以实现抗冻过夜。平均传热系数较大时会使 PCM 潜热释放速率加快，不能保证在整个夜间时段持续放热，从而使集热器出现冻结。

　　由以上的分析得知当 PCM 相变板与吸热板之间的平均传热系数处于 10～20W/(K·m²) 时可以得到最优的 PCM 集热器性能。表 5.3 显示了不同 PCM 蓄热板和吸热板结合方式的平均传热系数，可以看出使 PCM 相变板与吸热板之间无接触会导致平均传热系数太小从而造成 PCM 集热器白天运行性能以及夜间抗冻性能的下降；使 PCM 相变板与吸热板之间焊接会出现很大的平均传热系数，这样会造成 PCM 集热器夜间的抗冻性能显著下降。因此 PCM 相变板与吸热板排管之间使用导热胶粘接可以获得最好性能。

表 5.3　不同 PCM 蓄热板和吸热板结合方式的平均传热系数

无接触	2.5W/(K·m²)
接触并使用导热胶粘接	10W/(K·m²)
焊接	860W/(K·m²)

5.3.5　PCM 相变板厚度的影响

1) 白天影响

　　图 5.22 所示为 PCM 相变板厚度对集热器白天运行的影响，可以看到相变板厚度从 5mm 增大到 15mm 会使得水箱最终温度下降，这是由于相变板增厚导致了白天的蓄热量增大。当相变板厚度大于 15mm 时，由于白天运行的蓄热量达到

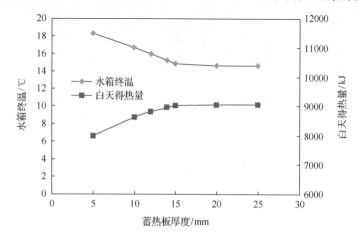

图 5.22　PCM 相变板厚度对集热器白天运行的影响

极值，继续增厚的相变材料不会得到热量，因此相变板继续增厚对水箱终温和全天得热量不会产生较大影响(图 5.23)。

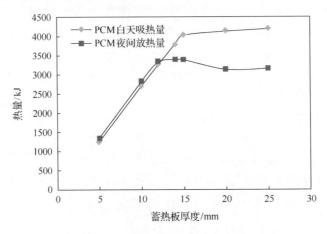

图 5.23　PCM 相变板厚度对其能量收支情况的影响

2) 夜晚影响

图 5.24 显示了 PCM 相变板厚度对集热器抗冻性能的影响，可以看出当相变板厚度大于 12mm 后就可以保证集热器夜间不发生冻结，当相变板厚度大于 15mm 后继续增加其厚度对集热器夜间抗冻性能不会产生较大影响。因此考虑到节省 PCM 材料以及保证其抗冻能力，选取的相变板厚度为 12~15mm。

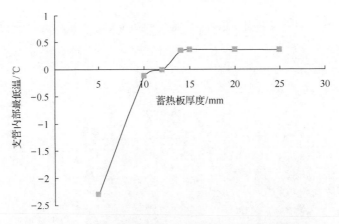

图 5.24　PCM 相变板厚度对集热器抗冻性能的影响

参 考 文 献

[1] Rabin Y. Integrated solar collector storage system based on a salt-hydrate phase-change material. Solar Energy, 1995, 37(3): 435-444.

[2] Reddy K S. Thermal modeling of PCM-based solar integrated collector storage water heating system. Journal of Solar Energy Engineering, 2007, 129 (4) : 458-464.

[3] Bhargava A K. A solar water heater based on phase-changing material. Applied Energy, 1983, 14 (3) : 197-209.

[4] González J E, Dukhan N. Initial analysis of PCM integrated solar collectors. Journal of Solar Energy Engineering, 2006, 128 (2) : 173-177.

[5] El-Sebaii A A, Al-Ghamdi A A, Al-Hazmi F S, et al. Thermal performance of a single basin solar still with PCM as a storage medium. Applied Energy, 2009, 86 (7) : 1187-1195.

[6] Shamasunder N, Sparrow E. Analysis of multidimensional conduction phase change via the enthalpy method. Asme Transactions Journal of Heat Transfer, 1975, 97 (3) : 333-340.

第6章 大尺度平板热水器

传统的平板太阳能热水器为便于与建筑结合以及提供家庭生活热水，其单块采光面积通常在 1～2m²，对于热水需求量较大的太阳能热水系统，通常使用平板集热器串并联组成集热器阵列的方式实现。然而在大规模的平板集热器阵列中，由于前后集热器的遮挡，其占地面积会大于其实际的有效采光面积，这就造成了土地资源的浪费。同时，由于在大型平板集热器阵列中，集热器之间排列不紧密存在较大空隙且连接管件较多使得其整体散热损失较大。除此之外，集热器之间接头较多也会造成泄漏危险。近年来，对于采光面积大于 10m² 的大尺度平板热水器的研究和使用较多。国内对大尺度的平板热水器的研究处于起步阶段，国外则对大尺度平板热水器的研究和使用较多，在芬兰和丹麦，大尺度集热器通常应用在跨季节性的储热系统中。

6.1 大尺度平板热水器的构造

图6.1显示了广东五星公司研发的总面积为 10.04m² 的大尺度平板集热器的结构，图6.2为实物图。该大尺度集热器采用整体板芯、流道管及保温层的设计，对于盖板则采用连块设计。为了提高其保温能力，该大尺度平板热水器采用厚度为 70mm 的聚酯纤维保温层和双层玻璃盖板。图6.3为该大尺度平板集热器的技术参数设定。

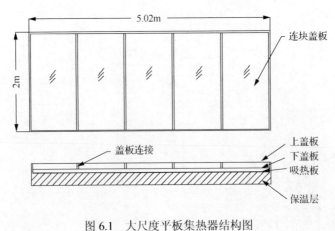

图 6.1 大尺度平板集热器结构图

图 6.2　大尺度平板集热器照片

大面积连块集热器参数表		
参数描述	产品名称	大面积连块集热器
	产品尺寸 L×W×T/mm	5022×2000×140
	边框颜色	氧化黑色
	总面积/m²	10.04
	采光面积/m²	9.15
	净重	315kg
	工作压力/MPa	0.6
盖板	材料	中空玻璃
	中间空距/mm	16
	单块玻璃透光率	≥92%
板芯	结构类型	整板-激光焊接
	吸热板材料/mm	磁控溅射铝整板 δ0.4
	吸收率/发射率	0.95±0.02/0.05±0.02
	集管规格/mm	TP2 ϕ22δ0.6，2 支
	排管规格/mm	TP2 ϕ8δ0.5
	集热循环口	G1/2″内丝
	容量/L	7
保温层	保温材料	底保温 70mm 玻璃纤维
外壳	边框材质	铝材 6063-T5
	背板	镀锌板 δ0.4
	密封件	耐温、耐候硅酮密封胶
介质	介质	防冻液/水
支架	集热器安装支架	铝合金支架
简图	简图	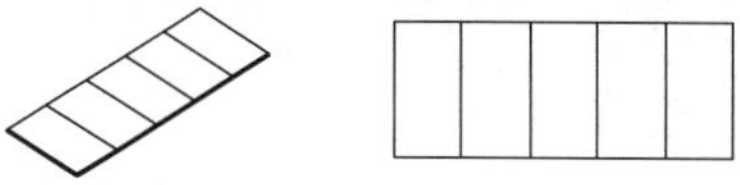

图 6.3　大尺度平板热力器参数表

由于大尺度平板集热器在横向上的长度较大，其板芯流道管路如果采用与传统小尺度集热器相同的管路结构（上下集管、支管竖置），就会使用很长的上下集管；如果采用集管左右布置、支管横置，在相同的支管流道总长度下就会节省大量的管路耗材，但是采用支管横置的方式只适用于水流强制循环的热水系统，无法利用热虹吸现象进行自然循环集热。因此，大尺度集热器在设计时通常包含四种管路结构设计类型：VZ、VU、HZ、HU（图6.4）。

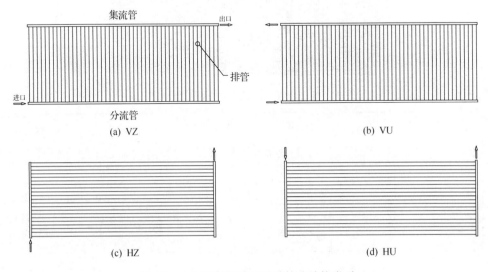

图 6.4　大尺度集热器的四种管路结构类型

VZ 类型即支管竖置、左下集管进口，右上集管出口；VU 类型即支管竖置、左下集管进口，左上集管出口；HZ 类型即支管横置、左下集管进口，右上集管出口；HU 类型即支管横置、左上集管进口，右上集管出口。这四种管路结构类型具有不同的热性能和水力学特性，我们将在下文中进行介绍。

6.2　大尺度平板热水器的性能分析

国外对大尺度平板热水器的性能有较多的研究。Duffie 和 Beckman 在文献[1]中提到大尺度平板热水器的热性能对其排管内部的流量分布有很强的依赖性。大尺度集热器由于支管数量较多且沿流道垂直方向跨度较大，内部水流会出现很大的不均匀性，这种流量的不均匀会对集热器的热性能造成很大影响。Chiou[2]的研究表明：对于大尺度集热器，流量不均匀的现象很容易出现而且集热器的热效率会随着流量不均匀度的增大而减小。Fan 等[3]通过实验研究了一种采光面积为 $12.5m^2$ 的支管横置式大尺度集热器，当集热器循环水流量很小时或者进口水温很高时就会较容易地出现流量不均匀现象。流量分布不均匀会导致热效率下降，同时在辐照强度较大的情况下也会增加集热器内部出现沸腾的危险。

以上对大尺度集热器的研究注重研究其流量分布的特性，而较少地涉及改变其管路结构等结构性变化对其热性能或者水力特性的影响。本节建立了一个采光面积为 10.04m² 大尺度集热器的数理模型，在本书第 2 章肋管式集热器数理模型的基础之上增加了流量分布模型，考虑了在不同管路结构下的变化。基于此，模拟分析了大尺度集热器的运行特性，优化了影响大尺度集热器性能的各种结构因素。

6.2.1　大尺度平板热水器的数理模型

本小节通过集热器各部分的能量平衡方程和各支管集管段水流的动量方程建立了一个大尺度集热器的非稳态白天运行模型。该模型考虑了大尺度集热器的四种管路结构类型(VZ、VU、HZ、HU)，可计算集热器内部每一点的温度变化和管路每一点的流速及压力。首先，对模型做以下假设：

(1)忽略支管壁厚方向、圆周方向、吸热板厚度方向及盖板厚度方向上的温度梯度；

(2)流体的黏度、热容和密度在计算中可作为定值；

(3)集热器空气夹层中的空气热容可以忽略不计；

(4)集热器保温层的热容可以忽略；

(5)边框热损失可以忽略不计；

(6)管路内部的流动均为稳定流动。

1)盖板方程

盖板能量平衡方程包含有上盖板和下盖板，对于上盖板，能量方程为

$$m_{\mathrm{g,u}}C_{\mathrm{g,u}}\frac{\mathrm{d}T_{\mathrm{g,u}}}{\mathrm{d}t} = \alpha_{\mathrm{g,u}}I + \left(T_{\mathrm{air}} - T_{\mathrm{g,u}}\right)h_{\mathrm{cv,e}} + \left(T_{\mathrm{sky}} - T_{\mathrm{g,u}}\right)h_{\mathrm{r,e}} \\ + (T_{\mathrm{g,b}} - T_{\mathrm{g,u}})(h_{\mathrm{r,b-u}} + h_{\mathrm{cv,b-u}}) \tag{6.1}$$

式中，下标 g,u 表示上玻璃盖板；下标 g,b 表示下玻璃盖板。

下盖板能量方程为

$$m_{\mathrm{g,b}}C_{\mathrm{g,b}}\frac{\mathrm{d}T_{\mathrm{g,b}}}{\mathrm{d}t} = \alpha_{\mathrm{g,b}}I + \left(T_{\mathrm{p}} - T_{\mathrm{g,b}}\right)\left(h_{\mathrm{r,a}} + h_{\mathrm{cv,a}}\right) + (T_{\mathrm{g,u}} - T_{\mathrm{g,b}})(h_{\mathrm{r,b-u}} + h_{\mathrm{cv,b-u}}) \tag{6.2}$$

方程中各个物性参数及换热系数可参考第 2 章和第 4 章的集热器数理模型部分。

2) 吸热板方程

在本书第 2 章所建立的肋管集热器模型中，假设各根支管具有均匀相同的流量分布，模型的计算区域只包含一根支管和与其连接的半边翅片。大尺度集热器由于流量分布不均匀很明显，会对吸热板沿支管垂直方向的温度分布产生很显著的影响。因此，在本模型中，计算区域包含整块吸热板以及所有支管。吸热板的能量平衡方程为

$$\rho_p \delta_p C_p \frac{\partial T_p}{\partial t} = \alpha_p I + \lambda_p \delta_p \left(\frac{\partial^2 T_p}{\partial x^2} + \frac{\partial^2 T_p}{\partial y^2} \right) + \left(T_{g,b} - T_p \right)\left(h_{r,a} + h_{cv,a} \right) + \frac{T_{bc} - T_p}{\delta_{ins}} \lambda_{ins}$$

(6.3)

3) 支管方程

对于与第 i 根支管焊接的吸热板部分，其能量方程为

$$\rho_p \delta_p C_p \frac{\partial T_p}{\partial t} = \alpha_p I + \lambda_p \delta_p \left(\frac{\partial^2 T_p}{\partial x^2} + \frac{\partial^2 T_p}{\partial y^2} \right) + \left(T_{g,b} - T_p \right)\left(h_{r,a} + h_{cv,a} \right) + U_{jo} \left(T_{t,i} - T_p \right)$$

(6.4)

式中，$T_{t,i}$ 为第 i 根支管的温度。

4) 流量分布方程

为模拟大尺度集热器排管内部的流量分布，将上下集管的支管未焊接段划分为和支管相同数量的控制体单元，对每个控制体单元列出其动量守恒方程。模型简图和控制体划分如图 6.5 所示。

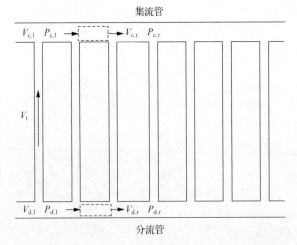

图 6.5　大尺度集热器排管内部流量分布模型简图和控制体划分

　　模型中第 i 个控制体(第 i 根支管连接处的集管段)的动量守恒方程可写为下集管:

$$P_{\mathrm{d,l}}(i) - P_{\mathrm{d,r}}(i) = \frac{1}{8}(K_{\mathrm{a}} + K_{\mathrm{l}})\rho_{\mathrm{f}}\left[V_{\mathrm{d,l}}(i) + V_{\mathrm{d,r}}(i)\right]^2 + \rho_{\mathrm{f}}(1 - 0.5C)\left[V_{\mathrm{d,r}}^{\,2}(i) - V_{\mathrm{d,l}}^{\,2}(i)\right]$$

$$(6.5)$$

上集管:

$$P_{\mathrm{c,l}}(i) - P_{\mathrm{c,r}}(i) = \frac{1}{8}(K_{\mathrm{a}} + K_{\mathrm{l}})\rho_{\mathrm{f}}\left[V_{\mathrm{c,l}}(i) + V_{\mathrm{c,r}}(i)\right]^2 + \rho_{\mathrm{f}}(1 - 0.5C)\left[V_{\mathrm{c,r}}^{2}(i) - V_{\mathrm{c,l}}^{2}(i)\right]$$

$$(6.6)$$

式中, P_{l} 和 P_{r} 分别为进口和出口静压; V_{l} 和 V_{r} 分别为进口和出口流速; K_{a} 为沿程损失系数; K_{l} 为局部损失系数; C 为支管和集管连接处的动量交换系数。

上集管未焊接段的压力降落(支管竖置式):

$$P_{\mathrm{d,l}}(i) - P_{\mathrm{d,r}}(i-1) = \frac{1}{2}(K_{\mathrm{a}} + K_{\mathrm{l}})\rho_{\mathrm{f}}\left[V_{\mathrm{d,l}}(i)\right]^2 \tag{6.7}$$

下集管未焊接段的压力降落(支管竖置式):

$$P_{\mathrm{c,l}}(i) - P_{\mathrm{c,r}}(i-1) = \frac{1}{2}(K_{\mathrm{a}} + K_{\mathrm{l}})\rho_{\mathrm{f}}\left[V_{\mathrm{c,l}}(i)\right]^2 \tag{6.8}$$

支管的动量守恒方程(支管竖置式):

$$\frac{1}{2}\left[P_{\mathrm{d,l}}(i) + P_{\mathrm{d,r}}(i) - P_{\mathrm{c,l}}(i) - P_{\mathrm{c,r}}(i)\right] = \frac{1}{2}K_{\mathrm{a}}\rho_{\mathrm{f}}\left[V_{\mathrm{b}}(i)\right]^2 + \rho_{\mathrm{f}}gL\sin\varphi \tag{6.9}$$

式中, L 为支管长度; φ 为集热器安装倾角。对于支管横置式的集热器, 由于上下集管不存在高度差, 式(6.9)中的 $\rho_{\mathrm{f}}gL\sin\varphi$ 项应该变为 $\rho_{\mathrm{f}}gL_{\mathrm{c}}\sin\varphi$ 并同时加到式(6.7)和式(6.8)集管动量方程的右边, L_{c} 为支管间距。

　　每根支管的流量可以由下式得到:

$$\dot{m}_{\mathrm{f},i} = V_{\mathrm{b}}(i)\rho_{\mathrm{f}}A_{\mathrm{f}} \tag{6.10}$$

　　以上动量方程组中包含的方程个数少于其未知量的个数, 故还需增加以下质量守恒方程:

$$V_{\mathrm{b}}(i)A_{\mathrm{f}} + V_{\mathrm{d,r}}(i)A_{\mathrm{c}} = V_{\mathrm{d,l}}(i)A_{\mathrm{c}} \tag{6.11}$$

$$V_b(i)A_f + V_{c,l}(i)A_c = V_{c,r}(i)A_c \tag{6.12}$$

$$\sum \dot{m}_{f,i} = M \tag{6.13}$$

式中，A_f 和 A_c 分别为支管和集管的横截面积；M 为集热器总循环水流量。

5）水流方程

得到集热器内部的流量分布以后就可以列出每根支管内部水流的能量守恒方程：

$$\rho_f C_f A_f \frac{\partial T_{f,i}}{\partial t} = \dot{m}_{f,i} C_f \frac{\partial T_{f,i}}{\partial y} + \lambda_f A_f \frac{\partial^2 T_{f,i}}{\partial y^2} + \pi D_t h_{f,i}(T_{t,i} - T_{f,i}) \tag{6.14}$$

每根支管的能量平衡方程：

$$\rho_t C_t A_t \frac{\partial T_{t,i}}{\partial t} = \lambda_t A_t \frac{\partial^2 T_{t,i}}{\partial y^2} + U_{jo}(T_p - T_{t,i}) + h_{f,i}(T_{f,i} - T_{t,i}) \tag{6.15}$$

集热器背板的能量平衡方程：

$$m_{bc} C_{bc} \frac{dT_{bc}}{dt} = (T_{air} - T_{bc})h_{cv,e} + \frac{T_p - T_{bc}}{\delta_{ins}} \lambda_{ins} \tag{6.16}$$

6.2.2 大尺度集热器与传统集热器阵列的比较

本小节对采光面积为 20m^2 的大尺度集热器的白天稳态运行进行了模拟，同时模拟了使用 10 块采光面积为 2m^2 的传统集热器的白天稳态运行。在相同的总采光面积以及相同的气象条件下，对比了大尺度集热器和传统集热器阵列的运行效果。

1）大尺度集热器和集热器阵列的参数设定

模型中使用的大尺度集热器的参数设定如表 6.1 所示，传统集热器阵列参数如表 6.2 所示。

表 6.1　大尺度集热器参数

尺寸	2m×5m
支管数	50
板芯流道类型	VZ
安装倾角	45°
支管外径	8mm
上玻璃盖板厚度	3.2mm

续表

下玻璃盖板厚度	3.2mm
支管壁厚	0.5mm
集管外径	22mm
空气夹层厚度	30mm
保温层厚度(聚酯纤维)	70mm

表 6.2　传统集热器阵列参数

尺寸	2m×1m
数量	10
单块集热器支管数	10
排列左右间隙	100mm
排列前后间隙	0.4m
安装倾角	45°
支管外径	8mm
上玻璃盖板厚度	3.2mm
下玻璃盖板厚度	3.2mm
支管壁厚	0.5mm
集管外径	22mm
空气夹层厚度	30mm
保温层厚度(聚酯纤维)	70mm

2) 性能对比

由表 6.1 和表 6.2 可以看出，模型中使用的大尺度集热器和集热器阵列中的集热器具有相同的支管和集管尺寸、玻璃盖板尺寸、保温层尺寸、支管间距等影响平板集热器热性能的关键因素。在模拟中，两种系统的循环水总量均设为 0.03kg/s，辐照为 800W/m²，风速为 2m/s。

表 6.3 显示了集热器阵列中各块集热器的稳态热效率。可以看出，各块集热器的流量分布不均匀，导致集热器阵列中各集热器热效率的差异。表 6.4 显示了集热器阵列和大尺度集热器稳态热效率的对比。可以看出，以占地面积计算大尺度集热器热效率远高于集热器阵列，这是由集热器阵列的布置间隙造成的。以采光面积计算，大尺度集热器热效率比集热器阵列高 4%，这是由两种系统不同的流量分布特性造成的。大尺度集热器和集热器阵列中各块集热器的吸热板温度分布如图 6.6 所示，可以观察到，在集热器阵列的每块小集热器中吸热板温度沿支管垂直方向变化不大，而大尺度集热器的流量分布不均匀导致吸热板温度分布沿管垂直方向变化较大。但是从集热器阵列整体来看，大尺度集热器有更好的流量分

布均匀性。从图上还可以看出，集热器阵列中各集热器吸热板的温度与大尺度集热器相比平均高出 10℃左右造成了集热器阵列散热损失较大，这可以解释为大尺度集热器的支管较长，流通截面积较小，使其流速较快，从而使流体与吸热板的换热状况较好。

表 6.3　集热器阵列稳态热效率

集热器阵列	1	2	3	4	5
η/%	56.51	54.21	53.61	55.07	58.02

表 6.4　稳态热效率对比

集热器阵列总效率/%(以采光面积计算)	55.48
集热器阵列总效率/%(以占地面积计算)	30.46
大尺度集热器热效率/%(以采光面积计算)	59.57

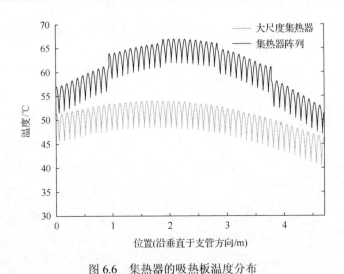

图 6.6　集热器的吸热板温度分布

6.2.3　大尺度集热器结构参数研究

本小节基于大尺度集热器的理论模型分析了其结构因素对大尺度集热器运行性能(包括热性能和水力性能)的影响。在相同的环境参数下控制其他结构参数不变，只分别改变其管路结构类型、集热器长宽比、空气夹层厚度和支管数量，分析这些结构因素对大尺度集热器性能的影响。在模拟中，系统的循环水流量设为 0.027kg/s，辐照为 800W/m^2，风速为 2m/s，环温为−5℃。模拟中结构变化前的集热器参数如表 6.5 所示。

表 6.5　模拟中结构变化前的集热器参数

尺寸	4750mm×1900mm
采光面积	10.04m²
管路结构类型	HZ
盖板类型	中空玻璃盖板
盖板厚度	3.2mm
盖板中空间距	16mm
空气夹层厚度	20mm
安装倾角	45°
支管数	20
支管间距	95mm
支管外径	8mm
集管外径	22mm

1) 管路结构类型的影响

本部分研究了四种管路结构类型(VZ、VU、HZ、HU)的大尺度集热器的性能，控制集热器的采光面积以及排管的流道总长度不变，分析四种管路结构对其性能的影响。表 6.6 为控制排管流道总长不变的情况下各种管路结构的具体参数。

表 6.6　管路结构参数

管路结构类型	支管数	支管间距/mm
VZ	50	95
VU	50	95
HZ	20	95
HU	20	95

图 6.7 显示了管路结构类型对大尺度集热器稳态热效率和进出口阻力损失的影响，可以看出，支管横置式大尺度集热器(HZ 或 HU)的稳态热效率比支管竖置式的高出 5%～6%，然而支管横置式的大尺度集热器有更大的阻力损失。集热器热效率的差异可以由图 6.8 做出解释。图 6.8 显示了四种管路类型的集热器吸热板温度分布，可以看出支管横置式大尺度集热器吸热板温度分布较为均匀，这是由于支管横置式结构有较少的支管数和较短的集管长度，沿支管垂直方向的压力变化较小，因此其排管内部流量分布较为均匀。而支管竖置式大尺度集热器吸热板温度分布变化较大且 VZ 和 VU 两种类型有较大差异。关于大尺度集热器的流量分布文献[4]中有详细介绍，其流量分布通常为抛物线型分布(即边缘处支管流量较大，中间部分支管流量较小)，这符合本研究所得到的吸热板温度分布。

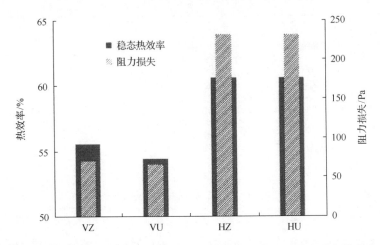

图 6.7 管路结构类型对大尺度集热器稳态效率和进出口阻力损失的影响

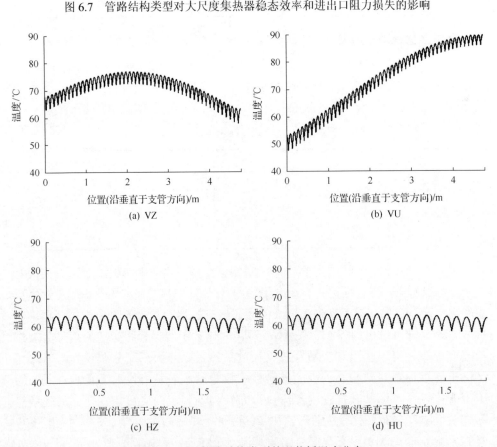

图 6.8 不同管路结构类型的吸热板温度分布

从图 6.8 中还可以看出，支管竖置结构的吸热板温度比支管横置结构的高出 10～15℃。这是由于支管横置结构有较小的流通截面积，在总流量不变的情况下就会有较大的流速，从而获得与吸热板较好的换热效果，因此支管横置集热器有更小的热损失，从而提高其运行热效率。

2) 集热器长宽比的影响

本部分研究了 HZ 型大尺度集热器的长宽比(L/W，L 为平行于支管方向的集热器长度；W 为垂直于支管方向的集热器长度)对其性能的影响。控制集热器的总采光面积以及排管的流道总长度不变，只改变长宽比，分析四种长宽比下大尺度集热器性能的差异。表 6.7 为控制总采光面积排管流道总长不变的情况下各种长宽比集热器的具体参数。

表 6.7　不同长宽比集热器结构参数

长宽比	支管数	支管间距/mm	支管长/m
2.5	20	95	4.75
2.066	22	95	4.318
1.479	26	95	3.654
1.041	31	95	3.065

图 6.9 显示了集热器长宽比对其稳态热效率和阻力损失的影响，可以看出随着集热器长宽比的减小，其稳态热效率和阻力损失一同减小。其热效率降低的原因可解释为：随着长宽比的降低其支管数减少，总流通截面积增大，在总流量不变的情况下就会导致流速减小，从而降低热效率；其阻力损失降低的原因是随着长宽比的降低，支管长度减小，其沿程阻力损失就会降低。由在本节 1) 部分关于

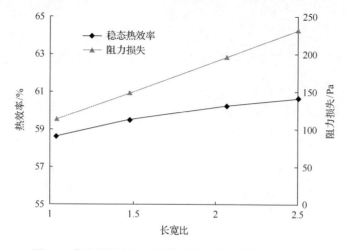

图 6.9　集热器长宽比对其稳态热效率和阻力损失的影响

管路结构类型的讨论可知支管横置结构的阻力损失高于支管竖置结构，这就是由于支管横置结构有较长的支管。由此可见，集热器的阻力损失很大程度上取决于支管长度。因此，使用采光面接近正方形的大尺度集热器(长宽比接近于 1)，其热效率会略有降低，但会显著减小其阻力损失。

3) 空气夹层厚度的影响

图 6.10 显示了吸热板和玻璃盖板之间的空气夹层厚度对大尺度集热器热效率的影响。从图中可以观察到，存在一个最优的空气夹层厚度(热效率 61.37%对应 10mm 空气夹层厚度)，当空气夹层厚度小于或大于 10mm 都会造成热效率的下降。这种现象是由空气夹层内部传热方式的变化造成的。当空气夹层厚度小于 10mm 时，导热起主要作用；当空气夹层厚度大于 10mm 时，对流换热起主要作用。对于使用单层玻璃盖板的传统平板集热器来说，以往的研究表明其最佳空气夹层厚度为 30~40mm[5]。本研究结果发现，使用中空间距为 16mm 双层玻璃盖板的大尺度集热器，其最佳空气夹层厚度在 10mm 附近。

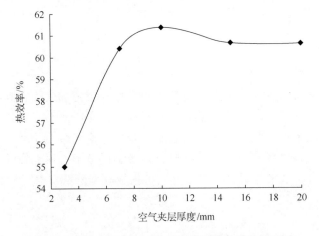

图 6.10　空气夹层厚度对大尺度集热器热效率的影响

4) 支管数量的影响

支管间距是影响传统平板集热器性能的重要因素，在采光面积一定的情况下支管间距由支管数量决定。对于 HZ 型大尺度集热器，支管数量对其稳态热效率和阻力损失的影响如图 6.11 所示。从图中可以观察到，集热器支管数量的增加会使其热效率提高、阻力损失降低。可见增加大尺度集热器的支管数量可以显著提高其热性能和阻力性能，但是当支管数量增加到一定程度时，其性能的提升效果就会减缓。因此为了节省支管用材同时保证其具有较好性能，支管数量取 20~30 根最佳。

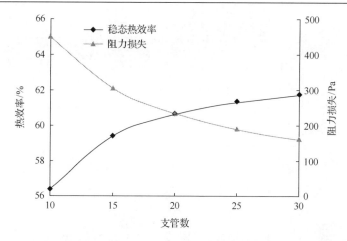

图 6.11　HZ 型大尺度集热器支管数量对其稳态热效率和阻力损失的影响

6.3　大尺度平板热水器的实验研究

6.3.1　实验装置

为通过实验研究大尺度集热器的性能，项目组搭建了一套大尺度集热器热水系统实验平台(图 6.12)，实验装置简图如图 6.13 所示。在实验中，使用直射辐照仪(TBQ-2，accuracy：2%)记录辐照强度；使用铂电阻(PT100，精度：±0.15℃)测量集热器进出口水温及环境温度；使用流量计(LXSDY-13E-25E，精度：2%)测量循环水流量。所测量的数据通过 LR8402-21 数据采集器每 10s 采集一次传入 PC 端保存。实验平台所用的大尺度集热器参数如表 6.8 所示。

图 6.12　大尺度集热器热水系统实验平台照片

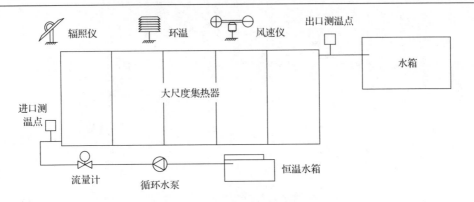

图 6.13　实验装置简图

表 6.8　实验装置中所用的大尺度集热器参数

尺寸	5022mm×2000mm
采光面积	10.04m²
管路结构类型	VZ
盖板类型	中空玻璃盖板
盖板厚度	3.2mm
空气夹层厚度	20mm
盖板中空间距	16mm
安装倾角	45°
支管数	50
支管间距	95mm
支管外径	8mm
集管外径	22mm
吸热板厚(铝板)	0.4mm
吸热板发射率	0.05
吸热板吸收比	0.95
保温层厚度(聚酯纤维)	70mm
背板厚度	0.4mm

6.3.2　稳态测试结果

实验按照太阳能热水器测试国家标准 GB/T4271-2007，选取中午太阳辐照强度较稳定的时段，控制进口水温恒定，当出口水温每分钟变化小于 0.1℃时记录此时刻的出口水温。这种方法用以测试集热器的稳态运行特性。在实验中测试了大尺度集热器在三种不同运行参数下的运行性能，具体运行参数如表 6.9 所示。

表 6.9 运行参数

	工况 1	工况 2	工况 3
辐照强度/(W/m^2)	865	853	866
环境温度/℃	30.5	31.7	32
循环水流量/[$kg/(s \cdot m^2)$]	$2.4e^{-3}$	$3.1e^{-3}$	$5.3e^{-3}$
进口水温/℃	30.7	49.4	69.6

图 6.14 显示了三种不同工况下系统的出口水温和稳态热效率。从图中可以看出实测值和模拟值相差不大，模型对大尺度集热器的稳态运行性能具有较好的预测效果。

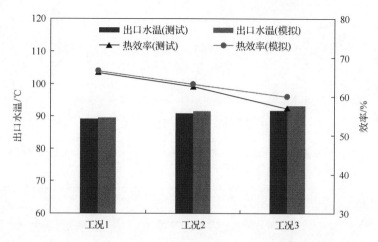

图 6.14 不同工况下大尺度集热器出口水温和稳态热效率

6.3.3 非稳态测试结果

集热器的启动时间是衡量集热器非稳态运行特性的主要参数，一般在启动过程中集热器瞬时效率低于其稳态运行效率。启动时间较短的集热器可以在循环水泵开始工作后较快地进入稳定运行状态，从而有比较高的全天运行热效率。关于集热器的启动时间，GB/T4271-2007 测试标准中给出了集热器时间常数的定义及测试方法。集热器时间常数的定义为：在太阳辐照强度从一开始有阶跃式增加后，集热器出口温度从 $(T_{out} - T_e)_0$ 上升至 $(T_{out} - T_e)_2$ 总增量的 63.2%时所用的时间。其中，T_{out} 为集热器出口水温；T_e 为环境温度；$(T_{out} - T_e)_0$ 为初始温差；$(T_{out} - T_e)_2$ 为集热器达到稳态运行后的温差。

图 6.15 显示了大尺度集热器非稳态运行过程中 $T_{out} - T_e$ 随时间的变化过程，可以观察到，大尺度集热器的时间常数在 300~400s。对传统的小尺度集热器，其时间常数一般在 90~200s[6]。由此可见大尺度集热器相较于传统集热器有更长

的启动时间。造成这种现象的原因是大尺度集热器有较大的热容量，导致其升温较慢。

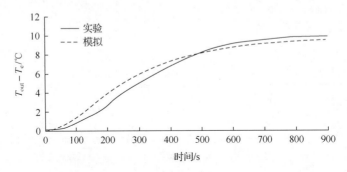

图 6.15　大尺度集热器非稳态测试结果

参 考 文 献

[1] Duffie J A, Beckman W A. Solar Engineering of Thermal Processes. New York: Wiley, 2013.

[2] Chiou J. The effect of nonuniform fluid flow distribution on the thermal performance of solar collector. Solar Energy, 1982, 29(6): 487-502.

[3] Fan J, Shah L J, Furbo S. Flow distribution in asolar collector panel with horizontally inclined absorber strips. Solar Energy, 2007, 81(12): 1501-1511.

[4] Vejen N K, Furbo S, Shah L J. Development of 12.5m^2 solar collector panel for solar heating plants. Solar Energy Materials and Solar Cells, 2004, 84(1): 205-223.

[5] 邓月超, 赵耀华, 全贞花, 等. 平板太阳能集热器空气夹层内自然对流换热的数值模拟. 建筑科学, 2012, 10: 84-87+92.

[6] F. P. Incropera, D. P. DeWitt, T. L. Bergman, A. S. Lavine 著, 葛新石, 叶宏译. 传热和传质基本原理. 化学工业出版社. 2012. 350-355.

第7章　主动式太阳能平板空气集热器

主动式太阳能空气集热系统是利用风机等动力设备，驱动空气在集热器内流动换热带走热量。与太阳能热水系统相比，空气集热系统的结构简单，无防冻问题。其产生的热空气可直接应用于工、农业的生产过程和建筑空调[1,2]。

主动式太阳能空气集热系统应用于建筑，能采集新风和提升空气温度，再通过风机和风管系统将热空气输送到建筑的各个房间和位置，不仅可以提高室内热环境还可以提升室内空气质量，满足了商业建筑、工业建筑等的采暖需求。工业建筑通常面积很大，库房和厂房车间的冬季温度通常不宜低于15℃，且由于工业建筑内部均需要大量的新鲜空气以驱散室内的烟气等，因此，冬季采暖在工业能耗中占重要部分。主动式空气集热系统在大型的工业和商业建筑空调采暖的应用已有成功的范例，每年可节省运行经费、有效提供新风和减少二氧化碳排放，具有良好的环境效益和经济效益。此外主动式空气集热器可组成太阳能集热整列，提供温度高达60℃的热空气，作为主要的或辅助的空气加热过程，可应用于农业产品和工业过程中的干燥和预热，利用可再生能源进行生产，减少常规能源消耗的比重。

7.1　主动式平板空气集热器的基本结构与原理

太阳能空气集热系统采用吸收性材料吸收太阳辐照并将其转化为热能，以空气作为传热介质收集吸收体上的太阳热能，通过风机驱动将热空气输送到需要应用的场合。有无安装玻璃盖板决定了空气集热器的应用方法有所不同。不安装玻璃盖板，空气集热器的温升有限，但可加大空气流量，得到高效的换热效率，可应用于空气的初步预热。玻璃盖板距离吸热体之前有一定的安装距离，可减少吸热体对外界环境的散热，从而可得到较高温度的空气并可直接用于建筑采暖和低温用热。依据吸收体的形式，即空气工质是否穿过吸热体进行换热，空气集热器分为渗透型和非渗透型两大类，如图7.1所示。渗透型空气集热器是指由多孔网状结构或者多孔板结构成，空气可以穿过吸热结构或吸热板的孔隙与之发生对流换热。非渗透型空气集热器的太阳能吸热板为平板，空气在吸热板的一侧或两侧流动，而不穿透吸热结构，它的优势是吸热板结构简单，成本较低。

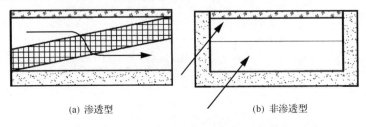

(a) 渗透型　　　　　　　　　(b) 非渗透型

图 7.1　两种类型空气集热器的结构示意图

非渗透型集热器按照流道结构的不同主要分为三种：单流道式(上、下流道)以及双流道式，如图 7.2 所示。上流道式的单流道空气集热器由玻璃盖板、吸热板和边框组成，吸热板下覆盖保温背板进行保温隔热。下流道式空气集热器在吸热板的上下均形成空腔，上部空腔密封作为隔热层，下部空腔作为空气集热流道。双流道式的结构与下流道式的相同，但是上部空腔亦作为空气流道，流经的空气从吸热板的上下同时进行对流换热。平板型空气集热器的空气流道高度是影响空气集热性能的重要因素。Adel 发现下流道式空气集热器在流道高度和长度比为 2.5×10^{-3} 时热效率最高[3]。Yeh 等[4]研究发现在吸热板的上下布置等深度的空气流道可得到更高的集热性能。Sun 等[5]利用 CFD 软件模拟了上流道和双流道型集热器在不同流道高度下空气工质的流场和温度场，对吸热板表面有无选择性吸收涂层的集热器流道高度进行了分析和研究。

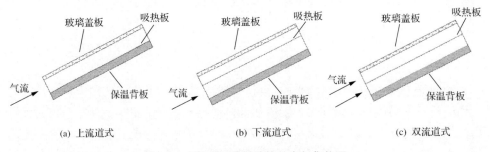

(a) 上流道式　　　　　　(b) 下流道式　　　　　　(c) 双流道式

图 7.2　三种不同流道结构的空气集热器

空气的导热系数、密度及比热容较低，与吸热板之间的换热能力较差，因此系统的光热转换效率较低。国内外学者针对多种提高空气集热器效率的方法开展了较为广泛的研究，例如破除边界层、增加空气与吸热板的换热面积等。对于平板型的空气集热器，采用翅片结构可增大空气与吸热板的换热面积、添加阻流结构可破坏空气流动边界层以及合理布置空气流道的结构尺寸等。Pottler 等[6]研究对比了流道中添加横向、纵向及交义翅片对空气集热性能的影响，通过分析确定了纵向布置翅片的优势及其最佳结构的布置。在空气集热器的流道中添加阻流结构，可在壁面附近造成二次流，使流体与吸热板表面发生分离和再附，从而破除热边界层，增强对流换热[7]。但是阻流结构同时也增加了流体的阻力和运行成本。

本章将对非渗透型平板空气集热器及其应用进行介绍。

7.2　主动式平板空气集热器的数理模型

7.2.1　单流道空气集热器的理论模型

1) 上流道式空气集热器的能量平衡方程

图 7.3 给出了上流道式空气集热器集热过程的换热示意图。吸热板与玻璃盖板组成空气工质流道，空气在风机的驱动作用下进入空气流道，通过流动换热带走吸热板接收到的太阳辐照能，完成集热过程。

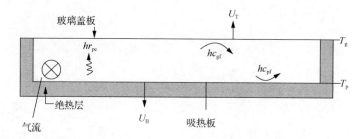

图 7.3　上流道式空气集热器集热过程的换热示意图

玻璃盖板的能量平衡方程：

$$U_T(T_g - T_a) + hr_{pg}(T_g - T_p) + hc_{gf}(T_g - T_f) = S\alpha_g \tag{7.1}$$

式中，T_g、T_a、T_p、T_f 分别为玻璃盖板的温度、环境温度、吸热板的温度、空气工质的温度，K；hr_{pg}、hc_{gf} 分别为玻璃盖板与吸热板的辐射换热系数、玻璃盖板与空气工质的对流换热系数，W/(m²·K)；S 为太阳辐照强度，W/m²；α_g 为玻璃盖板对太阳辐照的吸收率；U_T 为玻璃盖板的热损，W/(m²·K)，表达式如下：

$$U_T = hw + hr_s \tag{7.2}$$

式中，hw 和 hr_s 分别为玻璃盖板与周围环境的对流换热系数和玻璃盖板与天空的辐射换热系数，W/(m²·K)。

$$hr_{pg} = \frac{\sigma(T_p + T_g)(T_p^2 + T_g^2)}{1/\varepsilon_p + 1/\varepsilon_g - 1} \tag{7.3}$$

式中，ε_p、ε_g 分别为吸热板上表面的发射率和玻璃盖板表面的发射率。

吸热板的能量平衡方程：

$$hr_{pg}(T_p - T_g) + hc_{pf}(T_p - T_f) + U_B(T_p - T_a) = S\tau_g\alpha_p \tag{7.4}$$

式中，hc_{pf} 为吸热板与空气工质的对流换热系数，$W/(m^2 \cdot K)$；τ_g 为玻璃盖板的透过率；α_p 为吸热板的吸收率；U_B 为通过集热器背板保温层的热损，$W/(m^2 \cdot K)$。

$$U_B = 1 \left/ \left(\frac{1}{h_w} + \frac{d_R}{k_R} \right) \right. \tag{7.5}$$

式中，d_R 为保温层厚度，m；k_R 为保温层的导热系数，$W/(m \cdot K)$。

流道内空气的能量平衡方程：

$$\frac{\dot{m}C_p}{w}\frac{dT_f}{dx} = hc_{pf}(T_p - T_f) + hc_{gf}(T_g - T_f) \tag{7.6}$$

式中，$\dot{m}$ 为空气的质量流量，kg/s；C_p 为空气的比热容，$J/(kg \cdot K)$；w 为空气流道的宽度，m。

将各组件的能量平衡方程联立，以 $T_{f,in} = T_a$ 为边界条件，可求得流道中空气的微分方程的解。

上流道式空气集热器中：

$$T_f = Ke^{\lambda x} - \frac{D}{C} + T_a \tag{7.7}$$

式中

$$C = (hc_{pf} + hc_{gf}A) \cdot [(hc_{pf} + hc_{gf}A)/G - 1] - hc_{gf}AU_T/hr_{pg} \tag{7.8}$$

$$D = (hc_{pf} + hc_{gf}A) \cdot S/G \tag{7.9}$$

$$K = D/C \tag{7.10}$$

$$\lambda = C/W \tag{7.11}$$

其中

$$W = \frac{\dot{m}C_p}{w} \tag{7.12}$$

$$A = hr_{pg}/(U_T + hr_{pg} + hc_{gf}) \tag{7.13}$$

$$G = A(U_T + hc_{gf}) + U_B + hc_{pf} \tag{7.14}$$

2) 下流道式空气集热器的能量平衡方程

下流道式空气集热器内部换热关系如图 7.4 所示，吸热板与底板组成空气流道，空气工质进入集热器内与吸热板下表面通过对流换热带走吸热板接收到的太阳辐照能，完成集热过程。吸热板与玻璃盖板组成的空气夹层用来降低集热器通过玻璃盖板的热量损失。

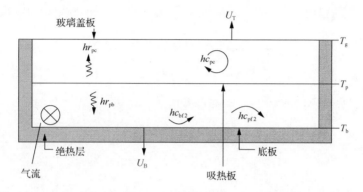

图 7.4　下流道式空气集热器内部换热示意图

玻璃盖板的能量平衡方程：

$$U_{\mathrm{T}}(T_{\mathrm{g}} - T_{\mathrm{a}}) + (hr_{\mathrm{pg}} + hc_{\mathrm{pg}})(T_{\mathrm{g}} - T_{\mathrm{p}}) = S\alpha_{\mathrm{g}} \tag{7.15}$$

式中，hc_{pg} 为玻璃盖板与吸热板间的对流换热系数，$\mathrm{W/(m^2 \cdot K)}$。

$$hc_{\mathrm{pg}} = \frac{Nuk_{\mathrm{f}}}{d} \tag{7.16}$$

式中，k_{f} 为玻璃盖板与吸热板间夹层空气的导热系数，$\mathrm{W/(m^2 \cdot K)}$；d 为玻璃盖板与吸热板间空气夹层高度，m；Nu 为夹层内空气的努赛尔数。Hollands 等[8]给出了集热器倾角在 0～75° 范围内的计算公式：

$$Nu_{\mathrm{up}} = 1 + 1.44\left[1 - \frac{1708}{Re\cos\theta}\right]^* \left[1 - \frac{1708(\sin 1.8\theta)^{1.6}}{Re\cos\theta}\right] + \left[\left(\frac{Ra_L\cos\theta}{5830}\right)^{1/3} - 1\right]^* \tag{7.17}$$

式中，下标 up 表示上流道；θ 为集热器的倾角，(°)；*表示括号内数值大于零时取值，否则取值为 0；Re 为雷诺数。

$$Re = \frac{g\beta\Delta TL^3}{\nu\alpha} \tag{7.18}$$

式中，g 为重力加速度，m/s^2；α 为热扩散系数，m^2/s；ν 为运动黏度，m^2/s；β 为空气膨胀系数，K^{-1}；ΔT 为玻璃盖板与吸热板间的温差，K。

吸热板能量平衡方程：

$$(hr_{pg} + hc_{pg})(T_p - T_g) + hr_{pb}(T_p - T_b) + hc_{pf}(T_p - T_f) = S\tau_g\alpha_p \tag{7.19}$$

式中，T_b 为底板温度，K；hr_{pb} 为吸热板与底板的辐射换热系数，W/(m$^2\cdot$K)。

$$hr_{pb} = \frac{\sigma(T_p + T_b)(T_p^2 + T_b^2)}{1/\varepsilon_{p2} + 1/\varepsilon_b - 1} \tag{7.20}$$

式中，ε_{p2}、ε_b 分别为吸热板下表面的发射率、底板表面的发射率。

底板能量平衡方程：

$$U_B(T_b - T_a) + hr_{pb}(T_b - T_p) + hc_{bf}(T_b - T_f) \tag{7.21}$$

式中，hc_{bf} 为底板与空气的对流换热系数，W/(m$^2\cdot$K)。

流道内空气的能量平衡方程：

$$\frac{\dot{m}C_p}{w}\frac{dT_f}{dx} = hc_{pf}(T_p - T_f) + hc_{bf}(T_b - T_f) \tag{7.22}$$

将各组件的能量平衡方程联立，可求得流道中的空气微分方程的解为

$$T_f = K_1 e^{\lambda_1 x} - \frac{D_1}{C_1} + T_a \tag{7.23}$$

式中

$$C_1 = (hc_{pf} + Bhc_{bf})^2 / G_1 - \left(hc_{pf} + Bhc_{bf} + Bhc_{bf}\frac{U_B}{hr_{pb}}\right) \tag{7.24}$$

$$D_1 = (hc_{pf} + Bhc_{bf})S / G_1 \tag{7.25}$$

$$K_1 = D_1 / C_1 \tag{7.26}$$

$$\lambda_1 = C_1 / W \tag{7.27}$$

其中，W 同上流道式，从式(7.12)中求出，而 A_1、B_1 和 G_1 为

$$A_1 = (hr_{pg} + hc_{pg})U_T / (U_T + hr_{pg} + hc_{pg}) \tag{7.28}$$

$$B_1 = hr_{pb} / (U_B + hr_{pb} + hc_{bf}) \tag{7.29}$$

$$G_1 = B_1 hc_{bf} + BU_B + hc_{pf} + A_1 \tag{7.30}$$

7.2.2　双流道式平板空气集热器的理论模型

图 7.5 给出了双流道式平板空气集热器内部换热示意图。在集热器内部，吸热板分别与玻璃盖板和底板构成上下空气流道，空气进入集热器后分为上下两部分，分别与吸热板的上下表面进行流动换热。其中各组件的热平衡方程与单流道集热器相似，但其中空气流动的求解不同，带翅片的流动换热体现在对流换热系数的求解方法不同。

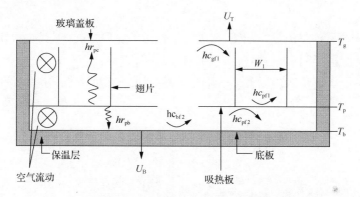

图 7.5　平板型翅片式双流道空气集热器内部换热示意图

玻璃盖板的能量平衡方程：

$$U_T(T_g - T_a) + hr_{pg}(T_g - T_p) + hc_{gf1}(T_g - T_{f1}) = S\alpha_g \tag{7.31}$$

式中，T_{f1} 为上流道空气工质的温度，K；hr_{pg}、hc_{gf1} 分别为玻璃盖板与吸热板的辐射换热系数、玻璃盖板与上流道空气工质的对流换热系数，$W/(m^2 \cdot K)$；α_g 为玻璃盖板对太阳辐照的吸收率；U_T 为玻璃盖板的热损。

吸热板的能量平衡方程：

$$hr_{pg}(T_p - T_g) + hr_{pb}(T_p - T_b) + hc_{pf1}(T_p - T_{f1}) + hc_{pf2}(T_p - T_{f2}) = S\tau_g\alpha_p \tag{7.32}$$

式中，T_{f2} 为下流道空气工质的温度，K；hc_{pf1}、hc_{pf2} 和 hr_{pb} 为吸热板与上流道空气的对流换热系数、吸热板与下流道空气对流换热系数和吸热板与底板的辐射换热系数，$W/(m^2 \cdot K)$。

底板的能量平衡方程：

$$U_{\mathrm{B}}(T_{\mathrm{b}} - T_{\mathrm{a}}) = hr_{\mathrm{pb}}(T_{\mathrm{p}} - T_{\mathrm{b}}) + hc_{\mathrm{bf2}}(T_{\mathrm{f2}} - T_{\mathrm{b}}) \tag{7.33}$$

式中，hc_{bf2} 为底板与下流道空气工质的对流换热系数，W/(m$^2 \cdot$ K)；U_{B} 为底板通过集热器背板保温层的热损，W/(m$^2 \cdot$ K)。

上流道空气工质的能量平衡方程：

$$\frac{\dot{m}rC_{\mathrm{p}}}{w}\frac{\mathrm{d}T_{\mathrm{f1}}}{\mathrm{d}x} = hc_{\mathrm{pf1}}(T_{\mathrm{p}} - T_{\mathrm{f1}}) + hc_{\mathrm{gf1}}(T_{\mathrm{g}} - T_{\mathrm{f1}}) \tag{7.34}$$

下流道空气工质的能量平衡方程：

$$\frac{\dot{m}(1-r)C_{\mathrm{p}}}{w}\frac{\mathrm{d}T_{\mathrm{f2}}}{\mathrm{d}x} = hc_{\mathrm{pf2}}(T_{\mathrm{p}} - T_{\mathrm{f2}}) + hc_{\mathrm{bf2}}(T_{\mathrm{b}} - T_{\mathrm{f2}}) \tag{7.35}$$

式中，$\dot{m}$ 为空气质量流量，kg/s；w 为空气流道的宽度，m；C_{p} 为空气的比热容，J/(kg$\cdot$K)；r 为上流道空气质量流量占总空气质量流量的比例。

联立各能量方程式，以 $T_{\mathrm{f1,in}} = T_{\mathrm{f2,in}} = T_{a}$ 为边界条件，可求解得流道中空气的解析解为

$$T_{\mathrm{f1}} = K_1 \mathrm{e}^{\lambda_1 x} + K_2 \mathrm{e}^{\lambda_2 x} - \frac{ED_2 - C_2 D_1}{E^2 - C_1 C_2} + T_{\mathrm{a}} \tag{7.36}$$

$$T_{\mathrm{f2}} = K_3 \mathrm{e}^{\lambda_1 x} + K_4 \mathrm{e}^{\lambda_2 x} - \frac{ED_1 - C_1 D_2}{E^2 - C_1 C_2} + T_{\mathrm{a}} \tag{7.37}$$

式中

$$C_1 = (hc_{\mathrm{pf1}} + hc_{\mathrm{gf1}}A)((hc_{\mathrm{pf1}} + hc_{\mathrm{gf1}}A)/G - 1) - AU_{\mathrm{T}}/hr_{\mathrm{pg}} \tag{7.38}$$

$$C_2 = (hc_{\mathrm{pf2}} + hc_{\mathrm{bf2}}B)((hc_{\mathrm{pf2}} + hc_{\mathrm{bf2}}B)/G - 1) - BU_{\mathrm{B}}/hr_{\mathrm{pb}} \tag{7.39}$$

$$D_1 = (hc_{\mathrm{pf1}} + hc_{\mathrm{gf1}}A)S/G \tag{7.40}$$

$$D_2 = (hc_{\mathrm{pf2}} + hc_{\mathrm{bf2}}B)S/G \tag{7.41}$$

$$E = (hc_{\mathrm{pf1}} + hc_{\mathrm{gf1}}A)(hc_{\mathrm{pf2}} + hc_{\mathrm{bf2}}B)/G \tag{7.42}$$

$$K_1 = (W_2 \lambda_1 - C_2)/EK_3 \tag{7.43}$$

$$K_2 = (W_2 \lambda_2 - C_2)/EK_3 \tag{7.44}$$

$$K_3 = \frac{\lambda_2 - (C_2 + E)/W_2}{\lambda_2 - \lambda_1}(T_{in} - T_a) + \frac{\lambda_2}{\lambda_2 - \lambda_1}\frac{ED_1 - C_1 D_2}{E^2 - C_1 C_2} - \frac{D_2}{W_2(\lambda_2 - \lambda_1)} \tag{7.45}$$

$$K_4 = \frac{\lambda_1 - (C_2 + E)/W_2}{\lambda_2 - \lambda_1}(T_{in} - T_a) - \frac{\lambda_1}{\lambda_2 - \lambda_1}\frac{ED_1 - C_1 D_2}{E^2 - C_1 C_2} + \frac{D_2}{W_2(\lambda_2 - \lambda_1)} \tag{7.46}$$

$$\lambda_1 = \frac{(C_1 W_2 + C_2 W_1) - \sqrt{(C_1 W_2 - C_2 W_1)^2 + 4E^2 W_1 W_2}}{2W_1 W_2} \tag{7.47}$$

$$\lambda_2 = \frac{(C_1 W_2 + C_2 W_1) + \sqrt{(C_1 W_2 - C_2 W_1)^2 + 4E^2 W_1 W_2}}{2W_1 W_2} \tag{7.48}$$

其中

$$W_1 = \frac{\dot{m} r C_p}{w} \tag{7.49}$$

$$W_2 = \frac{\dot{m}(1 - r)C_p}{w} \tag{7.50}$$

$$A = hr_{pg} / (U_T + hr_{pg} + hc_{gf1}) \tag{7.51}$$

$$B = hr_{pb} / (U_B + hr_{pb} + hc_{bf2}) \tag{7.52}$$

$$G = hr_{pg}(1 - A) + hr_{pb}(1 - B) + hc_{pf1} + hc_{pf2} \tag{7.53}$$

7.2.3　模型中一些辅助参数的计算

1)空气工质的对流换热系数

空气工质在流道中的对流换热系数：

$$hc = Nuk / D_e \tag{7.54}$$

式中，k 为空气导热系数，W/(m·K)；Nu 为空气的努塞特数。

（1）对于层流（$Re < Re_c$）。

带翅片流道[6]：$\quad \overline{Nu}(\text{laminar}) = Nu_{\infty,1} + \frac{0.4849[D(y_2^*) - D(y_1^*)]}{(y_2^* - y_1^*)C^{1/2}} \tag{7.55}$

式中

$$Nu_{\infty,1} = 8.235(1 - 2.0421\chi + 3.0853\chi^2 - 2.4765\chi^3 + 1.0578\chi^4 - 0.1861\chi^5) \tag{7.56}$$

$$D(y^*) = \ln\{2[C\,y^*(1 + C\,y^*)]^{1/2} + 2C\,y^* + 1\} \tag{7.57}$$

$$C = 64.52 + 434.2(\chi - 1)^4 \tag{7.58}$$

无翅片流道[9]：

$$\overline{Nu}(\text{laminar}) = 5.385 + \frac{2B[\arctan(Ey_2^*)^{1/2} - \arctan(Ey_1^*)^{1/2}]}{(y_2^* - y_1^*)E^{1/2}} \tag{7.59}$$

式中，B、E 为常数，$B=0.4849$，$E=141$；$y^* = \dfrac{y}{D_e Re Pr}$。

(2) 对于湍流（$Re > 10000$）。

带翅片流道[10]：

$$\overline{Nu}(\text{turbulent}) = \frac{(f/2)(Re - 1000)Pr[1 + 2.425(D_{ec}/y)^{0.676}]}{1 + 12.7(f/2)^{1/2}(Pr^{2/3} - 1)} \tag{7.60}$$

式中

$$f = 0.4091\left[\ln\left(\frac{Re}{7}\right)\right]^{-2} \tag{7.61}$$

无翅片流道[6]：

$$\overline{Nu}(\text{turbulent}) = 0.0158Re^{0.8} + \frac{F[\exp(-Gy_1^*) - \exp(-Gy_2^*)]}{G(y_2^* - y_1^*)} \tag{7.62}$$

式中，$F = 0.00181Re + 2.92$；$G = 0.03795RePr$。

(3) 若 $Re_c < Re < 10000$。

$$\overline{Nu} = (1 - \gamma)\overline{Nu}(\text{laminar})(Re_c) + \gamma\overline{Nu}(\text{turbulent}), \quad (Re = 10^4) \tag{7.63}$$

2) 压差及空气工质质量流量分配

空气工质经过空气流道的压降计算公式为

$$\Delta p = f_{\text{app}}\frac{4L}{D_e}\frac{\rho V^2}{2} \tag{7.64}$$

式中，L 为空气流道长度，m；ρ 为空气工质密度，kg/m³；V 为空气工质流速，

m/s；f_{app} 为空气流道的摩擦系数；D_e 为水力直径，m，可以由式(3.15)求得

$$D_{e,i} = 4H_i w / [2(w + H_i)], \quad i = 1, 2 \tag{7.65}$$

式中，下标 i 表示上、下流道，$i=1$ 为上流道，$i=2$ 为下流道。

在空气流道结构、空气流速等参数已知的情况下，求得摩擦系数 f_{app} 的值便可进一步求得摩擦压降，下面给出了求解 f_{app} 的方法：

$$Re_c = 2200 + 900\exp(-4.754\chi) \tag{7.66}$$

式中，χ 为空气流道横截面的高宽比，若 $\chi > 1$ 则取其倒数。

(1)对于层流（$Re < Re_c$）[11]。

$$f_{app}(\text{laminar}) = \frac{1}{Re}\left[3.44(y^+)^{-1/2} + \frac{A_f + 0.25B_f(y^+)^{-1} - 3.44(y^+)^{-1/2}}{1 + C_f(y^+)^{-2}}\right] \tag{7.67}$$

式中，Re 为流道内空气的雷诺数；$y^+ = \dfrac{y}{D_e Re}$；A_f、B_f、C_f 表达式分别为

$$A_f = 24.00 - 30.88\chi + 34.56\chi^2 - 13.52\chi^3 \tag{7.68}$$

$$B_f = 0.674 + 1.123\chi + 1.442\chi^2 - 3.294\chi^3 + 1.485\chi^4 \tag{7.69}$$

$$C_f = (0.29 - 0.1312\chi + 16.86\chi^2 - 23.57\chi^3 + 9.46\chi^4) \cdot 10^{-4} \tag{7.70}$$

(2)对于湍流（$Re > 10000$）[6]。

带翅片流道：$$f_{app}(\text{turbulent}) = 0.4091\left[\ln\left(\frac{Re}{7}\right)\right]^{-2} + 0.01625\frac{D_{ec}}{y} \tag{7.71}$$

式中，$D_{ec} = D_e(0.6081 + 1.812\chi - 1.292\chi^2)$ [12]。 $\tag{7.72}$

无翅片流道：$$f_{app}(\text{turbulent}) = 0.1268Re^{-0.3} + 0.01625\frac{D_e}{y} \tag{7.73}$$

(3)若 $Re_c < Re < 10000$。

$$f_{app} = (1-\gamma)f_{app}(\text{laminar})(Re_c) + \gamma f_{app}(\text{turbulent}), \quad (Re = 10^4) \tag{7.74}$$

式中

$$\gamma = \frac{Re - Re_c}{10^4 - Re_c} \tag{7.75}$$

对于具有双流道结构的空气集热器,空气流道内的质量流量是求解对流换热过程的一个重要参数,空气在集热器的入口处分为上流道和下流道两部分,并在集热器的出口处汇集。进入集热器的空气总流量可以通过直接测量得到,但是空气在上、下流道的流量分配情况则不易测量。而在空气流动过程中集热器上、下流道的空气压降(Δp)相等,因此在空气集热器的模拟计算中可以根据这个条件求解空气在上流道和下流道的质量流量分配。

由以上分析可知,在流道结构一定的条件下,流道压降是空气流速的函数,因此列出上流道和下流道的压降方程,并令其相等可得

$$f_{app,1} \frac{4L}{D_{e,1}} \frac{\rho_1 u_1^2}{2} = f_{app,2} \frac{4L}{D_{e,2}} \frac{\rho_2 u_2^2}{2} \tag{7.76}$$

求解上式,可以求得空气流量在上、下流道中的质量流量分配。

7.2.4　空气集热器理论模型的求解及性能评价

由玻璃盖板、吸热板、背板的能量平衡方程以及空气工质的方程组成的方程组,其中各方程的系数与解相互关联,因此方程组需要采用数值方法,通过迭代对方程组求解。给定环境温度、太阳辐照、风速等边界条件以及空气集热器进口空气工质的密度、温度等状态参数和空气的质量流量,以空气集热器的理论模型为基础,结合工质的物性参数、摩擦压降和对流换热系数等关系式,编写相应的计算程序,实现对空气集热器光热性能的数值模拟,计算得出压降、上下流道质量流量分配、空气工质的平均温度、出口温度以及集热器玻璃盖板、吸热板、底板的平均温度,最后求得空气集热过程中空气得热功率和热效率。

图 7.6 给出了平板型翅片式空气集热器模拟程序的计算流程图。具体的计算步骤如下:

(1)程序开始时首先对各部分温度赋予计算的初始值。包括:玻璃盖板的温度、吸热板温度、底板温度、空气的质量流量和温度等;

(2)输入太阳辐照、环境温度、风速等气象参数以及时间参数,调用子程序计算太阳辐照的入射角、玻璃盖板的透过率等参数;

(3)根据流道内空气的温度求解密度、热容、黏度等物性参数;

(4)求解空气的摩擦系数、压降、对流换热系数,根据上、下流道压降相等进一步求得空气质量流量的分配;

(5)求解集热器玻璃盖板、吸热板、底板以及空气的温度;

(6)判断收敛情况，如果不收敛，那么返回步骤(3)重新开始迭代求解；如果收敛，计算空气集热器的热效率；输出结果并结束模拟计算程序。

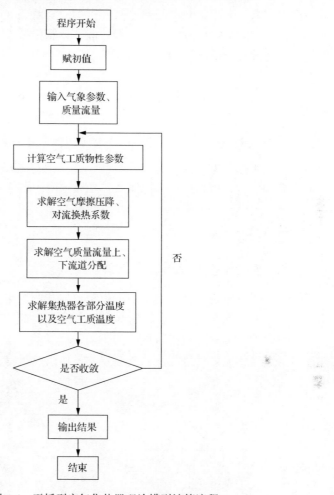

图 7.6　平板型空气集热器理论模型计算流程

空气集热器的性能从空气的得热量和热效率两个方面进行分析。空气集热器的瞬时得热功率为

$$Q_u = \dot{m} r C_p (T_{f1,o} - T_a) + \dot{m}(1-r) C_p (T_{f2,o} - T_a) \tag{7.77}$$

式中，$T_{f1,o}$、$T_{f1,o}$ 分别为上、下流道空气出口温度，K。

空气集热的瞬时热效率为

$$\eta = \frac{Q_u}{S A_c} \tag{7.78}$$

式中，A_c 为空气集热器的有效受光面积，m^2。

为了进一步全面研究空气集热器的热性能，将风机驱动空气工质流动所消耗的能量考虑进来，分析集热器集热空气获得的净有效能。基于热力学第二定律，下式可以计算得到集热过程获得的净有效能。计算中假设空气为理想气体，并忽略空气在流动过程中机械能的变化。

$$Ex = \dot{m}C_p\left(T_{\text{out}} - T_{\text{in}} - T_a \ln \frac{T_{\text{out}}}{T_{\text{in}}}\right) - \frac{\dot{m}}{\rho}\Delta p \frac{T_a}{T_{\text{f\_ave}}} \tag{7.79}$$

式中，ρ 为空气的密度，kg/s；$T_{\text{f\_ave}}$ 为流道内空气平均温度，K；Δp 为集热器进出口的空气压降。方程左侧为空气集热过程得到的净有效能，右侧第一项为集热器输出的㶲，第二项为风机克服空气沿程摩擦阻力消耗的泵功。

7.3　主动式平板空气集热器的实验与分析

7.3.1　平板型空气集热器的实验测试系统

在天气状况良好的情况下对单块平板集热器和两块平板集热器串联加热空气的工况进行了室外的实验研究。集热器实验测试系统如图 7.7 和图 7.8 所示。实验时，空气在自然对流和风机抽吸的作用下由集热器的下端进入，经集热器加热后的热空气通过气体流量计进行流量的测量，最后由风机将热空气排出。

图 7.7　空气集热器实验测试平台实物图

图 7.8　空气集热器串联实验测试平台实物图

平板集热器的性能测试在合肥的室外环境下进行，每次试验从 8:30 开始，16:30 结束。集热器朝南以 35°角倾斜放置。采用 TBQ-2 全辐射日射强度仪测量照射到集热器表面的太阳辐照度。辐照仪安装平面与集热器玻璃盖板平行，测量投射到集热器表面的总太阳辐照。采用 EC21A 型风速仪测量环境风速。采用铜-康铜热电偶实时测量集热器各部位的温度，包括空气进出口温度、环境温度、吸热板温度以及玻璃盖板的温度。集热器的空气流量采用气体流量计测量。质量流量测量可利用美国 ABB 公司生产的涡街 FV4000-Vt4 型质量流量计。利用数据采集仪采集数据，对实验数据进行计算，得到集热器的光热转换效率。

实验采用了一种高效的平板型空气集热器，结构如图 7.9 所示。集热器的吸热板由 13 块"L"型金属薄片连接组成，翅片增加了空气与吸热板的对流换热面积。吸热板将空气流道分为上、下两部分，进一步增加了与空气的换热面积，提高换热效率。吸热板的上表面镀有选择性吸收涂层，这种选择性涂层具有太阳光谱范围内的高吸收率和黑体辐射范围内的低发射率，可以有效地提高集热性能。单块集热器长 200cm、宽 100cm、高 10cm，两侧和底部分别采用玻璃纤维棉隔热保温，集热器上表面覆盖 3mm 厚的平板钢化玻璃。吸热板长 184cm，由横截面为"L"型的铝板连接组成，每块铝板宽 7cm、厚 0.4mm，翅片高 2.6cm，表面镀有选择性吸收涂层。集热器的空气进出口的开孔宽 60cm、高 3cm。空气上流道(玻璃盖板和吸热板之间的空气夹层)高 3.75cm，下流道(吸热板与底板之间的空气夹层)高度为 1.75cm。

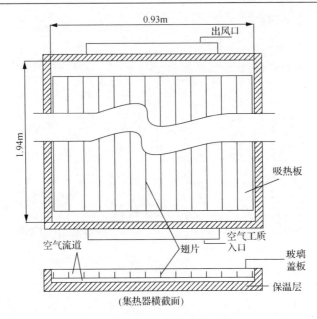

图 7.9　平板型空气集热器结构示意图

7.3.2　实验结果分析

1) 单块集热器实验测试结果分析

图 7.10 给出了实验时的进口、出口温度及太阳辐照随时间变化曲线。实验中空气质量流量为 0.02kg/s。实验开始后，进口空气温度随着太阳辐照的增强缓慢地由 16℃上升到 20℃，而出口空气温度则随着太阳辐照强度的增加剧烈上升，

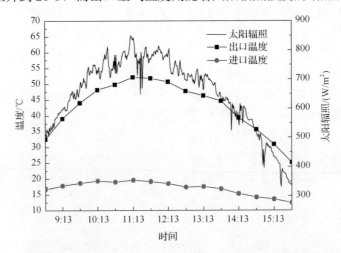

图 7.10　集热器进口、出口温度及太阳辐照随时间变化曲线

变化趋势与太阳辐照基本一致。最高温度出现在正午附近，可达 52℃，此时太阳辐照达到 840W/m^2，为全天的最高值。进口和出口温差全天最大可达 33℃。光热转换效率曲线如图 7.11 所示，瞬时的光热效率最高可以达到 44%，全天的平均光热效率为 41.3%。

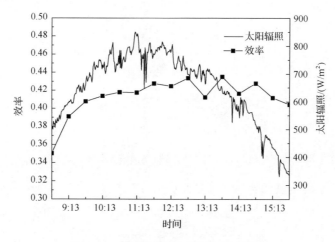

图 7.11　光热转换效率随时间变化曲线

表 7.1 列出了在四种不同流量下单块集热器在全天实验过程中空气质量流量、环境温度、太阳辐照强度及光热转换效率的日平均值，其中风机工作电流调至很小时，自然对流起主要作用。从表中可看出，随着空气质量流量的增大，集热效率逐步升高，由于空气质量流量越大，带走的热量越多，集热器的工作温度随之降低，因此通过减小集热器玻璃盖板和底板等边框的热损失，就可提升热效率。当质量流量为 0.03kg/s 时，日平均集热效率达到 53.2%。这四次实验过程中全天的光热转换效率曲线如图 7.12 所示。由图中可以看出，随着流量的增大，光热转换效率升高。对于一个固定的质量流量，集热效率在一个实验周期内的早上和下午偏低，这是因为在早上和下午太阳光入射角度偏大，吸热板吸收的太阳辐照比例偏小。在试验周期的中间段热效率变化平缓。总体来说，集热器全天的瞬时热效率较为接近。

表 7.1　不同空气质量流量下光热转换效率

质量流量/(kg/s)	环境温度/℃	太阳辐照强度/(W/m^2)	日平均集热效率/%	相对误差/%
0.013	12.8	595.46	37.4	6.17
0.017	13.7	452.0	41.3	7.73
0.025	20.7	634.76	46.8	7.32
0.03	9.4	742.6	53.2	7.20

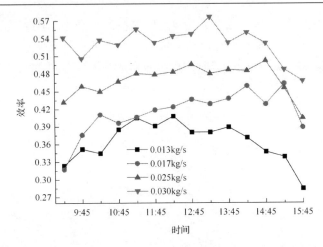

图 7.12　不同空气流量下空气集热器光热转换效率随时间变化曲线

2) 两块集热器串联的实验测试结果分析

用单块集热器对空气进行加热，可以将空气的温度提高 30℃以上，出口温度最高可超过 50℃。但是在一些工农业应用的场所，可能需要更高的出口温度。我们对此也进行了实验，将两块平板型空气集热器进行串联，使第一级集热器加热后的热空气进入第二级集热器进行再加热，在不减少空气流量的前提下获得更高的出口温度。

以一月份的实验为例，对集热器串联后的光热转换性能进行分析，空气质量流量稳定在 0.015kg/s，系统的光热效率曲线和当天的太阳辐照强度曲线如图 7.13所示。太阳辐照强度最高可达到 880W/m²。光热转换效率最高为 33.8%，全天平均的光热转换效率为 31.4%。集热器经过串联以后，进口温度、第一级出口以及第二级出口空气温度的全天变化曲线如图 7.14 所示。当日合肥的气温很低，最低

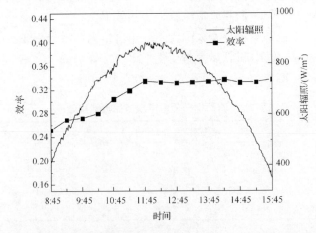

图 7.13　集热器的光热效率曲线和当天的太阳辐照强度随时间变化曲线

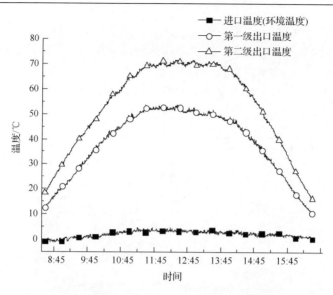

图 7.14　集热器进、出口温度随时间变化曲线

气温–1℃，最高气温 3.5℃，全天平均气温 2.5℃。第一级出口温度最高可达 53.2℃，串联的第二级集热器出口温度最高可达 71.8℃。最大温升可达到 68.8℃。与 1)中单块集热器的实验结果相比，集热器串联之后总的光热转换效率有所降低。但是通过串联获得了更高的出口温度，提高了获得的热能的能力。

7.4　平板空气集热器的性能优化分析

7.4.1　双流道集热器性能的数值分析

1) 数值模型验证

本节通过对上流道含翅片的双流道空气集热器进行了理论计算与实验结果的对比，以验证理论计算模型的正确性。计算中采用的物性参数如下：玻璃盖板的透过率为 0.9，吸收率为 0.032；吸热板长 1.93m，宽 0.94m，上表面吸收率 0.9，发射率为 0.1，下表面发射率为 0.9；底板表面的发射率为 0.9。

图 7.15 给出了实验期间太阳辐照、环境温度(集热器进口温度)以及集热器出口空气温度随时间变化的曲线。由图中可以看出，太阳辐照最高达 900W/m²，环境温度最低为 10℃，随着太阳辐照强度上升环境温度升高，13:00 达到最高，为 16.1℃。此时集热器出口温度也达到 48.8℃，为全天最高值，温度升高 32.7℃，亦为全天最高。到了下午，由于太阳辐照出现了振荡，出口温度也随之出现波动。在整个实验期间，集热器进出口空气平均温升为 22.9℃。图 7.16 给出了空气集热器出口空气、玻璃盖板以及背板温度的数值模拟结果和实验测试结果随时间变化

的曲线。由图中可以看出，数值模拟与实验测试结果的趋势吻合度较好，集热器出口温度最大偏差为 2.2℃，整个实验阶段数值模拟结果与实验测试结果的平均相对误差为 3.7%；集热器玻璃盖板和背板温度数值模拟值和实验测试值的最大偏差分别为 1.4℃和 1.6℃，平均相对误差分别为 3.8%和 5.9%。经过以上分析可知，建立的理论模型可以准确地模拟空气集热器的集热过程。

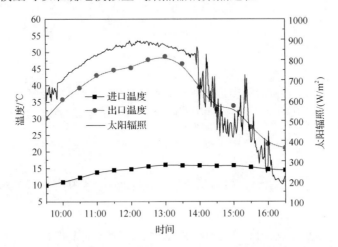

图 7.15 空气集热器的太阳辐照及进、出口温度随时间变化曲线

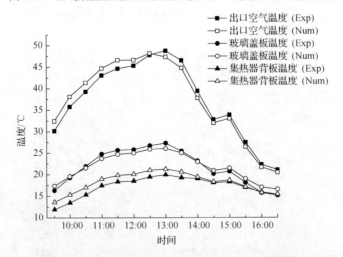

图 7.16 数值计算结果和实验测试结果随时间变化曲线

2) 空气质量流量对集热器性能的影响

图 7.17 给出了利用建立的翅片式双流道集热器理论模型，在给定太阳辐照强度为 800W/m²，环境温度为 20℃，风速为 1.5m/s 的条件下，集热器出口空气温度和瞬时热效率随空气质量流量的变化曲线。由图中可以看出，出口温度随流量增

大而降低；效率随流量增大而升高。在低于 0.02kg/s 的小流量变化时，出口温度
与效率的变化趋势相对于较大的质量流量更为剧烈，流量由 0.01kg/s 增加到
0.02kg/s，出口温度由 73.6℃下降到 56.1℃，降低了 17.5℃，同时热效率由 37.4%
上升到 50.4%，增加幅度超过 13%。表 7.2 给出了每个质量流量工况下集热器的
吸热板温度、玻璃盖板温度、底板温度以及通过集热器玻璃盖板和背板的热损。
从表中可以看到，随着流量的增大，吸热板的温度逐渐降低，当质量流量为 0.01kg/s
时，吸热板温度为 103.9℃，此时空气工质带走的热量较少，玻璃盖板和底板由于
与吸热板的辐射换热作用以及与较高温度的空气工质的对流换热作用，处于较高
的温度水平，平均温度分别为 26.5 和 87.1℃，向环境的散热量很大。而随着质量
流量的增大，空气工质带走的热量增多，吸热板温度下降，集热器处于温度相对
较低的工作状态，因此热损失减小，热效率提高。

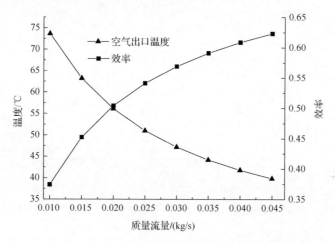

图 7.17   集热器出口温度和瞬时热效率随空气质量流量的变化曲线

表 7.2   不同空气流量下集热器各部分温度及集热器上下表面热损

质量流量/(kg/s)	吸热板温度/℃	玻璃盖板温度/℃	底板温度/℃	玻璃盖板热损/W	背板热损/W
0.01	103.9	26.5	87.1	301.6	211.8
0.015	94.0	24.7	77.2	259.3	180.4
0.02	87.0	23.6	70.0	233.2	157.8
0.025	81.6	22.8	64.5	215.6	140.5
0.03	77.3	22.3	60.2	202.8	126.9
0.035	73.8	21.9	56.7	193.2	115.9
0.04	70.8	21.6	53.9	185.6	106.8
0.045	68.3	21.3	51.4	179.4	99.2

3）吸收涂层特性对空气集热性能的影响

图 7.18 给出了分别镀有选择性吸收涂层和黑漆涂层的"L"形翅片式空气集热器的热效率随空气流量变化曲线。计算中采用的太阳辐照强度为 $800W/m^2$，环境温度为 20℃，风速为 1.5m/s；选择性吸收涂层的吸收率为 0.9，发射率为 0.1；黑漆涂层的吸收率和发射率均为 0.9。由图中可以看出，采用选择性吸收涂层的集热器相比黑漆涂层的集热器的热效率有明显提高，效率提升幅度最高可以超过 10%。因此，提升吸热板表面吸收涂层的性能是提高空气集热器效率的关键途径之一。

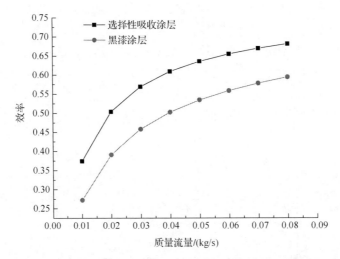

图 7.18　两种不同吸收涂层的空气集热器的热效率随空气流量变化曲线

4）空气集热器结构参数的研究

本节通过对空气集热器保温层厚度、上下流道高度比例以及翅片等对空气集热器性能的影响进行理论研究。在数值模拟计算中，空气流量设定为 0.02kg/s；太阳辐照强度为 $800W/m^2$，环境温度为 20℃，风速为 1.5m/s。

图 7.19 给出了空气集热器效率随背板保温层厚度变化曲线。由图中可以看出，随着保温层厚度的增加，空气集热效率不断升高。保温层厚度为 1cm 时效率为 49.4%，而保温层厚度增大到 14cm 时效率为 58.8%，升高了 9.4%。效率升高的趋势随厚度增加的趋势逐渐变缓。保温层的厚度为 5cm 时，效率为 56.2%，厚度增加 4cm 效率提升了 6.8%，而厚度由 5cm 增加至 14cm 效率仅提升 2.6%。

图 7.20 给出了有无翅片的空气集热器热效率随上流道高度占总高度比例的变化曲线。横坐标为被吸热板分隔出来的上流道高度占总高度的比例。由图中可以看出，当带翅片的空气集热器上流道高度比例为 0.6 时，热效率最高；而对于无翅片的平板式空气集热器，当上下流道高度相等时效率最高。带翅片结构的空气

集热器最高效率比无翅片的最高效率略有提升。由此可知，流道高度比例会影响空气质量流量在上下流道的分配，进而影响集热器性能。

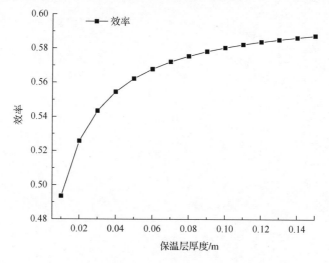

图 7.19　空气集热效率随背板保温层厚度变化曲线

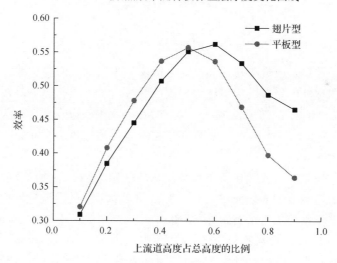

图 7.20　有无翅片的空气集热器热效率随上、下流道高度比例的变化曲线

　　为了讨论翅片对空气集热性能的影响，假定集热器上、下流道高度相等，吸热板上下表面翅片高度和数目均相等。图 7.21 给出了吸热板上表面分别镀有选择性吸收涂层和黑漆涂层的情况下集热效率随翅片数目的变化曲线。由图中可以看出，翅片数目对黑漆涂层的空气集热器效率提升比较明显，由无翅片的平板式结构到翅片数目为 40 的变化过程中，热效率由 40.6% 上升至 49.3%，提高了 8.7%。而翅片对选择性吸收涂层的空气集热器性能影响较小，翅片数目从 0 到 40 的过程

中，效率呈现先升高，再微降的趋势。在无翅片的平板式结构下效率为55.7%，翅片数目为32时效率达到最高，为57.6%，效率提升1.9%。

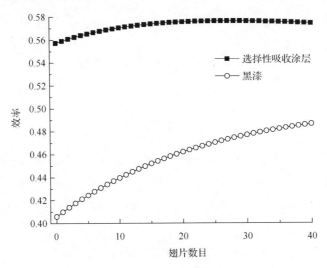

图7.21　空气集热器效率随翅片数目的变化曲线

7.4.2　流道高度对不同结构的空气集热器的性能影响

通过模拟计算，研究了流道高度对上流道、下流道和双流道的三种不带翅片的平板集热器性能的影响。模拟计算采用的物性参数如下：玻璃盖板的透过率为0.9，吸收率为0.032；吸热板长1.93m，宽0.94m，上表面吸收率0.9，发射率为0.1，下表面发射率为0.9；底板表面的发射率为0.9，保温层导热系数为0.046W/(m·K)。保温层厚度为5cm。

图7.22和图7.23分别给出了上流道结构集热器的热效率和净有效能随空气质量流量以及流道高度的变化曲线。由图7.22可以看到，随着流量的增加集热效率逐步上升，流量从0.01kg/s提高至0.08kg/s，热效率提高约25%。当流道高度由5mm增加至15mm时，热效率略有提高，但随着流道高度的进一步增大，热效率开始逐渐下降，空气流道高度为15mm时的热效率最高。由图7.23可以看到，随着流量的增加在不同流道高度情况下集热过程输出的净有效能均呈现降低的趋势，这是由于随着流量增大，空气进出口温升减小，出口温度降低，热空气的㶲减少。同时，为了驱动更大流量的空气流动，消耗的泵功增加，因此获得的净有效能降低。流道高度为5mm时，系统的净有效能非常低，当流量大于0.05kg/s之后，净有效能甚至出现负值，这是由于狭窄的流道产生了巨大的摩擦压降，为了克服压降而付出的泵功大大地增加，超过了集热过程输出的㶲。流道高度为15mm时，集热过程输出的净有效能最高。随着流道高度进一步增加，净有效能

开始下降。因此，综合热效率分析和㶲分析，对于上流道式空气集热器，流道高度为 15mm 时综合性能最佳。

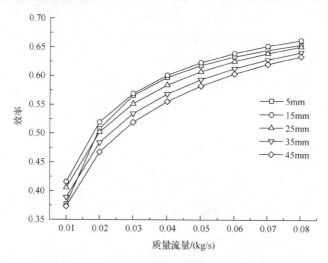

图 7.22　不同流道高度下集热效率随空气质量流量变化曲线（上流道式）

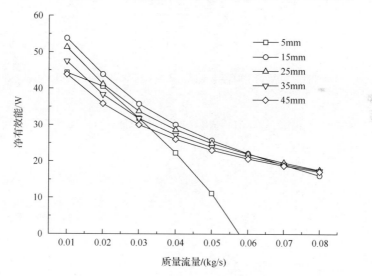

图 7.23　不同流道高度下净有效能随空气质量流量变化曲线（上流道式）

图 7.24 和图 7.25 分别给出了下流道式空气集热器热效率和获得的净有效能随空气质量流量和流道高度的变化曲线。由图 7.24 可以看出，随着流量增大，不同流道高度的集热效率均呈现上升趋势。而对于每个给定的空气流量，集热效率随空气流道高度的增加逐渐下降，下降的速率随着流道高度的增加而变缓。当流道高度由 5mm 增加至 10mm 时，热效率降低 8.2%，而当流道高度由 35mm 增加至

45mm 时，热效率降低 1.8%。由图 7.25 看出，对于每一个流道高度，集热过程输出的净有效效能随空气流量的增加而降低，下降的趋势有明显的不同，流道高度为 5mm 时净有效效能下降剧烈，当流量为 0.04kg/s 时，与流道高度为 15mm 输出的净有效效能基本相等，随着流量的进一步增加，当质量流量大于 0.06kg/s 时出现负值，这时风机克服摩擦阻力消耗功率大于集热过程输出的㶲。因此，综合考虑热效率与净有效效能的变化，对于小流量下的空气集热模式（$m < 0.04$kg/s），下流道式集热器最佳的流道高度为 5mm，而对于较大质量流量下的空气集热模式（$m > 0.04$kg/s），流道高度宜选择 15mm。

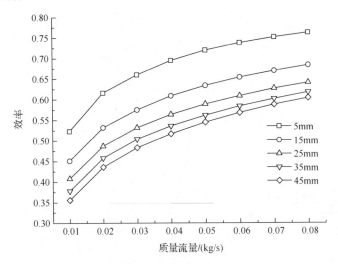

图 7.24　不同流道高度下集热效率随空气质量流量变化曲线（下流道式）

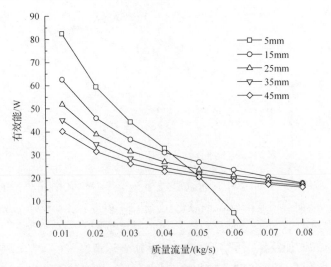

图 7.25　不同流道高度下净有效效能随空气质量流量变化曲线（下流道式）

　　图 7.26 和图 7.27 分别给出了双流道式空气集热器热效率和输出的净有效能随空气质量流量和流道高度的变化曲线。根据对双流道式空气集热器的分析，当双流道式空气集热器的上流道和下流道高度相等时热效率最高，因此对于每一个给定的流道高度，讨论时仅考虑上、下流道高度相等的情况。我们分析流道总高度为 10mm、30mm、50mm、70mm 和 90mm 的情况，即上、下流道高度均为 5mm、15mm、25mm、35mm 和 45mm。由图 7.26 可以看出，当上、下流道高度在 15～25mm 时，热效率最高，当上、下流道高度为 45mm 时效率最低。然而流道高度对双流道集热器热效率的影响相对较小，以流量为 0.03kg/s 为例，此时流道高度为 25mm 时效率最高，45mm 时效率最低，效率相差 3%。由图 7.27 可看出，集热过程输出的净有效能同样是在流道高度为 15～25mm 时为最高。因此，对于双流道式空气集热器，最适宜的流道高度为 15～25mm。

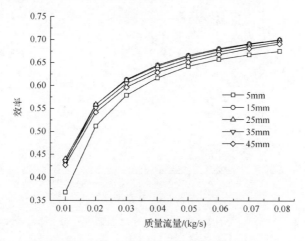

图 7.26　不同流道高度下集热效率随空气质量流量变化曲线（双流道式）

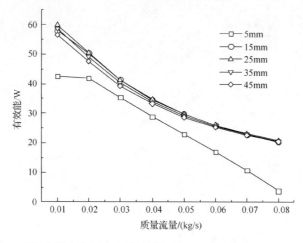

图 7.27　不同流道高度下净有效能随空气质量流量变化曲线（双流道式）

　　图 7.28 和图 7.29 分别给出了上流道式、下流道式以及双流道式空气集热器热效率和输出的净有效能随空气质量流量变化曲线，其中，上流道式和下流道式集热器流道高度为 15mm，双流道式集热器的上、下流道高度均为 25mm。由图中可以看出，除了质量流量为 0.01kg/s 时双流道结构的热效率和净有效能低于下流道式结构，在其他的流量下，双流道结构热效率和输出的净有效能均最高。在所有质量流量下上流道结构的集热性能均最低。根据对下流道式集热器流道高度的分析，当质量流量低于 0.04kg/s 时，流道高度为 5mm 时性能最佳。因此，当空气集热器在小流量下工作时，下流道式的结构是适宜的选择。而在较大流量下工作时，双流道结构空气集热器的性能最好。

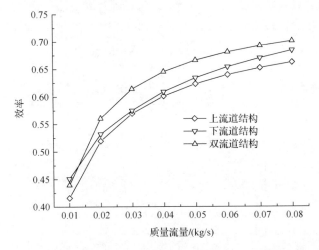

图 7.28　三种流道结构的空气集热器热效率随空气质量流量变化曲线

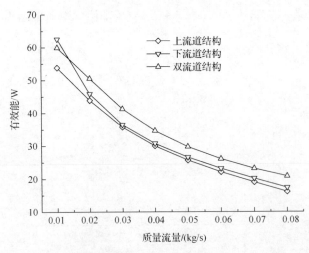

图 7.29　三种流道结构的空气集热器净有效能随空气质量流量变化曲线

参 考 文 献

[1] 马进伟. 太阳能空气集热及双效集热模块的实验和理论研究. 合肥: 中国科学技术大学博士学位论文, 2013.

[2] Ma J W, Sun W, Ji J, et al. Experimental and theoretical study of the efficiency of a dual-function solar collector. Applied Thermal Engineering, 2011, 31: 1751-1756.

[3] Hegazy A A. Optimum channel geometry for solar air heaters of conventional design and constant flow operation. Energy conversion and management, 1999, 40: 757-774.

[4] Yeh H M, Ho C D, Hou J Z. Collector efficiency of double-flow solar air heaters with fins attached. Energy, 2002, 27: 715-727.

[5] Sun W, Ji J, He W. Influence of channel depth on the performance of solar air heaters. Energy, 2010, 35: 4201-4207.

[6] Pottler K, Sippel C M, Beck A, et al. Optimized finned absorber geometries for solar air heating collectors. Solar Energy, 1999, 67: 35-52.

[7] Bhushan B, Singh R. A review on methodology of artificial roughness used in duct of solar air heaters. Energy, 2010, 35: 202-212.

[8] Hollands K G T, Unny T E, Raithby G D, et al. Free convective heat transfer acrossinclined air layers. Journal of Heat Transfer, 1976, 98: 189-193.

[9] Heaton H S, Reynolds W C, Kays W M. Heat transfer in annular passages. Simultaneous development of velocity and temperature fields in laminar flow. International Journal of Heat and Mass Transfer, 1964, 7: 763-781.

[10] Mills A F. Experimental investigation of turbulent heat transfer in the entrance region of a circular conduit. Journal of Mechanical Engineering Science,1962,4: 63-77.

[11] Shah R K. A correlation for laminar hydrodynamic entry length solutions for circular and noncircular ducts. Journal of Fluids Engineering, 1978, 100: 177-179.

[12] Jones Jr D C. An improvement in the calculation of turbulent friction in rectangular ducts. ASME Transactions Journal of Fluids Engineering, 1976, 98: 173-180.

第8章 可逆转百叶型集热墙技术

法国太阳能实验室主任 Felix Trombe 教授及其合作者提出并实验成功的 Trombe(特朗伯)墙由于其结构简单、使用方便及前期投资抵的优点而备受行内人的关注。它是一种依靠墙体独特的构造设计,无机械动力、无传统能源消耗、仅依靠被动式地收集太阳能就可为建筑供暖的集热墙。Trombe 墙在过去的几十年内得到了广泛的应用并有了很多的改进方案[1-3]。

结合百叶帘在使用过程中对射入室内光线的可控性,何伟等提出了一种改善上述传统 Trombe 墙性能及美观性的可逆转百叶型集热墙,即在集热墙外的玻璃盖板与内墙所形成的空气夹层中悬挂可升降、可调节角度的百叶帘,这解决了传统 Trombe 墙功能单一的缺陷[4,5]。这样,它冬季可以向室内供暖,夏季可以降低室内冷负荷;不仅如此,它还可以根据室外环境(温度、太阳辐照)的特点来调节百叶的角度以达到室内温度波动最小的热舒适环境。

8.1 可逆转百叶型集热墙集热的基本结构与原理

可逆转的百叶帘是可逆转百叶型集热墙系统的核心部件,百叶帘的帘片一面被涂有高吸收特点的涂层(正面),另一面则对太阳光具有高反射的特性。可逆转百叶型集热墙由玻璃板、百叶帘、集热墙、玻璃板和集热墙体之间的空气流道(以下简称空气夹层)、冬季用上下通风口和夏季用外通风口组成。可逆转百叶型集热墙的结构示意图如图 8.1 所示。在冬季,白天将叶片正面翻转朝外使其尽可能地吸收太阳辐照,打开室内上、下通风口在浮生力的作用下将获得的热量通过空气对流和墙体导热的方式传到室内,从而提高室内温,而在冬季的夜晚或者阴雨天气,将叶片反面朝外并关闭百叶帘以及所有通风口使其对流和辐射热损失减小。在夏季时,将百叶帘的叶片反面翻转朝外,反射大部分的太阳光,进而减少南墙得热,缓解墙体过热现象,关闭室内上出风口,同时将室内下进风口和室外上通风口保持开启状态,达到给室内空间通风的效果。整个系统运行过程不消耗额外的机械功而达到冬季采暖、夏季通风的目的。

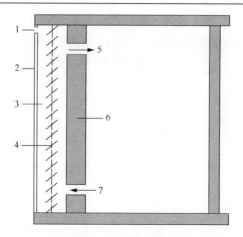

图 8.1　可逆转百叶型集热墙的结构示意图

1-室外出风口；2-玻璃板；3-空气夹层；4-百叶窗；5-室内出风口；6-内墙；7-室内进风口

8.2　可逆转百叶型集热墙集热的数理模型

考虑到系统各部件对太阳辐射的吸收、各部件间的辐射与对流换热以及建筑内部空间的空气流动，本章节将可逆转百叶型集热墙系统模型简化分为 5 个耦合的子模型[6,7]：玻璃(L1)、空气夹层(Ca)、百叶(L2)、内墙(L3)及房间(R)模型，如图 8.2 所示。基于本章 8.2.5 节计算的房间平均温度，本章 8.2.6 节同时建立了房间的热舒适性模型。另外本章 8.2 节主要针对可逆转百叶型集热墙系统冬季采暖模式进行建模分析，该计算程序对其夏季的工作模式同样适用。

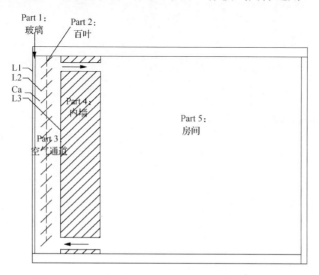

图 8.2　可逆转百叶型集热墙系统理论简化模型

8.2.1　外玻璃盖板的能量平衡

由于玻璃仅有 3~5mm 厚，整个玻璃盖板温度分布均匀，即可将其看作一个温度点

$$m_{L1} \cdot c_{L1} \cdot \frac{dT_{L1}}{dt} = A_{L1} h_{\text{conv-rad}}(T_{eq} - T_{L1}) + A_{L1} h_{c1}(T_{Ca} - T_{L1})$$
$$+ A_{L1} h_{\text{rad,L1,L2}}(T_{L2} - T_{L1}) + \Phi_{L1} \tag{8.1}$$

式中，Φ_{L1} 为玻璃吸收的太阳辐射能，W：

$$\Phi_{L1} = A_{L1} I_{90°} \cdot \alpha_1 \tag{8.2}$$

h_{c1} 为玻璃板内侧的对流换热系数，W/(m²·K)：

$$h_{c1} = \frac{Nu_H \cdot K_a}{H} \tag{8.3}$$

$$Nu_H = (0.825 + 0.328 Ra_H^{1/6})^2, \quad 0.1 < Ra_H < 10^{12} \tag{8.4}$$

$$Ra_H = \frac{g\beta(T_{L1} - T_{Ca})H^3}{\nu\alpha} \tag{8.5}$$

$h_{\text{rad,L1,L2}}$ 为玻璃板内侧的辐射换热系数，W/(m²·K)：

$$h_{\text{rad,L1,L2}} = \frac{4\sigma T_m^3}{(1/F_{L1,L2}) + (1 - \varepsilon_{L1})/\varepsilon_{L1} + (1 - \varepsilon_{L2})/\varepsilon_{L2}} \tag{8.6}$$

$$F_{L1,L2} = 1 - \sin\left(\frac{90° - si}{2}\right) \tag{8.7}$$

8.2.2　百叶的能量平衡

每一片百叶约为 0.2mm 厚，并且其热容量非常小，故不考虑百叶在水平方向的温度分布，即只考虑相邻百叶片之间的竖直方向的温差[7]

$$m_{L2} c_{L2} \frac{dT_{L2}}{dt} = A_{L2} h_{c2}(T_{Ca} - T_{L2}) + A_{L2} h_{\text{rad,L1,L2}}(T_{L1} - T_{L2})$$
$$+ A_{L2} h_{\text{rad,L2,L3}}(T_{L3} - T_{L2}) + \Phi_{L2} \tag{8.8}$$

式中，Φ_{L2} 为百叶吸收的太阳辐射，W，考虑到相邻百叶片之间的遮挡，则有

$$\Phi_{L2} = \alpha_2 \tau_{L1} I \cdot P_1 \cdot A_{L2} \tag{8.9}$$

式中，P_1 为百叶片接受直射太阳辐射的实际面积比；P_2 为内墙接收到的直射太阳辐射实际面积比，用于蓄热内墙理论模型的计算（8.2.4 节），根据几何关系（图 8.3），可得出[8]

$$\begin{cases} P_1 = 1 \\ P_2 = 1 - \left[\sin(si) + \cos(si)\tan(h')\right] \end{cases}, \quad P_1 \geqslant 1 \tag{8.10}$$

$$\begin{cases} P_1 = \dfrac{1}{\sin(si) + \cos(si)\tan(h')}, & P_1 < 1 \\ P_2 = 0 \end{cases} \tag{8.11}$$

式中，h' 为有效的太阳高度角：

$$h' = \arctan\left[\frac{\sin(h_s)}{\cos(az_s - az_w)\cos(h_s)}\right] \tag{8.12}$$

式中，h_s 为使用地的太阳高度角；az_s、az_w 分别为太阳、集热墙的方位角。$h_{\mathrm{rad},L2,L3}$ 为百叶与内墙外表面的辐射换热系数，$W/(m^2 \cdot K)$；h_{c2} 为百叶与夹层空气的对流换热系数，$W/(m^2 \cdot K)$ [9]

$$h_{c2} = \frac{Nu_{sw} \cdot K_a}{sw} \tag{8.13}$$

$$Nu_{sw} = (0.60 + 0.322 Ra_{sw}^{1/6})^2, \quad 0.1 < Ra_{sw} < 10^{12} \tag{8.14}$$

其中，sw 为百叶的宽度[图 8.3 (a)]；K_a 为空气的导热率，$W/(m \cdot K)$。

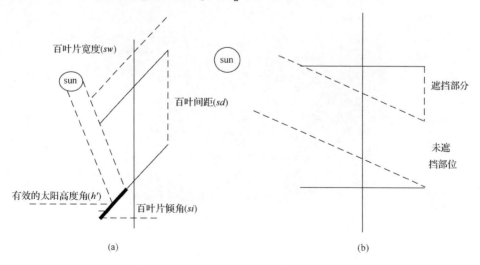

图 8.3　百叶片实际接收辐照面积比 (a) 与内墙实际接收辐照面积比 (b)

8.2.3 空气夹层中的能量平衡

取空气夹层中单位长度的空气作为控制体，则有

$$\rho_a D c_a \frac{\mathrm{d}T_{ca}}{\mathrm{d}t} = h_{c1}(T_{L1} - T_{ca}) + h_{c3}(T_{L3,o} - T_{ca}) + h_{c2}(T_{L2} - T_{ca}) - \rho_a V_a D c_a \frac{\mathrm{d}T_{ca}}{\mathrm{d}y} \quad (8.15)$$

式中，D 为空气夹层的深度，m；c_a 为空气的比热容，J/(kg·K)；ρ 为空气密度，kg/m³；$T_{L3,o}$ 为集热墙外表面温度，K；V_a 为空气夹层中的空气流速，m/s。

空气流道内的空气流速 V_a 可用下式计算：

$$V_a = \sqrt{\frac{0.5 g \beta (T_{out} - T_{in}) H}{C_{in}\left(\dfrac{A}{A_{in}}\right)^2 + C_{out}\left(\dfrac{A}{A_{out}}\right)^2 + C_f\left(\dfrac{H}{d}\right)}} \quad (8.16)$$

式中，H 为百叶型集热墙高度，m；d 为流道的动力尺寸，m，$d=2(w+D)$；A 为空气夹层高度方向的截面积，m²，$A=w \times D$；A_{out}、A_{in} 分别为上、下风口的面积，m²；C_f、C_{out}、C_{in} 分别为空气夹层内沿程阻力系数、上、下风口处的损失系数。

8.2.4 内墙的传热

图 8.4 是对比热箱房间结构示意图。南墙包括百叶集热墙系统部分和普通墙体部分。

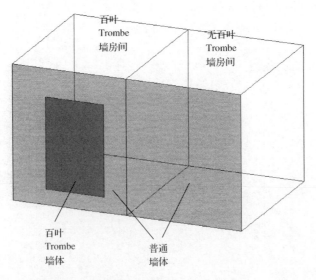

图 8.4 对比热箱房间结构示意图

假设集热墙传热是一维传热，则非稳态传热方程为

$$\frac{\partial T}{\partial t} = \frac{\lambda_{L3}}{\rho_{L3} C_{L3}} \frac{\partial^2 T}{\partial^2 Y} \tag{8.17}$$

$$-\lambda_{L3} \left(\frac{\partial T}{\partial X} \right)_{x=0} = h_{c3}(T_{L3} - T_{ca}) + h_{rad,L2,L3}(T_{L3} - T_2) + P_2 \cdot \alpha_3 \tau \cdot I - \lambda_{L3} \left(\frac{\partial T}{\partial X} \right)_{x=D_w} \tag{8.18}$$

$$= h_{L3,r}(T_{L3,i} - T_r) \tag{8.19}$$

式中，ρ_{L3}、C_{L3}、λ_{L3} 分别为集热墙的密度（kg/m^3）、比热容[J/(kg·K)]和热传导系数[W/(m·K)]；T_r 为室内空气的平均温度，K；h_{c3}、$h_{L3,r}$ 分别为集热墙外侧和内侧的对流换热系数，W/(m^2·K)；$h_{rad,L2,L3}$ 为集热墙外侧与百叶的辐射换热系数，W/(m^2·K)。

对于普通墙体部分，也采用方程(8.17)计算，相应的边界条件为

$$-\lambda_w \left(\frac{\partial T_{nw}}{\partial X} \right)_{x=0} = h_{con\text{-}rad}(T_{nwo} - T_{eq}) + \alpha_{nw} \cdot I - \lambda_{L3} \left(\frac{\partial T_{nw}}{\partial X} \right)_{x=D_{nw}} \tag{8.20}$$

$$= h_{cw,r}(T_{nwi} - T_r) \tag{8.21}$$

式中，T_{nwo}、T_{nwi} 分别为普通墙体外侧和内侧的温度，K；$h_{con\text{-}rad}$ 为普通墙体外侧和外部环境的综合换热系数，W/(m^2·K)；α_{nw} 为普通墙体外表面的吸收率；$h_{cw,r}$ 为普通墙体内侧的对流换热系数，W/(m^2·K)，可由下式计算：

$$h_{cw,r} = 2.03 \Delta T^{0.14} \tag{8.22}$$

8.2.5　房间内的能量平衡

根据集热墙上下通风口与房间的关系，整个房间内空气流动的特点类似于置换通风，采用"四节点"模型计算房间的传热、流动[10]：贴着地板和天花板的空气各作为一个节点，房间的温度沿着高度方向成线性分布，即从地板处的空气到天花板处的空气温度按梯度 S 线性增加。房间的能量平衡方程如下：

$$\rho c_p \frac{dT_r}{dt} W_r L_r H_r = 2\rho c_p A V_a (T_{out} - T_{in}) - hc_c(T_{out} - T_c)W_r L_r$$
$$+ \sum_{i=1}^{N} hc_i(T_i - T_r)A_i \tag{8.23}$$

$$T_r = T_{a,c} - s \cdot H_r / 2 \tag{8.24}$$

$$T_{in} = T_{a,c} - s \cdot (H_r - h) \tag{8.25}$$

$$2\rho c_a q(T_{out} - T_{a,c}) = hc_c(T_{out} - T_c)W_r L_r \tag{8.26}$$

$$hc_c = -0.166 + 0.484ACH^{0.8} \tag{8.27}$$

$$ACH = \frac{\rho V_a A_{in} \times 3600}{L_r W_r H_r} \tag{8.28}$$

式中，下角标 i 为除了天花板外的其他墙面；T_c 为天花板温度，K；$T_{a,c}$ 为天花板附近的空气温度，K；hc_c 天花板表面的空气对流换热系数，W/(m²·K)；ACH 为房间的换气次数。

8.2.6 房间热舒适性(PMV)的计算

人体热舒适度指的是人心里对热环境的满意程度。它是由很多因素决定的，包括室内相对湿度、室内的空气温度、围护结构表面和其他物体表面的温度、人体的温度、人体附近的气流速度、人体的散热和体温调节、衣服的透气性和保温性能这些与热感觉有关的因素。人体的散热包括：人体在新陈代谢过程中以热传导、对流、辐射和蒸发向外界的散热。另外人体舒适度还受到人的一些自觉和不自觉行为的影响。1970，Fanger 提出了用 PMV 来评价室内的热舒适度水平，并给出了公式：

$$PMV = [0.303\exp(-0.036M) + 0.028]L \tag{8.29}$$

式中，L 为人体的热负载，W/m²，它是指人体在正常的舒适情况下身体内产生的热量和散发到自然环境的热量的差值。后来，学者们又做了大量研究并在 Fanger 的基础上提出了[11]：

$$\begin{aligned}
PMV = (0.303e^{-0.036M} &+ 0.028)\{(M-W) - 3.05\times10^{-3}[5733 - 6.99(M-W) - Pa] \\
&- 0.42[(M-W) - 58.15] - 1.7\times10^{-5}M(5867 - Pa) - 0.0014M(34 - T_r) \\
&- 3.96\times10^{-8}f_{cl}[(T_{cl} + 273)^4 - (Ts + 273)^4] - f_{cl}hc(T_{cl} - T_r)\}
\end{aligned} \tag{8.30}$$

式中，M 为新陈代谢率，W/m²；W 人体做功(W/m²)。本书中假设人体处于静坐状态，取 M=70；T_{cl} 为衣服表面温度，℃，可由下式计算：

$$\begin{aligned}
T_{cl} = 35.7 &- 0.028(M-W) - 0.155I_{cl}\{3.96\times10^{-8}f_{cl}[(T_{cl} + 273)^4 - \\
&(Ts + 273)^4] + f_{cl}hc(T_{cl} - T_r)\}
\end{aligned} \tag{8.31}$$

衣服与环境的辐射换热系数 $hc(\mathrm{W/m^2})$ 取决于传热方式，可取式 (8.32)、式 (8.33) 计算结果中的较大者：

$$hc_1 = 2.38(T_{\mathrm{cl}} - T_r)^{0.25} \tag{8.32}$$

$$hc_2 = 12.1\sqrt{v} \tag{8.33}$$

$$hc = \max[hc_1, hc_2] \tag{8.34}$$

环境水蒸气分压 Pa 可由下式计算：

$$Pa = 0.1333\exp\left(18.6686 - \frac{4030.183}{Tr + 235}\right)\cdot RH \tag{8.35}$$

平均辐射温度 T_s：

$$T_s = 0.127(T_{\mathrm{up}} + T_{\mathrm{down}}) + 0.186(T_{\mathrm{left}} + T_{\mathrm{right}} + T_{\mathrm{front}} + T_{\mathrm{back}}) \tag{8.36}$$

衣着覆盖系数 f_{cl} 与服装热阻直接相关，可以用下式计算：

$$f_{\mathrm{cl}} = \begin{cases} 1.00 + 1.290 I_{\mathrm{cl}}, & I_{\mathrm{cl}} < 0.078\mathrm{clo} \\ 1.05 + 0.645 I_{\mathrm{cl}}, & I_{\mathrm{cl}} > 0.078\mathrm{clo} \end{cases} \tag{8.37}$$

式中，I_{cl} 为服装热阻，可根据表 8.1 取用。

表 8.1　服装热阻

服装	$I_{\mathrm{cl}}/\mathrm{clo}$
裸体	0
短裤	0.1
典型热带服装：内裤，短裤，短袖领衫，轻质短袜和凉鞋	0.3
轻质夏装：内裤，轻质长裤，短袖开领衫，轻质短袜和鞋子	0.5
轻质工作服：轻质内衣裤，棉质长袖工作衬衫，工作长裤，毛袜和鞋子	0.7
典型冬季室内服装：内衣裤，长袖衬衫，裤子，夹克或者长袖毛衣，厚袜和鞋子	1.0
厚实的传统欧式商业服装：带长腿和长袖的棉质内衣裤，衬衫，包括裤子、夹克和半身大衣的套装，毛袜和厚鞋	1.5

　　Fanger 的研究表明室内的相对湿度在 30%～70%的时候，对人体舒适度的影响很小。虽然有研究表明相对湿度对中国人的人体舒适度的影响要高于外国人，但是这主要是在活动量大和高温的情况下。本书中室内的相对湿度取 40%。表 8.2 为 PMV 与人体热舒适度之间的对照表。

表 8.2　PMV 与人体热舒适度对照表

PMV	+3	+2	+1	0	−1	−2	−3
热感觉	热	暖	微暖	适度	微凉	凉	冷

8.3　可逆转百叶型集热墙系统实验平台

在建筑围护结构的热工性能研究中，热箱是一种普遍使用的实验手段，通过它不仅能测定墙体构件的传热系数、热阻，还能进行空气渗透、传湿实验，另外也可以用它进行室内热环境研究。我们通过可对比热箱有无百叶型集热墙房间的对比实验，来验证可逆转百叶型集热墙对室内热环境的改善作用。可对比热箱由两间尺寸完全相同的小房间加上外墙构成，其结构和主要尺寸如图 8.5 所示，每间房的尺寸为：3.9m（宽）×3.8m（长）×2.6m（高），其南墙为普通红砖构造（厚度390mm），其他三面墙均采用绝热夹芯彩钢板结构，中间夹层为 50mm 厚度的聚苯乙烯泡沫板。实验平台的热箱群测控系统由哈尔滨工业大学建筑节能技术研究所设计建造，由电加热系统和环路水冷空调系统组成。如图 8.6 所示为实验房间和对比房间内的温控系统，包括：电加热送风口和水冷系统盘管[图 8.6(a)]、电加热系统控制箱[图 8.6(b)]、水冷空调系统控制面板[图 8.6(c)]和温控系统控制软件[图 8.6(d)]。可通过温控检测软件设定所需要的室内温度以进行研究。

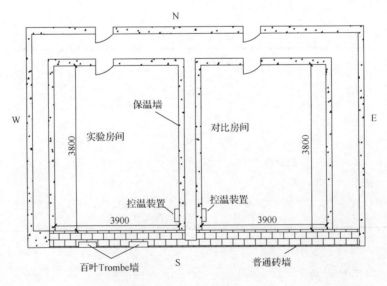

图 8.5　实验平台结构示意图

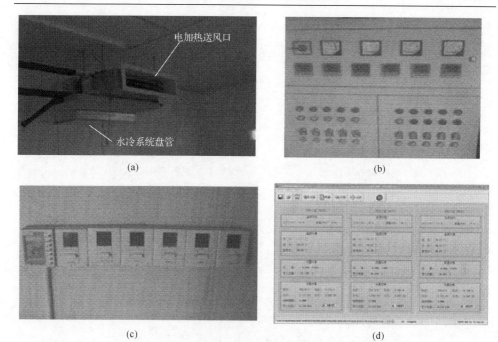

图 8.6　热箱温控系统

温控系统的实时监测记录界面如图 8.6(d) 所示，从软件的记录界面中能读出水冷系统的水流量、进出口水温、电加热功率、电流和电压等参数。通过简单的计算，就能得出在特定时间内，电加热系统和水冷系统向房间内输入的热量和冷量大小。热量和冷量可以分别通过下列两个公式计算得出。

$$H_{in} = 3600 \times (W_e - W_s) \tag{8.38}$$

$$C_{in} = \frac{c\dot{m}(T_{out} - T_{in})\Delta t}{1000} \tag{8.39}$$

式中，H_{in} 为实验期间电加热系统输入到房间内的热量，kJ；W_e、W_s 分别为实验测试结束和开始时的累计耗电量，kW·h；C_{in} 为水冷系统输入到房间内的冷量，kJ；c 为水冷介质的比热容，在此取 4.2×10^3 J/kg·℃；$\dot{m}$ 为水冷系统的水介质的质量流量，kg/h；T_{out}、T_{in} 分别为水介质的进出口温度，℃；Δt 为测试开始到结束的间隔，h。

该实验测试平台位于中国科学技术大学西校区(合肥，N31°51′，E117°17′)，整个实验平台坐北朝南，实验平台外观如图 8.7 所示，西侧为实验房间(安装有两个百叶型集热墙)，东侧为对比房间(无集热墙)。百叶型集热墙(2.0m 高度×1.0m 宽度)通过框架固定起来，最外面用玻璃盖板密封，再通过螺丝固定在实验房间的南墙上，玻璃盖板和南墙之间的距离为 16cm，且在距离顶/底部 20cm 处居中开设两个 12cm 高×40cm 宽的通风口。实验平台围护结构及物性参数如表 8.3 所示。

图 8.7　实验平台外观图

表 8.3　测试平台围护结构物性参数

结构	材料	厚度/m	导热系数/[W/(m·K)]	密度/(kg/m)	比热容[J/(kg·K)]
	钢板	0.004	60.5	7854	434
保温墙	聚苯乙烯	0.3	0.04	15	1210
	钢板	0.004	60.5	7854	434
普通南墙	砖墙	0.390	0.814	1800	840
	玻璃	0.003	1.4	2500	810
百叶型集热墙	百叶	0.001	202.5	2700	871
	集热内墙	0.024	0.814	1800	840

注：平台参数的测量主要包括温度测量、辐射测量、风速测量。

(1)温度测量。采用固定冰点补偿法(测量精度±0.2℃)，使用铜-康铜热电偶，对玻璃盖板的温度、百叶温度、空气夹层温度、上下通风口温度、测试房间和对比房间室内温度、环境温度进行测量。热电偶测点布置如图 8.8 所示，图中黑点为热电偶；

(2)辐射测量。测量竖直面太阳辐射强度，使用锦州阳光 TBQ-2 总辐射表，其端面与南墙端面平行，直接测量投射到竖直面的太阳辐射值；

(3)风速测量。采用日本产 KANOMAX A533 型风速仪测量上出口的空气流速，测量范围 0～5m/s，测量精度±0.01m/s。

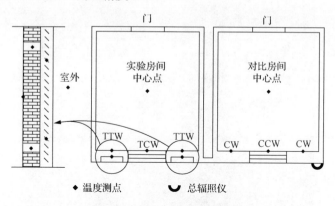

图 8.8 实验测试热电偶布置图

TTW 为可逆转百叶型集热墙的内墙表面温度测点；TCW 为实验房间普通内墙的温度测点；CW 为对比房间和可逆转百叶型集热墙内墙表面相同位置的温度测点；CCW 为对比房间普通内墙的温度测点，和 TCW 测点位置相同；房间中心的温度测点分别离地面 0.6m、1.2m、1.8m；总辐照仪的测量端面与南墙面平行

使用 Agilent 34970A 数据采集仪采集并记录上述室内温度、墙壁温度，辐照值等，采集时间间隔为 30s。各实验设备的连接方式如图 8.9 所示，数据采集系统实物图如图 8.10 所示。

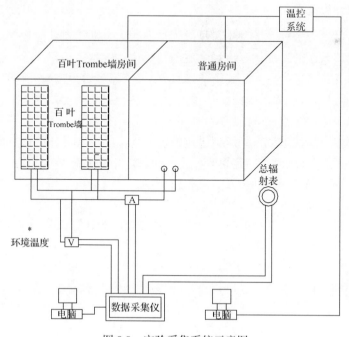

图 8.9 实验采集系统示意图

图 8.10　数据采集系统实物图

8.4　模型验证与分析

8.4.1　数值计算流程

利用本章 8.2 节建立的理论模型并通过有限差分法编制计算程序，对可逆转百叶型集热墙系统的温度场、流场和室内得热进行了数值模拟计算。整个模型通过热网络差分方法进行离散并利用 MATLAB 软件求解，程序运行时以实验测试期间测得的天气数据(太阳辐照、环境温度)及各个模块的初始测量值作为初始输入条件，程序的算法流程框图如图 8.11 所示。该模拟程序采用的是隐式方法，通过联立方程组，迭代求解直到达到设定的误差程序终止。具体的计算流程如下：

(1)计算程序开始时，给定百叶型 Trombe 墙系统各部件的结构参数及初始温度分布，例如玻璃盖板的面积及温度、百叶的尺寸及温度、墙体的厚度及温度分布、房间的体积及温度。

(2)设定计算程序的时间步长、空间步长及允许的计算误差，输入测试的太阳辐照强度、环境温度等气象参数。

(3)假设下一时刻各部件的温度分布，将各部件的能量平衡方程离散化，开始依次求解玻璃盖板的温度、百叶温度、空气夹层内空气温度、墙体温度以及房间的温度分布。

(4)比较各部件的计算温度与之前假设温度的相对大小，若二者的误差大于设定的允许误差，则返回步骤(3)，将当前的计算温度作为假定值，再次进行求解各部件的温度分布,直到各部件的计算温度与假定温度的误差小于设定的误差值。

(5)利用步骤(4)求解房间模块的温度分布,计算当前时刻房间的热舒适性(PMV)。

(6)判断计算时间是否达到设定的周期,若未完成设定的周期求解,则返回步骤(3)继续进行下一时刻的计算,若完成整个周期的求解,则输出并保存每一时刻的计算值,结束程序。

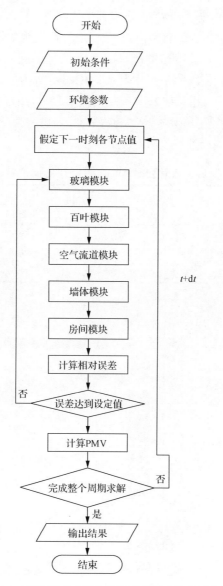

图 8.11　可逆转百叶型集热墙系统程序计算流程图

8.4.2　数学模型的验证

　　为了验证建立的百叶型 Trombe 墙系统冬季运行模式理论模型的准确性，在本章 8.3 节所描述的实验平台上进行了三天的实验测试，测试时间从 2015 年 1 月 16 日到 1 月 18 日。整个测试期间，在开风口采暖时，设定百叶的角度与水平面成 60°的夹角，在关风口时为了减小热损，百叶闭合。实验期间开、关风口的时间及天气状况如表 8.4 所示。测试参数包括各部件的温度(玻璃盖板温度、空气夹层内空气温度、百叶温度、墙体温度以及房间温度)及太阳辐照强度(竖直面及 60°水平倾角的太阳辐照)，其中温度测量时采用的是铜康铜热电偶(测量精度为±0.5℃)，太阳辐照测量使用的是锦州阳光 TBQ-2 总辐射表。玻璃盖板、百叶帘等各部件温度测点的分布如图 8.12 所示，实验期间所有的测量参数均通过 Agilent 34970A 数据采集仪采集并记录，采集的时间间隔设定为 30s。可逆转百叶型集热墙系统计算程序已知的详细参数如下所示：

表 8.4　实验期间风口的开关时间及天气状况

日期	天气状况	风口的操作	
		开启时间	关闭时间
2015 年 1 月 16 日	晴朗	10:00	16:51
2015 年 1 月 17 日	晴朗	9:14	16:59
2015 年 1 月 18 日	多云转晴	9:27	16:45

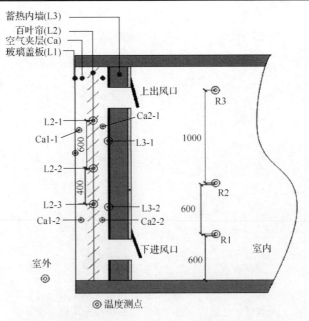

图 8.12　百叶型 Trombe 墙系统温度测点分布示意图

可逆转百叶型集热墙的宽度：w=1m；可逆转百叶型集热墙的高度：H=2m；空气夹层深度 D=0.16m，上下风口面积为 0.048m²。空气密度：ρ=1.18kg/m³；空气比热容：C_P=1000J/kg·K；空气热传导系数：λ_a=0.026W/(m·K)；空气的动力黏度：ν=1.58×10⁻⁵m²/s。集热内墙的厚度（红砖结构）：D_w=240mm；墙体的导热系数：λ_w=0.814W/m·K；墙体比热容：C_w=840J/kg·K；墙体密度：ρ_w=1800kg/m³，无百叶型集热墙房间墙体厚度 400mm。玻璃的热传导系数：λ_g=1.4W/m·K；玻璃比热容：C_g=810J/kg·K；玻璃密度：ρ_g=2515kg/m³；玻璃厚度为 3mm；玻璃透过率：τ=0.9；百叶模块高吸收面的吸收率：α_1=0.9，高反射面的吸收率 α_2=0.15。百叶型集热墙系统的集热墙外表面的吸收率：α_w=0.9，普通墙体外表面吸收率：α_{nw}=0.65。热箱房间的宽度：w_r=3.9m，深度：L_r=3.8m，高度是 H_r=2.6m。

2015 年 1 月 16 日 0:00 至 1 月 18 日 24:00 实测太阳辐射强度与环境温度如图 8.13 所示，从图中可以看出 60°倾斜面的太阳辐照大于竖直面(90°)，特别是在正午前后，连续三天外界环境的最高温度均不超过 15℃。此外，这三天的日出时间均在 7:10 左右，日落时间大概在 17:30。为了验证所建的百叶型 Trombe 墙系统模型的准确性，下面分别从百叶叶片温度、房间温度以及空气夹层内空气的平均温度三个方面比较了实验数据与理论计算结果，如图 8.14～图 8.16 所示，其中图中 M、N 分别代表实验测试数据与数值模拟结果。图 8.14 给出了百叶叶片温度的实验值与计算值随时间的变化情况。从图中可以看出，随着一天中太阳辐照的增强，百叶的温度逐渐升高，百叶自上向下的温度分层也在逐渐增大，在正午时分达到最大值，其中 T_{L2-1}、T_{L2-2}、T_{L2-3} 分别表示百叶自上向下的三个测点(参考图 8.12)。图 8.15 给出的是房间温度分布的实验值与计算值随时间的变化情况，从图中可以看出房间的温度变化趋势与百叶温度变化趋势一致，其中上测点 T_{R3} 与中间测点

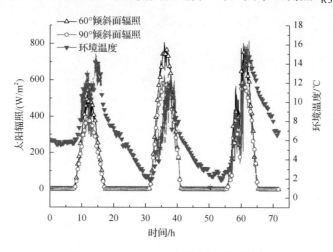

图 8.13　1.16～1.18 实测合肥天气数据

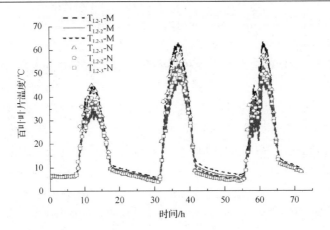

图 8.14　实验与理论的对比：百叶叶片温度（上、中、下）

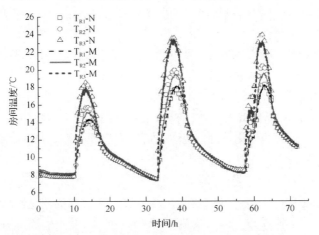

图 8.15　实验与理论的对比：房间温度（上、中、下）

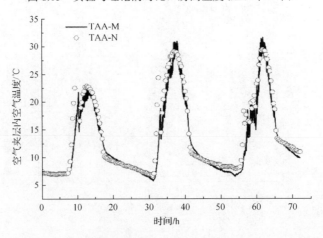

图 8.16　实验与理论的对比：空气夹层内空气的平均温度

T_{R2} 的距离为 1m，相应的最大温差约为 4℃，中间测点 T_{R2} 与下测点 T_{R1} 的距离为 0.6m，相同时刻相应的温差约为 2℃，所以房间高度方向上的温度分布近似于线性分布。图 8.16 为空气夹层内空气平均温度的实验值与计算值的比较，由于计算时忽略了夹层里空气的渗漏，所以计算值较实验值稍高些。综合三幅图可以看出，无论是在随时间的变化趋势还是在每一时刻数值的相对大小理论计算结果与实验测试数据都非常吻合，所以所建的百叶型 Trombe 墙系统的数学模型相对准确，可以用于后续的理论研究。

8.4.3　计算结果讨论与分析

利用上述实验验证后的理论模型，在相同的环境下从以下四个方面比较了尺寸完全相同的可逆转百叶型 Trombe 墙系统与传统 Trombe 墙系统的热性能：日出后 Trombe 墙开风口的时间、室内空气温度及其升高速率、日落关风口后 Trombe 墙的热损大小以及测试期间房间的热舒适性(PMV 及局部温差导致的不舒适感)，同时将上述两种 Trombe 墙系统的房间与无 Trombe 墙的房间进行了对比。

1) 日出后风口的开启时间

计算结果如图 8.17 所示，图中 TAA、TAR 分别为可逆转百叶型集热墙空气夹

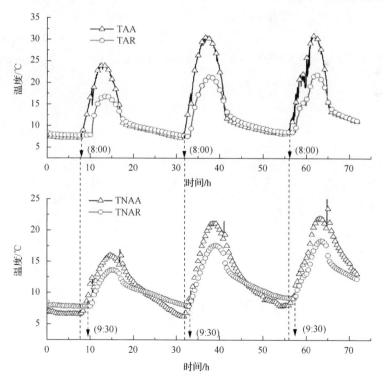

图 8.17　两种集热墙系统上下风口打开时间

层中空气的温度及房间的温度，类似地 TNAA、TNAR 代表传统集热墙空气夹层中空气的温度及房间的温度。当流道中空气的温度高于室内空气温度后开启风门才能达到采暖的效果。从图 8.17 中可以看出对于可逆转百叶型集热墙系统，在 8:00 后流道空气的温度高于室内空气温度，而对于传统集热墙为 9:30。故可逆转百叶型集热墙系统开风口的时间为 8:00，传统集热墙系统开风口的时间是 9:30，所以可逆转百叶型集热墙至少早 1.5h 开风口，增加的 1.5h 可使室内空气获得更多的热量。

2) 房间温度以及温升速率的比较

图 8.18 和图 8.19 分别为房间(有百叶型集热墙系统的房间、有传统集热墙系统的房间及无集热墙系统的房间)的温度和各个房间温差的对比。图中 TE 表示环境温度，TRR、TAR、TNAR 分别为带有可逆转百叶型集热墙系统的房间、带有传统集热墙系统的房间以及无集热墙系统的房间的温度，ΔT 代表有可逆转百叶型集热墙系统的房间与有传统集热墙系统的房间的温差。以第二天的计算结果为例，从图 8.18 中可得出：在外界温度不超过 13℃时，带有可逆转百叶型集热墙的房间和带有传统集热墙房间的温度最高可分别达到 22.5℃、17℃，而无集热墙房间的最高温度仅为 10℃。这些数据足够说明集热墙系统对于房间采暖效果，特别是可逆转百叶型集热墙系统。这个结论从图 8.19 可以更明显地得出，带有可逆转百叶型集热墙房间的温度比带有传统集热墙房间的温度高 5.5℃。另外从图 8.18 还可以得出开启风口后可逆转百叶型集热墙房间的温升速率明显地高于传统集热墙的房间，这对于室内快速地获得热舒适的环境有着积极的作用。

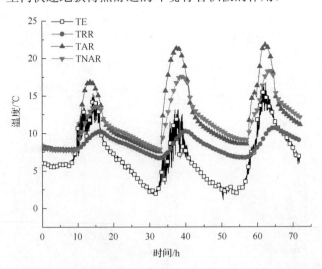

图 8.18　房间温度的对比(带有可逆转百叶型集热墙系统的房间、带有传统集热墙系统的房间及无集热墙系统的房间)

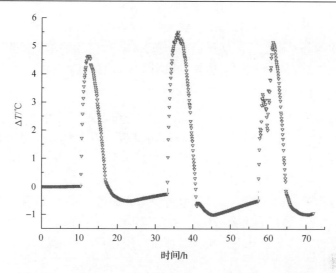

图 8.19　可逆转百叶型集热墙房间与传统集热墙房间的温差

3) 日落后保温性能对比

图 8.20 比较了日落后两种类型的集热墙系统空气夹层中空气的温度。其中 TAA、TNAA 各表示可逆转百叶型集热墙和传统集热墙系统空气夹层中的空气温度。从图 8.20 中可得出在日落后(16:30、17:00、17:00 对于实测的三天)到某一时间点(21:30、22:00、00:20)传统集热墙系统空气夹层中的空气温度高于可逆转百叶型集热墙系统空气夹层内的空气温度，而在这个时间点后结果相反。前者原因是在日落前传统的集热墙系统相比于可逆转百叶型集热墙系统吸收的太阳能更多地储存于集热墙中，在日落后的一段时间慢慢释放，使得其空气夹层中的空气温

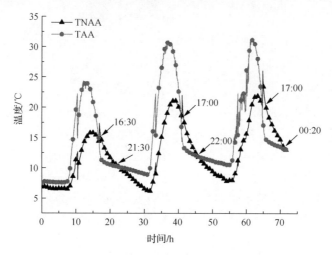

图 8.20　集热墙空气流道中空气的温度变化

度降低的速率较慢；对于后者是由于传统集热墙系统的热损大于可逆转百叶型集热墙系统，使其温度低于可逆转百叶型集热墙空气夹层中空气的温度，证明了可逆转百叶型集热墙系统相比于传统集热墙系统具有保温作用。

4) 热舒适性 (PMV) 分析

1)~3) 分别从日出后开风口的时间、房间温度及温升速率、日落后系统的热损三个方面对比分析了可逆转百叶型 Trombe 墙系统与传统 Trombe 墙系统，为了更深入地研究两种 Trombe 墙的差异性，下面从房间热舒适性的角度来总体评价两种 Trombe 墙系统。从图 8.21 可以得出带有可逆转百叶型集热墙系统的房间、传统集热墙系统的房间以及无集热墙系统的房间在白天的 PMV 的平均值分别为 -1.0、-1.5、-2.2。结合热感觉指标表 8.2，可以得出仅带有可逆转百叶型集热墙系统的房间达到基本舒适状态，再次验证了可逆转百叶型集热墙对室内热环境的明显的改善作用。

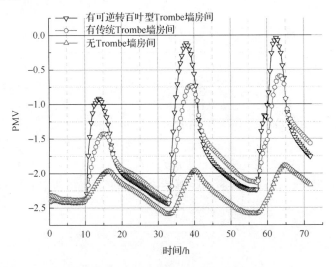

图 8.21　各个房间 PMV 的计算结果

虽然人的身体可能在一个特殊的环境中，也就是满足热舒适方程的环境中处于热中性，但如果人体一部分热，另一部分冷时仍然会感觉不舒适。这种局部热不舒适可以由非对称的辐射场、与热或者凉的地板接触、垂直空气温度梯度或者局部对流冷却(冷风感)引起，这里将对垂直空气温度梯度造成的不舒适感进行研究。图 8.22 为其他学者根据实际调查给出的垂直温度梯度对不满意百分比的影响结果。在这些调查中，坐着的受试者的头(地板上方 1.1m)和脚踝(地板上方 0.1m)分别暴露在不同的温度环境中，而他们的整个身体处于热中性。图 8.23 给出了带有可逆转百叶型集热墙系统的房间和带有传统集热墙系统的房间指定点的垂直温差(头部和脚踝间)，其中 δT_1、δT_2 分别代表带有可逆转百叶型集热墙系统的房间和有传统集热墙系统的房间内两个指定点(头部与脚踝)的温差。根据图 8.22 和图 8.23 得出带有可逆转百叶型集热墙的房间在太阳辐射最高时会引起 12%的不满意度,而带有传统集热墙系统的房间基本达到 ISO 7730 标准推荐的地板上方 1.1m 和 0.1m 间的最大空气温差(标准推荐 3K)。所以带有可逆转百叶型集热墙系统的房间在太阳辐射较高的时候可能会造成局部的不舒适感,为了降低房间的垂直温差,建议在太阳辐照较高的正午左右调整百叶角度使太阳光线更多地投射到叶片后侧的蓄热墙体表面以减少出口空气温度,或者配备风机以提高房间温度的均匀性达到减少局部热不舒适感的目的。

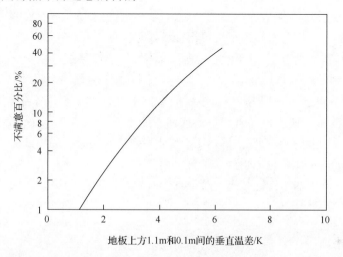

图 8.22　地板上方 1.1m 和 0.1m 间的垂直温差对不满意百分比的影响

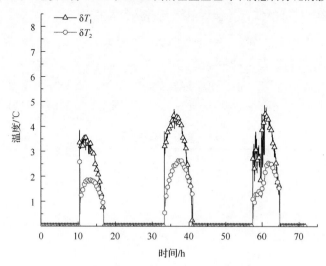

图 8.23　室内空气垂直温差(头部和脚踝间)

8.4.4 小结

将可逆转百叶型集热墙和室内房间耦合起来作为一个封闭系统来处理，从外到内将可逆转百叶型集热墙系统划分为玻璃板、百叶帘、空气流道、墙体和室内房间五个部分，对系统各部分分别建立了数学模型，特别是针对百叶模块的处理，既简化了模型又具有一定的准确度。根据理论模型，对系统各部分的温度场和室内的热舒适性进行了数值模拟计算。在此基础上，比较了带有可逆转百叶型集热墙系统的房间和带有传统集热墙系统的房间的热性能，提出太阳辐照比较强时配备风机、可逆转百叶型集热墙系统更适用于在白天使用的建筑(如办公楼、学校，超市等)两大建议。根据模拟结果可得如下结论：

(1)日出后可逆转百叶型集热墙系统较传统集热墙系统可以早 1.5h 开风口，使房间更早地获得热量。

(2)带有可逆转百叶型集热墙系统的房间温升速率明显高于带有传统集热墙系统的房间的温升速率，并且在日落前前者的平均温度也明显高于后者。

(3)晚上可逆转百叶型集热墙相比于普通集热墙的热损小，具有较好的保温作用。

(4)从日出到日落的时间段，带有可逆转百叶型集热墙系统的房间平均 PMV 值约为–1.0，达到基本舒适状态，而带有传统集热墙系统的房间平均 PMV 值仅为–1.5，处于偏冷状态。

8.5　实验研究与分析

8.5.1　叶片角度对可逆转百叶型集热墙系统热性能的影响

为了更详细地探究可逆转百叶型集热墙系统对室内的热贡献,本节首先研究室内无温控时,有无风机以及百叶帘叶片的角度对室内采暖效果的影响[12]。试验工况见表 8.5，其中叶片角度指的是百叶片与水平面的夹角。测试时间段为 2015 年 12 月 20 日～2016 年 1 月 16 日，在工况 1～6 下，上下通风口在 8:00 打开，17:00 关闭。

表 8.5　实验测试的 6 种工况

工况编号	叶片角度	有无风机	测试时间
1	0°	有	2015 年 12 月 28 日
2	0°	无	2016 年 1 月 14 日、2016 年 1 月 15 日
3	45°	有	2016 年 1 月 5 日
4	45°	无	2015 年 12 月 20 日、2015 年 12 月 23 日
5	90°	有	2015 年 12 月 1 日
6	90°	无	2016 年 1 月 2 日、2016 年 1 月 3 日

在自然通风的工况下（工况 2、4、6），百叶型集热墙在不同的百叶角度时，实验房间和对比房间的温度变化如图 8.24 所示。通过比较实验期间实验房间和对比房间的温度随时间变化曲线图 8.24，可以明显地看到，在室内无热源的情况下，实验房间的温度始终高于对比房间的温度，且实验房间的温度较环境温度有很大提升。以叶片角度 0°为例，从图 8.24（a）可以看出 2016 年 1 月 14 日和 1 月 15 日的最高温度分别为 14.8℃和 17.1℃，分别是在当天的 13:45 和 13:59，实验房间全天的平均温度分别为 11.6℃和 13.2℃，环境的平均温度仅为 5.7℃和 6.0℃，两者之间的差值为 5.9℃和 7.2℃，说明可逆转百叶型集热墙在冬季采暖工作模式下的集热性能良好，能明显提高室内温度。综合三种叶片角度下的测试结果，实验房间的平均温度比对比房间的平均温度高出 4.39℃，其中最高温差达 17.11℃，说明百叶型集热墙能够在冬季采暖期提高室内的舒适度。此外从图 8.24 还可以看出，实验房间和对比房间开始升温的时间不同。环境温度在早晨 7 点半左右开始升高，实验房间紧跟着在早晨 8 点左右开始有温度上升的现象，且升温的速度比较快，

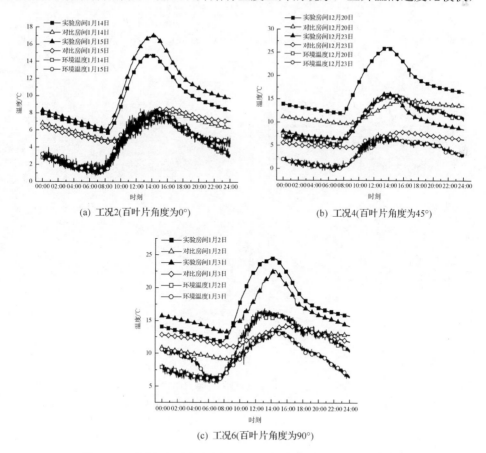

(a) 工况2(百叶片角度为0°)　　　　　　　　(b) 工况4(百叶片角度为45°)

(c) 工况6(百叶片角度为90°)

图 8.24　不同角度下实验房间和对比房间的温度随时间变化曲线

温度峰值在下午 2 点左右达到；而对比房间的温度开始升高的时间在上午 9 点左右，而且温度上升的比较缓慢，在下午 4 点左右达到房间温度最大值。这主要是因为对比房间的南墙是砖墙，具有热惰性，太阳辐射在南墙上的热量不能及时地传入到室内，而可逆转百叶型集热墙中的百叶片热容非常小，吸收太阳辐射后能迅速地将其转换为热能送到室内，以快速地改善室内的热环境。

图 8.25 显示了不同百叶角度下集热墙内表面和对比房间普通南墙内表面的温度变化曲线。由图 8.25 可看出，实验期间实验房间南墙内表面温度始终高于对比房间南墙内表面温度。其中叶片角度为 90°时两者的温差最大，为 7.12℃；其次为 45°，温差为 6.12℃；0°时两者温差最小，为 5.23℃。主要原因如下：相比于百叶设定为 45°与 90°两个角度，当百叶角度为 0°时，温度较高的集热墙与玻璃盖板的辐射热损最大。

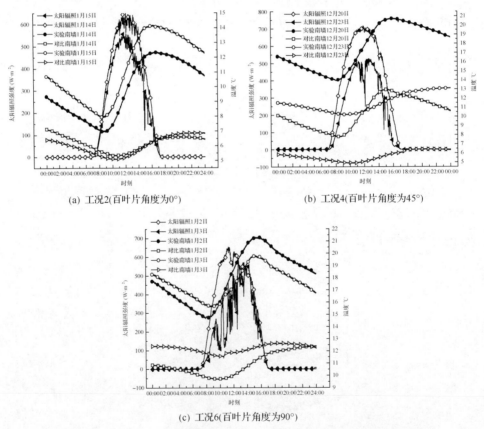

(a) 工况2(百叶片角度为0°)　　　　　　(b) 工况4(百叶片角度为45°)

(c) 工况6(百叶片角度为90°)

图 8.25　可逆转百叶型集热墙内表面、对比房间南墙内表面温度变化曲线

为了定量地比较不同叶片角度下集热墙的集热效果，消除不同实验条件下室外环境的影响，引入归一化温差的概念，即

$$T^* = \frac{\overline{T_t} - \overline{T_a}}{\overline{G}} \qquad (8.40)$$

式中，T^* 为归一化温差，无量纲；$\overline{T_t}$ 为实验期间实验房间平均温度，℃；$\overline{T_a}$ 为实验期间室外平均温度，℃；$\overline{G}$ 为实验期间太阳辐照度平均值，W/m^2。通过计算分析，实验期间各个叶片角度下的归一化温差值如表 8.6 所示。

表 8.6　实验期间各工况的归一化温差

叶片角度	日期	T^*	$\overline{T^*}$
0°	1 月 14 日	0.0155	0.0154
	1 月 15 日	0.0153	
45°	12 月 20 日	0.0164	0.0193
	12 月 23 日	0.0222	
90°	1 月 2 日	0.0146	0.0162
	1 月 3 日	0.0178	

通过表 8.6 可看出叶片角度设置在 45°时，归一化温差最大，为 0.0193，即叶片角度在 45°时集热效果最好；其次为 90°，为 0.0162；0°时最小，为 0.0154。这可以解释为：实验期间合肥正午的太阳角高度约为 35°，叶片设置为 45°时，叶片能接收更多的太阳直射辐照，最大限度地将太阳辐照能转化为热能；相比叶片角度在 90°和 0°时，增加了空气层内空气的扰动，使空气和叶片更加充分地换热，通过对流将热量传给空气，通过上通风口将温度升高后的空气送入室内，提高室内环境的温度。

8.5.2　风机对可逆转百叶型集热墙热性能的影响

8.5.1 节比较了不同百叶片角度在自然对流状况下可逆转百叶型集热墙的热性能，得出了最佳的百叶角度为 45°，因此在分析风机对可逆转百叶型集热墙热性能的影响时选取将百叶片角度设置在 45°时的状况下进行，即表 8.5 中的工况 3 与工况 4。这里引入一个相对指标(relativeness index)来进一步评价系统的热性能[13]。它的定义是室内平均温度和环境温度的温差。对于可对比热箱来说，测试房间和对比房间的温差也是一个重要的系统热性能评价因素。因此，为了减小室外环境温度对系统热性能评价的影响，我们根据上述概念定义了两个不同的相对指标，分别表示为 RIA-E 和 RIR-E，即 RIA-E＝TE(测试房间温度)–TA(环境温度)，RIR-E＝TE(测试房间温度)–TR(对比房间温度)。根据实验结果计算所得的 RIA-E 和 RIR-E 如图 8.26 和图 8.27 所示。从图 8.26 看出在有风机的工况下 RIA-E 和 RIR-E 最大值分别可达 9.8℃和 11.5℃，图 8.27 显示在自然对流下 RIA-E 和 RIR-E 最大值分别可达 10.8℃和 9.1℃。这充分说明了百叶型集热墙可以显著地提

高室内温度。图 8.28 为两种工况下两个相对指标的对比。工况 3 与工况 4 的 RIA-E
相差不大，而对于 RIR-E 明显工况 3(有风机)大于工况 4(无风机)，由此得出风
机可以加速加热室内空气，使室内温度升高更快。

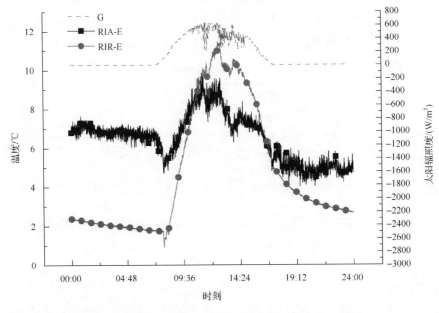

图 8.26　工况 3 的 RIA-E 与 RIR-E(1 月 5 日有风机)

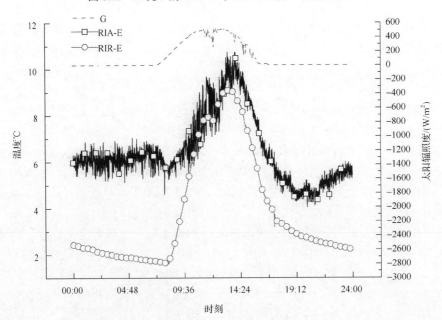

图 8.27　工况 4 的 RIA-E 与 RIR-E(12 月 23 日无风机)

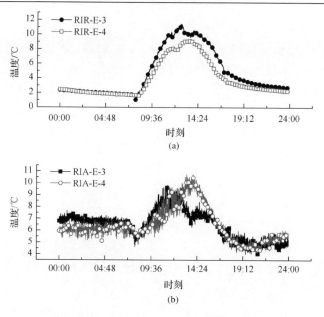

图 8.28　工况 3、工况 4 两个相对指标的对比

8.5.3　冬夏季运行工况的能耗实验研究

在 8.3 节搭建的实验平台上，对可逆转百叶型集热墙系统进行了冬夏季能耗动态测试。首先进行冬季运行工况控温实验，设定室内温度为 25℃，只需通过监测温控系统，就可以直接得出相同温度下的两间房的耗电量。实验期间两间房的室内温度变化如图 8.29 所示，从图中可以看出房间的温度基本在 25℃左右变化。

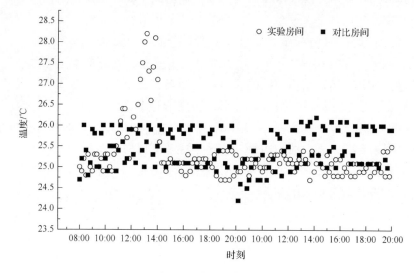

图 8.29　室内温度变化

实验房间和对比房间为维持设定的温度其耗电量的监测结果如图 8.30 所示。经计算从 8:00～16:00 对比房间总耗电量为 6.19kW·h，而实验房间的耗电量仅为 2.29kW·h，相对于对比房间百叶型集热墙的使用可节省电量约 37%，这点足以说明可逆转百叶型集热墙对于建筑节能有很大的意义。

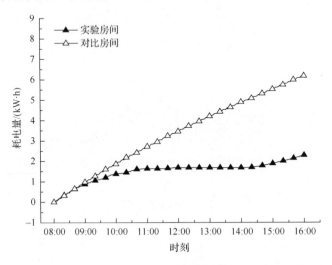

图 8.30　实测两间房的耗电量

对于夏热冬冷地区，夏季时为了取得一定的舒适度，常常需要开启空调而关闭门窗，室内的通风仅仅依靠门窗的缝隙渗漏，可是往往不能够满足室内新风量的需求，使用可逆转百叶型集热墙系统可以在满足新风量的需求下最大可能地利用温度较低的排风中所含的冷能以达到节能的目的。为此，对室内控温条件下可逆转百叶型集热墙系统在夏季运行模式的节能效果进行了研究，即开启室外上出风口、室内下进风口以及关闭室内上通风口。控制室内温度在 24℃左右，进行了连续三天的测试(2013 年 8 月 8 日至 8 月 10 日)。夏季运行时通过制冷量及电加热系统输入的热量可以得出房间的冷负荷，而对于实验房间和对比房间仅考虑南墙的热(其他几面墙体均绝热保温)，所以计算出的冷负荷即为两个房间南墙的得热量。图 8.31 为实测外界环境的参数(辐照、温度)，图 8.32 为室内温度的变化。表 8.7 的计算结果表明：带有可逆转百叶型集热墙房间南墙相对于对比房间南墙减少的热占投射到集热墙表面上的太阳辐照百分比为 36.3%～42.7%，这对于减少夏季室内的冷负荷有重大的帮助。

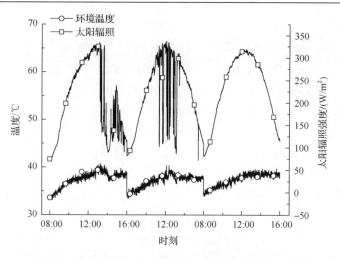

图 8.31　实验期间外界环境参数

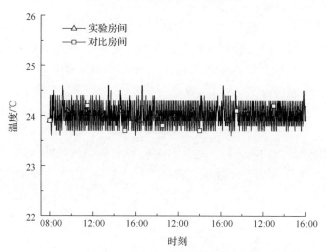

图 8.32　实测房间的温度变化

表 8.7　控温 24℃时的结果分析

时间	测试对象	Q_{cxz}/kJ	Q_h/kJ	ΔQ_h/kJ	η
8.08	实验房间	25443.27	20031.54	8451.35	36.3%
	对比房间	37099.60	23236.52		
8.09	实验房间	25601.66	20060.16	8915.31	40.4%
	对比房间	36545.48	22088.67		
8.10	实验房间	26054.06	20806.79	9673.03	42.7%
	对比房间	37550.00	22629.64		

　　注：Q_{cxz} 为制冷量，kJ；Q_h 为控温系统输入热量，kJ；η 为可逆转百叶型集热墙房间南墙相对于普通房间南墙减少的日均得热的百分比，%。

8.5.4　小结

通过在中国科学技术大学西校区搭建及测试的对比热箱实验平台，运用对比实验的方法，分别进行了冬、夏季多种工况的实验测试(不同百叶片角度、有无风机、有无控温)。通过对实验结果的分析，可以得到如下结论：

(1)在百叶角度的研究中(0°、45°、90°)，当叶片角度设定为45°(相对于水平面夹角)时，室内的温升速率最快，归一化温差值也最大，即可逆转百叶型集热墙的热性能最佳；

(2)可逆转百叶型集热墙系统安装风机后能更快地提高室内空气温度。这对于在短时间急需要采暖的房间来说有很重要的意义；

(3)冬季控温条件下，使用可逆转百叶型集热墙能够使房间温控系统的耗电量减少约37%。夏季控温条件下，可逆转百叶型集热墙满足通风需求的同时，能够冷却建筑南墙，减少通过南墙进入室内的冷负荷；

(4)实验结果显示可逆转百叶型集热墙房间南墙相比较于普通房间南墙减少的日均得热约36.3%~42.7%，这对于建筑的节能有重大的意义；

(5)可逆转百叶型集热墙系统的房间温升速率明显高于带有传统集热墙系统的房间温升速率，并且在日落前前者平均温度也明显高于后者；

(6)晚上可逆转百叶型集热墙相比较于普通集热墙的热损小，具有较好的保温作用；

(7)在日出到日落的时间段，可逆转百叶型集热墙系统的房间平均PMV值约为-1.0，达到基本舒适状态，而传统集热墙系统的房间平均PMV值仅为-1.5，处于偏冷状态。

参 考 文 献

[1] Zhou G, Pang M. Experimental investigations on the performance of a collector–storage wall system using phase change materials. Energy Conversion and Management, 2015, 105: 178-188.

[2] Rabani M, Kalantar V, Dehghan A A, et al. Experimental study of the heating performance of a Trombe wall with a new design. Solar Energy, 2015, 118: 359-374.

[3] Kundakci Koyunbaba B, Yilmaz Z. The comparison of Trombe wall systems with single glass, double glass and PV panels. Renewable Energy, 2012, 45: 111-118.

[4] Hu Z, Luo B, He W. An Experimental investigation of a novel trombe wall with venetian blind structure. Energy Procedia, 2015, 70: 691-698.

[5] Hu Z, He W, Ji J, et al. A review on the application of Trombe wall system in buildings. Renewable and Sustainable Energy Reviews, 2017, 70:976-987.

[6] Hu Z, He W, Hong X, et al. Numerical analysis on the cooling performance of a ventilated Trombe wall combined with venetian blinds in an office building. Energy and Buildings, 2016, 126: 14-27.

[7] He W, Hu Z, Luo B, et al. The thermal behavior of Trombe wall system with venetian blind: An experimental and numerical study. Energy and Buildings, 2015, 104: 395-404.

[8] Pfrommer P, Lomas K, Kupke C. Solar radiation transport through slat-type blinds: A new model and its application for thermal simulation of buildings. Solar Energy, 1996, 57(2): 77-91.

[9] Jiru T E, Haghighat F. Modeling ventilated double skin façade—A zonal approach. Energy and Buildings, 2008, 40(8): 1567-1576.

[10] Li Y, Sandberg M, Fuchs L. Vertical temperature profiles in rooms ventilated by displacement: Full-scale measurement and nodal modelling. Indoor Air, 1992, 2(4): 225-243.

[11] Butera F M. Principles of thermal comfort. Renewable and Sustainable Energy Reviews, 1998, 2(1): 39-66.

[12] 王臣臣. 百叶型太阳能集热蓄热墙系统的热性能研究. 合肥: 中国科学技术大学硕士学位论文, 2014.

[13] Jie J, Hua Y, Gang P, et al. Study of PV-Trombe wall assisted with DC fan. Building and Environment, 2007, 42(10): 3529-3539.

第 9 章　平板被动式空气集热与太阳能炕采暖系统相结合

火炕采暖在我国相当普及，尤其是在寒冷的北方农村，火炕更是冬季取暖最主要的方式。据农业部 2004 年统计，中国北方有近 4400 用户用炕，有 7000 万铺炕[1]。根据学者在西北地区进行的调查问卷表明，在众多的采暖方式选择当中，火炕采暖的使用率达到了 30.46%[2]。火炕作为北方农村一种与建筑一体化的采暖和睡眠设施，通过炕体对炊事所产生的余热进行蓄放热，达到改善室内热环境和睡眠舒适性的效果。然而随着时代的发展和社会的进步，传统火炕存在的燃烧效率低、空气污染严重、安全性差等问题亟待解决。目前已有许多学者提出了一些新型火炕采暖系统，考虑到现今农村直接燃烧生物质比例逐步降低的现状，并结合传统火炕的结构特点，与太阳能热利用结合的太阳能炕将是炕的一个发展方向。相比传统火炕，太阳能炕具有清洁、污染少的特点，同时便于控制，可以在适当的时间进行供暖，具有重要的应用价值。

Trombe 墙是一种被动式太阳能采暖技术，具有结构简单、效率高和无需维持费用等优点，能有效提高室内温度。利用其原理制成可以安装在建筑南墙上的被动集热器，既能够保证良好的集热效果，又方便批量生产和统一安装。在本章的内容中，提出了一种平板被动式空气集热与太阳能炕采暖系统相结合的新型太阳能采暖系统，建立了该系统的传热数学模型，并对带有新型采暖系统的实际建筑进行了测试和模拟分析。

9.1　系统的构成

复合的太阳能采暖系统由两个子系统构成：被动采暖系统和太阳能炕系统。被动采暖系统一般由两个被动空气集热器组成；太阳能炕系统由太阳能热水集热器、蓄热水箱、炕体、循环泵、管路以及必要的阀门组成。两个系统都可以对房间进行供暖，且可以控制开启和关闭。两个子系统可以独立运行，亦可同时运行，可以根据天气情况的不同、供暖需求的不同进行系统运行模式的调整。

1. 被动采暖系统

被动采暖系统由两个被动空气集热器组成，如图 9.1 所示。本项目所使用的空气集热器是在普通平板集热器的原理上，经过自主设计，对其结构进行了优化。它的特点是：在集热器背面设置两个矩形开口，并在集热板的吸热板芯背面将空气流道加宽，使得有更多的空气带走吸热板芯吸收的热量进入室内，以增强采暖效果；同时，将集热板芯置于集热器的内部，并在表面覆盖一层玻璃盖板，在玻璃盖板与集热板芯之间留有空气层，进一步减少集热器内部向环境的散热。为了配合被动集热模块的使用，需要对采暖房间的墙体结构进行改造，增加与集热器风口对应的墙体风口。安装时，将被动集热器与风口对准安装，并对流道与外界连接的部分进行密封，以减少热量流失。

该系统的工作原理是：当处于被动采暖的工作模式时，将系统的上下风口开启，使建筑房间与集热器相通，与集热器的空气流道构成了一条通路。集热板吸收太阳辐照升温，流道内的空气由集热器的集热板通过对流加热，由于热虹吸的作用，使得流道内的空气自下而上的流动，不断地以热空气置换室内的空气，来达到房间整体的采暖效果。当无需对室内进行供暖时，使用保温材料制成的矩形块将上下通风口塞住，使空气流道内的空气与室内隔绝，集热器停止对房间内的空气进行加热。同时，当晚上以及没有太阳辐照期间，堵住通风口也可以有效地阻止空气倒流造成的房间的热量损失。

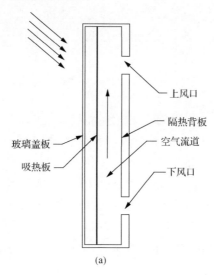

(a)

(b)

图 9.1　空气集热器的结构图(a)及使用的一种空气集热器的实物图(b)

传统的被动集热策略一般是在集热板表面涂上一层黑漆来增强太阳能的吸收能力。然而这种做法在提高了太阳能吸收率的同时也提高了发射率,太阳能利用效果并不理想。为了进一步增强空气集热器的采暖性能,我们在集热器的吸热板正面加上黑镍选择性吸收涂层。黑镍选择性吸收涂层具有高吸收率、低发射率的特点,可以在有效地吸收太阳能的条件下,减少对外的能量损失,进一步提高太阳能的利用效率。由于工艺、材料等的差异,不同黑镍选择性吸收涂层材料的特性并非固定,具有一定的变化范围:涂层吸收率的变化区间为 0.92~0.97,发射率的变化区间为 0.11~0.225。

2. 太阳能炕系统

太阳能炕系统的工作原理就是将太阳能集热器收集的热量储存于蓄热水箱当中,当需要采暖时,将蓄热水箱当中的热水利用泵的强制循环对炕体进行加热,再通过炕体与房间的热交换以及炕体自身的蓄放热作用来改善室内热环境和晚上居民的睡眠环境。利用蓄热水箱的储热作用,能够将有太阳辐照时段的太阳能进行储存并利用于没有太阳的夜间和其他时段,有效地提高了太阳能利用的时间覆盖问题,也很好地解决了太阳能热量储存问题。

在太阳能集热器的选择方面,既可以选择平板集热器,也可以选择真空管集热器。在天气较为寒冷的地区,可以选择隔热性能更好的真空管集热器;为了便于维护,也可以选择平板集热器。使用水箱储存热水,通过热水对炕体进行加热,需要在炕内对管路进行敷设。为了保证炕面温度分布的均匀性,水管铺设采用回型，如图 9.2 所示。热水流经炕体温度会下降，回型的管路敷设，使整个炕面的水管排列中接近出口的管路和接近入口的管路是交替分布的，温度低的部分分别掺杂在温度高的部分当中，热中和效果可以保证炕面温度分布更为均匀。同时也可以保证进水和出水在炕的同一端，便于房间管路敷设。以草泥或沙子对炕体进行填充，可以增强导热，解决了传统火炕温度分布不均匀的问题。

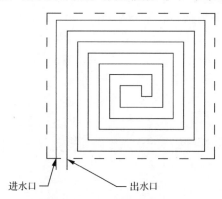

图 9.2　炕内回型管路敷设示意图

水循环的外部管路应进行保温处理，减少由于管路造成的热量损失。水箱内配有辅助热源，在太阳辐照不理想的情况下可以保证采暖需求。同时也要考虑到在辐照很强的情况下，水箱内水的温度会达到很高，因此在循环系统中采取了高温保护措施，当水温过高时将停止循环，以保护管路等不被损坏。在格外寒冷的地区，也应注意管路的防冻问题，在室外裸露的管路部分，需要包裹电加热和保温材料。

太阳能炕系统的炕体拥有良好的蓄热特性。通过热水供给至炕体的热量，会由炕体储存起来，再通过其与室内空气的对流换热缓慢地将热量释放至室内，使室内达到一个长时间的采暖效果。

由于集热器的集热性能有限，而冬季的供暖需求量大，我们需要通过控制热水供暖循环的运行模式来保证室内温度的稳定性，尤其是优先保证夜间居民睡眠具有良好的热舒适性。在本章的内容中介绍了一系列的实验，并最终得出了一些结果。同时，也对太阳能炕系统的运行情况进行了测试，证明了太阳能炕采暖系统的采暖效果以及运行的可行性。

课题组在之前已经对太阳能炕系统的蓄热特性等进行了模拟研究[3]。针对建立的数学模型，搭建了实验系统进行了测试。针对不同的供水条件，研究了太阳能炕系统在采暖效果上的表现差异。但就之前的研究而言，太阳能炕系统热箱中的采暖效果得到了测试和验证，而在实际的房间当中的测试效果仍需要检验。

3. 复合太阳能炕采暖系统

　　将被动的采暖系统与太阳能炕系统耦合运行，构成了本项目所提出的复合太阳能炕采暖系统。系统的结构如图 9.3 所示。考虑到单一系统工作可能无法满足房间采暖的需求，因此，将两者结合起来运行将获得更为理想的采暖效果。同时，被动集热系统对于改善房间温度具有良好的效果，而太阳能炕系统则着重于满足居民夜间睡眠环境的热舒适性，同时利用其蓄热散热作用影响房间采暖，两个系统的结合恰恰迎合了居民的作息需求，不仅达到了采暖效果，还避免了能源的浪费。

　　减少能源的消耗意味着需要更小的采暖面积，更小的采暖面积意味着更低的成本，这对于采暖系统在广大农牧地区的推广是十分重要的。由于农村住户的分散性，集体供暖不太符合实际情况，这种主被动复合采暖系统则切合了分散的能源需求和用户情况，使太阳能得到更充分的利用，减少了能量损失。

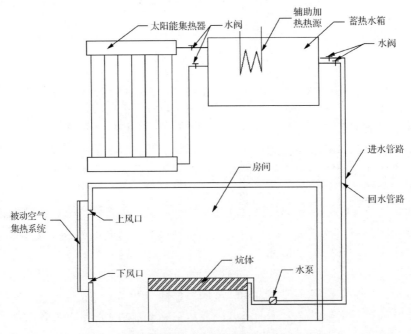

图 9.3　复合太阳能炕系统示意图

　　课题组对不同种主被动复合采暖系统进行了实验和模拟研究[4,5]，依靠在合肥的中国科学技术大学搭建的热箱对复合采暖系统的运行效果进行了测试。同时也对这种复合采暖系统在各地气候环境下的运行效果进行了模拟。而在青海地区的测试和计算中，与之前所做的研究对比，水箱的热量完全由太阳辐照提供，没有使用辅助热源，这使复合采暖系统应用到了实际的建筑当中，其结果具有更高的参考价值。

9.2　系统的数学模型

9.2.1　被动空气集热系统

被动空气集热系统的传热换热过程可以分层进行计算。为了便于计算和分析，我们做了一些假定：

(1) 由于系统的工作温度仅在一个不大的范围内波动，组成系统的材料的热物性可以认为不随着温度而改变，空气可以当作理想气体来进行计算；

(2) 认为被动空气集热器接收到的太阳辐射是均匀的，在测量过程中，布置一个与集热器相同角度的辐照仪，用它测量的数据直接作为空气集热器接收到的辐照作为计算；

(3) 认为被动集热模块的背板与墙体是绝热的。

被动集热模块的吸热板通过吸收太阳辐照升温，再通过对流换热加热流道内的空气，空气流动进入室内，流道内空气的计算方程如下：

$$\dot{m}c_{air}\frac{\mathrm{d}T_{air}}{\mathrm{d}x} = h_{al}w(T_{al}-T_{air}) + h_{bk}w(T_{bk}-T_{air}) \tag{9.1}$$

式中，h_{al} 和 h_{bk} 分别为流道空气与前面吸热板和后面被动集热模块背板之间的对流换热系数。对流换热的计算方程如下：

$$h = Nu\frac{k}{D_{duct}} \tag{9.2}$$

$$Nu_z = 0.12(Gr_z \cdot Pr)^{\frac{1}{3}} \tag{9.3}$$

式中，Gr 为格拉晓夫数；Pr 为普朗特数。

空气流速的计算公式可以由以下公式计算得到：

$$v_{air} = \sqrt{\frac{2\beta gH\left(\overline{T_{al}}-\overline{T_{air}}\right)}{C_1\left(\dfrac{A_g}{A_v}\right)^2 + C_2}} \tag{9.4}$$

式中，C_1、C_2 为常量；A_g 和 A_v 分别为空气流道的截面积和进出风口的面积(在实际应用的被动集热模块中，进出风口的面积一致)。

因为温差很大，除了考虑吸热板与两侧的空气进行对流换热，还须考虑与玻璃盖板和背板进行辐射换热，吸热板节点的计算方程如下：

$$\rho_{\mathrm{al}} C_{\mathrm{al}} V_{\mathrm{al}} \frac{\partial T_{\mathrm{al}}}{\partial t} = h_{\mathrm{al}} \left(T_{\mathrm{air}} - T_{\mathrm{al}} \right) + h_{\mathrm{mid}} \left(T_{\mathrm{mid}} - T_{\mathrm{al}} \right) + h_{\mathrm{a,g}} \left(T_{\mathrm{g}} - T_{\mathrm{al}} \right) + h_{\mathrm{a,b}} \left(T_{\mathrm{b}} - T_{\mathrm{al}} \right) + W_{\mathrm{al}}$$

$$(9.5)$$

式中，$h_{\mathrm{a,g}}$ 为吸热板与玻璃盖板之间的辐射换热系数，$h_{\mathrm{a,g}}$ 的计算公式可以用式 (9.6) 来表示：

$$h_{\mathrm{a,g}} = \sigma \left(T_{\mathrm{a}}^2 + T_{\mathrm{g}}^2 \right) \left(T_{\mathrm{a}} + T_{\mathrm{g}} \right) \frac{1}{\dfrac{1}{\varepsilon_{\mathrm{a}}} + \dfrac{1}{\varepsilon_{\mathrm{g}}} - 1} \qquad (9.6)$$

$h_{\mathrm{a,b}}$ 为吸热板与背板的辐射换热系数，计算方法同理；W_{al} 为吸热板吸收到的辐照，计算公式为

$$W_{\mathrm{al}} = W \tau_{\mathrm{g}} \alpha_{\mathrm{al}} \qquad (9.7)$$

其中，τ_{g} 为玻璃盖板的透过率；α_{al} 为吸热板的吸收率。其他各层的计算方法与吸热板的计算方法基本一致，只需改变对流换热系数。

9.2.2　太阳能炕系统

太阳能炕系统主要由带水箱的真空管集热系统和炕体组成，对于集热器的计算，假定辐照也是均匀的，接收到的辐照强度由方位相同的太阳辐照仪测量得到。假定水箱中水温是不分层的，对于水箱中的能量交换可以分成三部分：辐照得热、炕体供热和环境散热。

$$C_{\mathrm{tank}} M_{\mathrm{tank}} \frac{\mathrm{d} T_{\mathrm{tank}}}{\mathrm{d} t} = Q_{\mathrm{s}} - Q_{\mathrm{tang}} - Q_{\mathrm{l}} \qquad (9.8)$$

辐照得热的计算公式如下：

$$Q_{\mathrm{s}} = A_{\mathrm{s}} W_{\mathrm{s}} \eta \qquad (9.9)$$

$$\eta = \eta_0 - u_0 \frac{t_{\mathrm{i}} - t_{\mathrm{a}}}{W} \qquad (9.10)$$

式中，W 为太阳辐照；η_0 为回水温度为空气温度时的效率；t_{i} 为水箱水温；t_{a} 环境温度。对于炕体而言，炕体各层之间的材料不同，但计算方法基本相同，在进行计算划分网格时，按照材料不同划分炕体各层。假定炕体的侧面是绝热的，炕体各层材料的物性认为是常量，由三维导热方程：

$$\frac{\partial}{\partial x}\left(k\frac{\partial T}{\partial x}\right)+\frac{\partial}{\partial y}\left(k\frac{\partial T}{\partial y}\right)+\frac{\partial}{\partial z}\left(k\frac{\partial T}{\partial z}\right)+\dot{q}=\rho C_{\mathrm{p}}\frac{\partial T}{\partial t} \tag{9.11}$$

炕体的各层计算都可以按照上述方程进行计算，对于炕内的水管层，水管可以作为热源进行计算，其他各层均无热源。

水管内水流的流动换热模型可以由式(9.12)进行计算：

$$c_{\mathrm{p}}\rho V_i\frac{\partial T}{\partial t}=mc_{\mathrm{p}}\Delta T+\left(H_{\mathrm{f}}A_{\mathrm{f}}\right)_i\left(T_n-T_i\right) \tag{9.12}$$

式中，V_i、T_i 为第 i 个水管节点的水的体积和温度；T_n 为第 n 个控制节点的水的温度，在水的流动过程中，水流是从第 i 个节点流向第 n 个节点。

9.2.3　围护结构和室内空气

在计算过程中，对墙体模型也进行了简化，认为一面墙体的温度仅在厚度方向上变化，而且墙体之间的传热可以忽略。墙体的计算模型如下[6]：

$$\rho_{\mathrm{wall},i}c_{\mathrm{wall},i}\frac{\partial T_{\mathrm{wall},i}}{\partial t}=\frac{\partial}{\partial x}\left(k_{\mathrm{wall},i}\frac{\partial T_{\mathrm{wall},i}}{\partial x}\right) \tag{9.13}$$

式中，$T_{\mathrm{wall},i}$、$k_{\mathrm{wall},i}$、$\rho_{\mathrm{wall},i}$、$c_{\mathrm{wall},i}$ 分别为墙体各层计算时的温度、热导率、密度和比热容。当作为边界层(外墙和内层节点)考虑时，要考虑到表面的对流换热以及辐射换热。

室内表面的对流换热系数的计算公式为[7]

$$h_{\mathrm{c}}=2.03\Delta T^{0.14} \tag{9.14}$$

墙体外表面的对流换热系数的计算公式为

$$h_{\mathrm{c}}=5.6+3.8V \tag{9.15}$$

式中，V 为室外环境中的风速。

对于室内空气的计算过程，假定室内空气温度是均匀分布的，热交换过程是由室内空气与各墙体表面、炕体表面的换热和风口得热构成的：

$$\rho_{\mathrm{a}}V_{\mathrm{room}}C_{\mathrm{a}}\frac{\partial T_{\mathrm{indoor}}}{\partial t}=\sum h_{\mathrm{c},i}A_i\left(T_{\mathrm{wall},i}-T_{\mathrm{indoor}}\right)+\rho_{\mathrm{a}}V_{\mathrm{d}}A_{\mathrm{g}}\left(T_{\mathrm{v}}-T_{\mathrm{indoor}}\right) \tag{9.16}$$

式中，等号右边第一项为各个墙体(包括炕表面)与室内空气的换热总和；第二项为室内空气与被动集热系统的换热。

透过窗户的太阳辐照在模型的计算中，认为被地面所吸收。利用离散方法对系统模型进行模拟，利用测得的各部分的温度作为初始值，室外温度和辐照作为变量，即可进行系统整体的模拟计算，得到一段时间里室内以及系统各部分的温度变化过程。根据 9.3 中的实验情况，进行了一系列的模拟，并对结果进行了分析在本章末尾部分。

9.3　复合采暖系统的实测与模型验证

9.3.1　测试方案

为了进一步验证复合太阳能炕采暖系统的运行效果，对系统运行的性能和一些参数进行了测评，项目组对青海省互助县一户安装有复合太阳能炕采暖系统的示范建筑进行了测试，测试参数包括室内温度、储热水箱热损系数等。测试于 2014 年 10 月 19 日开始，11 月 4 日结束，分别对被动空气集热系统单独运行、太阳能炕系统单独运行、系统复合运行的情况进行了测试。

实际安装的复合采暖系统由太阳能炕系统和集热器被动采暖系统两个子系统组成，安装于用户家中，整体建筑面积为 142.6m^2，测试房间与对比房间分别位于该建筑的东西两侧，南北朝向，房间大小都为 18m^2，层高 3m。两个房间南墙分别有一个大小为 1500mm×1800mm 的铝塑复合内平开窗，房间围护结构由 370 普通黏土砖墙外贴 60mm 厚的聚苯板构成。房间的结构如图 9.4 所示，炕体的各层结构示意图如图 9.5 所示。

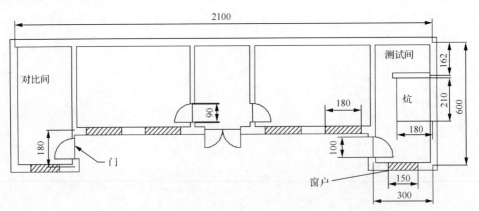

图 9.4　测试的示范建筑平面图（东侧为测试房间）

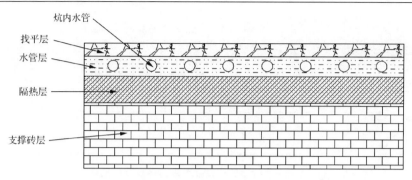

图 9.5　炕体各层结构示意图

　　测点布置如下：环境温度的 3 个测点分别布置在房间外遮阳通风处；房间内温度测点居中取空间高度为 0.8m、1.2m、1.7m 的位置放置，对比房间相同；各个墙体温度测点布置在各墙面的中心位置，炕面均匀布置 9 个测点。布置测点分别测量炕体入水温度、出水温度、水箱温度等；空气集热器布置测点测量玻璃温度，集热器上下风口温度；分别测量被动空气集热器和真空管太阳能热水器接收到的太阳辐射。炕体表面测点和墙体测点布置如图 9.6 和图 9.7 所示。辐照仪的布置情况见图 9.8，被动集热板的实际安装情况如图 9.9 所示。

图 9.6　炕体表面测点布置

图 9.7　墙面测点布置

图 9.8　太阳辐照仪布置

图 9.9　实际安装的集热板

测试房间的各个墙体厚度及墙体的隔热层厚度整理为表 9.1,有关房间各个结构的物性参数整理为表 9.2。

表 9.1　测试房间围护结构厚度和隔热层厚度

测试间	墙体厚度/mm	隔热层厚度/mm	测试间	墙体厚度/mm	隔热层厚度/mm
南墙	360	60	北/东墙	360	60
西墙	240	0	屋顶	400	100

表 9.2　主被动采暖系统中房间各材料计算使用的热物性

材料	热导率/[W/(m·K)]	密度/(kg/m³)	比热容/[J/(kg·K)]
混凝土	0.93	1800	1050
保温材料	0.027	16	1210
草泥	1.4	1925	872.72
砖	1.2	1920	835
玻璃	1.005	2500	750

9.3.2　设备的运行效果和测试结果

整个测试过程对被动空气集热器单独运行、太阳能炕系统单独运行、系统联合运行三种运行方案均进行了测试,测试得到的结果和分析如下。

1. 单独被动采暖模式

系统工作在单独被动采暖模式下的测试是从 2014 年 10 月 19 日 9:00 一直持续到 10 月 21 日 9:00。期间,每天 9:00 打开被动空气集热器与室内连接的通风口,18:00 关闭通风口。环境条件如图 9.10 所示,测试间和对比间的温度变化情况如图 9.11 所示。

根据测试结果,这两天测试间的空气温度的最大值分别能达到 27.4℃和 28.3℃;相比对比间的 21.3℃和 16.9℃而言,有很好的温升效果,这两天环境温度的平均值分别为 8.8℃和 12.0℃。

从一天内的温度变化过程我们可以看出,整个升温过程中随着太阳辐射的增大,升温速度有所提高;集热板温度最高时,室内达到最高温度;随后经历两个降温过程,前者是因为太阳辐射减弱,被动集热板温度降低;后者是因为被动空气集热系统关闭,房间失去热源而快速降温。整个夜间,室外空气温度下降,而两个房间的温度都维持在较高水平,说明了房间墙壁进行的保温处理,有着良好的隔热性能。

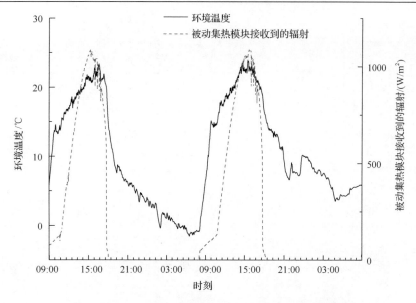

图 9.10　被动空气集热器单独运行的环境温度和辐照情况

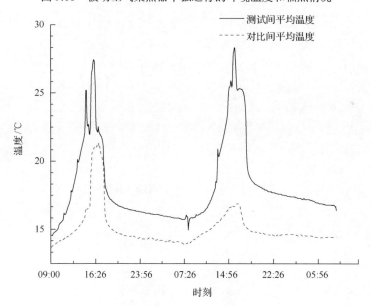

图 9.11　被动空气集热器单独运行时测试间和对比间的温度情况

运行风口温度情况如图 9.12 所示，下风口温度与房间温度一致，两个被动集热器运行情况基本一致。存在差异是由房间屋檐等的遮挡等因素导致的。从图中可以看出，经过被动空气集热器的空气被加热至很高的温度，可以为室内带入大量的热量，证明了系统优秀的采暖效果。

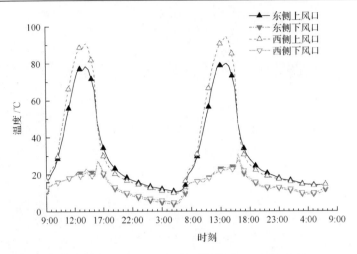

图 9.12　被动空气集热器单独运行的风口温度情况

2. 单独主动采暖模式

系统工作在单独主动采暖模式下的实验测试连续进行了 28 日、29 日、30 日三天，运行期间，水泵的运行时间为每天 18:00 左右到次日早上 9:00 左右，环境温度和辐照情况如图 9.13 所示，运行的温度情况如图 9.14 所示。结果显示，在这三天内测试间空气温度的平均值分别能达到 15.79℃、16.04℃ 和 15.8℃，最大值达到 21.5℃、19.7℃、18.53℃，炕面温度的最大值能达到 34.49℃、33.98℃ 和 33.08℃；相比较，对比间的平均温度分别为 12.15℃、11.78℃ 和 11.43℃，系统的运行使房间温度有明显的上升，而这三天环境温度的平均值分别为 0.2℃、2.4℃ 和 0.49℃。

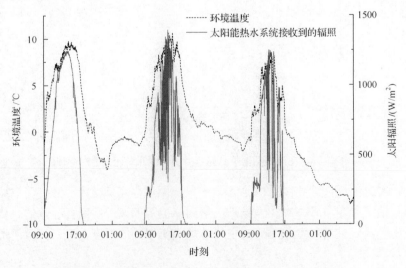

图 9.13　太阳能炕系统单独运行的环境温度与辐照情况

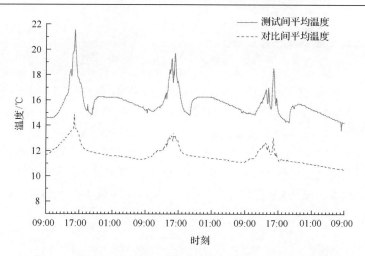

图 9.14　太阳能炕系统单独运行的温度情况

在炕体加热运行期间，测试间温度呈现了一个升温过程，且升温速度较快，因为白天系统收集太阳能，使水箱有了一个较高的温度，通入炕体的水温较高；之后温度变化较为平缓，略有下降，一方面是由于水箱内水温下降，另一方面是由于气温下降，房间的热损增大。随着系统的持续运行，使测试间较对比间温度整体高出 5℃左右，采暖效果较为明显。

水箱和炕面温度变化情况如图 9.15 所示，从图中可以看出，系统的运行可以使炕面温度在 20:30 至第二天 6:30 期间维持在 28℃以上。30 日太阳辐射不佳，水箱升温较 28、29 日偏低，但仍能加热炕面使其平均温度至 33.08℃。

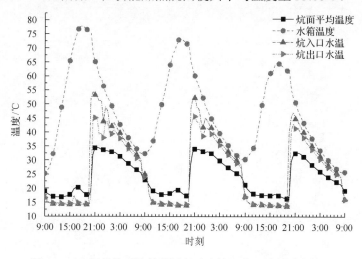

图 9.15　太阳能炕系统单独运行时水箱温度、炕面温度情况

3. 太阳能主被动复合采暖模式

系统工作在太阳能主被动复合采暖模式下的实验测试连续进行了 21 日、22 日、23 日三天，测试间南墙的上下风口的打开和关闭时间分别为 9:00 和 18:00，环境情况如图 9.16 所示。水泵的运行时间为每天 18:00 到第二天 9:00。结果显示，在这三天内测试间空气温度的最大值分别能达到 21.43℃、25.96℃和 22.2℃，如图 9.17 所示；相比较对比间的最高温度 16℃、16.1℃和 15.3℃有明显的提升，而这三天环境温度的平均值分别为 5.6℃、5.07℃和 7.4℃。复合系统的运行与各系统单独运行相比，室内温度进一步地提高，与对比间有了更大的温差，整体系统的运行，使房间维持在一个较高的温度，拥有良好的运行效果。

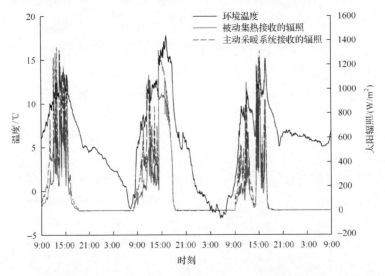

图 9.16　主被动采暖系统联合运行环境温度和辐照情况

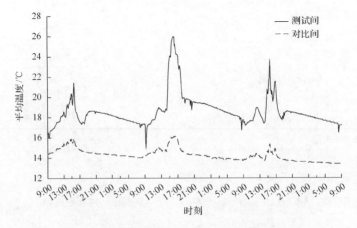

图 9.17　主被动采暖系统联合运行室内温度情况

炕面各个测点温度的变化情况如图 9.18 所示，炕面各测点的温度变化趋势一致，刚开始加热时，由于水箱水温较高，升温迅速，之后由于水温和室外温度的下降而下降。各个测点之间的温差均较小，证明了太阳能炕系统能够维持炕面的均匀温度场。

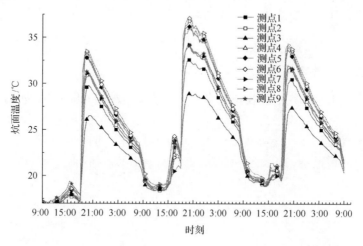

图 9.18　主被动采暖系统联合运行时炕面各个测点温度的变化情况

炕面平均温度和水箱温度变化情况如图 9.19 所示，可以看出，被动空气集热器的运行提高了室温，使得炕体向房间的散热减小。与太阳能炕系统单独运行的情况对比，虽然水箱内水温偏低，但仍然拥有较好的炕面温度，能够满足用户的夜间采暖需求。

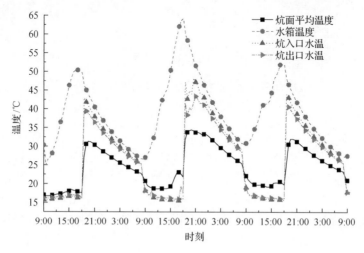

图 9.19　主被动采暖系统联合运行时炕面平均温度水箱温度变化情况

9.3.3 模拟结果与实验结果对比

　　针对青海互助地区的测试结果，根据建立的数学模型，编制程序进行模拟，将被动集热模块模型和太阳能炕系统模型与房间的整体换热进行结合，对整体的系统模型进行计算。采用 fortran 编制程序，对三种不同情况下的系统运行情况进行了模拟计算[9]。

　　1. 单独被动采暖模式

　　单独被动采暖模式下的模拟结果与实验结果的对比如图 9.20 所示，在单独运行的两天时间里，室内最高温度达到了 27.4℃和 28.3℃，房间的整体温度变化趋势，与太阳辐照的变化趋势基本一致。太阳辐照增强时，被动采暖系统快速吸收太阳辐射，并通过空气流动将热量带入室内；当风口关闭时，房间因失去热源而温度迅速下降，证明了被动采暖模块的采暖效果。

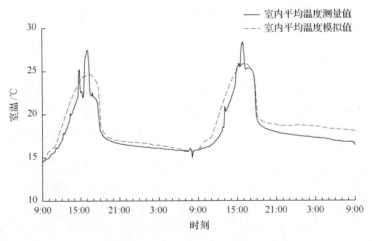

图 9.20　单独被动采暖模式下的模拟结果与实验结果对比

　　2. 主动采暖系统单独运行

　　主动采暖模式下的模拟与实验结果的对比如图 9.21 所示，可以看出模拟结果与实验结果是非常相近的。在白天太阳辐照增强的过程中，室内空气温度也有一个升高的过程，这是由围护结构和窗户透过的太阳辐照造成的，而这个升温过程相对被动集热系统工作的情况要平缓一些。在夜间，太阳能炕系统的工作使室温有所回升，在炕体温度下降的过程中，房间温度也随之下降。夜间整体的运行使房间温度趋于不变，整体的房间平均温度在环境平均温度为–7℃的情况下仍能维持在 14℃上下，具有良好的采暖效果。

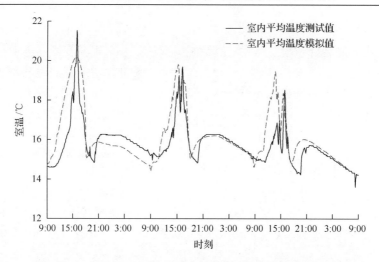

图 9.21　主动采暖系统单独运行的模拟结果与实验结果对比

　　模拟结果与实验结果仍有部分偏差，尤其是在白天的情况下，这可能与模型的假定有关，比如透过窗户的辐照由地面吸收等，但整体的趋势和变化过程是相同的，这也证明了模型的正确性。

3. 主被动系统联合运行

　　图 9.22 是主被动联合运行时的室内空气温度的模拟与实验结果对比。从图中可以看出模拟结果与实验结果比较吻合，被动系统提供了白天室内所需的热量需求，太阳能炕的运行使得夜间的房间温度不会下降，保证了居民夜间采暖的需要。

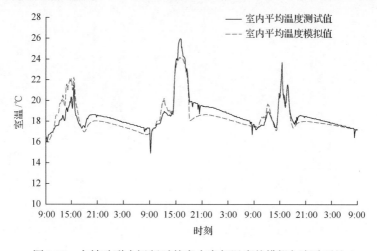

图 9.22　主被动联合运行时的室内空气温度的模拟与实验对比

图9.23和图9.24分别为水箱水温和被动集热上风口温度的实验结果与模拟结果对比。三天的运行当中，第二天的辐照情况最好，水箱温度可以达到64℃，被动空气流道上风口可以达到84℃，证明了系统良好的集热性能。在实际的系统运行过程中，水箱中水的体积、炕体水的流量等因素，计算模型的简化都会导致模拟结果与实验结果有一定的偏差。

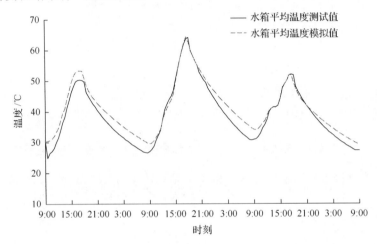

图 9.23　水箱温度分布的模拟与实验结果对比

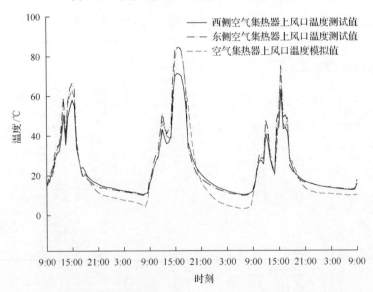

图 9.24　上风口温度分布的实验与模拟结果对比

在夜间，居民一般躺在炕上休息，所以炕面的温度分布是最关键的。图 9.25 是炕面平均温度分布模拟结果与实验结果对比，炕面温度能够达到 30℃以上，在

19:00 至第二天 7:00 的时间里炕面温度能够维持在 27℃以上，能够满足居民夜间休息的需求。

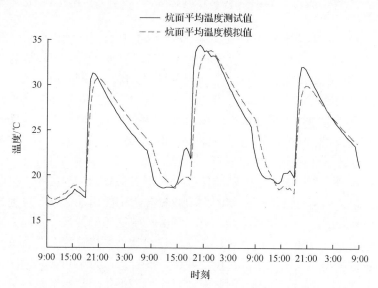

图 9.25　炕面平均温度分布的模拟与实验结果对比

　　三种运行模式下的结果对比如表 9.3 所示，虽然三种运行模式下的测试时间不同，不能保证天气和外界情况一致，但仍有一定的对比意义。首先，辐照强度是决定系统运行效果的首要因素，系统没有用到任何辅助热源。其次，主被动系统分工明确，主动系统提供良好的夜间睡眠环境，被动系统提供白天的热量需求，既符合了组件的工作要求，又将热量用在了真正需要的地方，具有很高的能量利用效率。

表 9.3　三种运行模式下的结果对比

工作模式	环境日平均温度/℃	热水器/空气集热器接收的总能量/[MJ/(m²·d)]	室内日平均温度/℃	室内最高温度/℃	夜间炕面平均温度(20:00～次日9:00)/℃
仅被动集热系统运行	10.4	—/20.24	18.1	28.3	—
仅主动采暖系统运行	1.0	21.2/—	15.9	21.5	28.3
主被动复合运行	6.0	16.2/10.52	18.6	26.0	27.6

9.4　复合采暖系统在青海地区的实际应用

青海省地处中纬度地带，海拔高度在 3km 以上的地区占全省总面积的 90%以上，大气稀薄，日光透过率高，日照时间长，加之气候干燥，云层遮蔽率低，年太阳能总辐射量达到 $6700MJ/m^2$，是我国太阳能资源最丰富的地区之一，具有利用太阳能采暖的独特优势。青海省的经济发展较为落后，农牧业发展设施不足，农牧区群众生活用能处于较低层次。在青海省农牧地区大力推广主被动式太阳能采暖的技术应用，对于加快少数民族地区的经济发展、提高农牧区群众生活用能的水平、保护生态环境、推进节能减排、满足经济和社会的可持续发展的意义重大。

青海农牧区各类民居中已经陆续开展了太阳能采暖的工程实践，也取得了一些良好的效果。而将青海地区丰富的太阳能资源与炕的用能需求有机地结合，进而开拓太阳能在农村应用的新途径，对于降低常规能源的消耗、推动太阳能低成本规模化应用具有重要意义。2013 年青海省住房和城乡建设厅在全省范围内实施"青海省农村被动式太阳能暖房建设"项目，项目总量为 11000 套民居，覆盖的建筑面积达到 110 万 m^2。在此项目中，"基于太阳能炕的主被动复合采暖建筑"作为一种技术模式的实践与探索，列入了"青海省农村被动式太阳能暖房建设"项目的实施方案中。

"基于太阳能炕的主被动复合采暖建筑的研究与示范"项目是依据 2013 年 10 月"青海省科技厅关于下达 2013 年第二批科技计划项目的通知(青科发技字【2013】165 号文件)""青海省财政厅关于下达 2013 年第二批科技计划项目经费的通知(青财建字【2013】2191 号文件)"批复的青海省科学技术厅科技促进新农村计划项目(课题)，所属类别为农业科技成果转化和推广计划。该项目依托青海省住房和城乡建设厅 2013 年"青海省农村被动式太阳能暖房建设项目"的展开。该课题由青海建筑职业技术学院承担，中国科学技术大学和青海华园新能源应用技术开发有限公司合作完成。

本项目在青海 8 个县进行了复合采暖系统的实际安装，将太阳能炕与被动采暖相结合的采暖系统直接安装在农户家中，并根据各县情况的不同进行了系统的调整。项目依据太阳能炕与被动集热模块系统建模运算以及模拟结果，完成被动式集热模块的定型设计，主动式太阳能炕系统的设计工作，并形成能够满足施工要求的施工图纸；75 套太阳能炕与被动集热模块复合采暖系统项目分布在 8 个县不同的乡村(表 9.4)，项目布点分散、偏远，实施中项目组克服各种困难，积极和各县住建局联系，多次到现场踏勘，向基层领导和群众介绍情况，给农户讲解技术问题，详细说明设备的安装方式、系统的功能、满足的条件以及未来的效益等。通过多方的积极努力，取得了绝大多数农户的信任和支持，顺利完成了项目与实施农户的对接，为项目的实施奠定了基础。被动采暖模块的效果、太阳能炕安装过程、安装后的总体效果及太阳能炕系统屋顶装置图分别如图 9.26～图 9.29 所示。

表 9.4　项目实施情况分布

项目实施地点	互助县	民和县	化隆县	循化县	贵德县	门源县	都兰县	天峻县
实施数量/户	5	10	10	10	10	10	10	10
技术类型	太阳能炕与被动式空气集热模块复合采暖系统							

图 9.26　安装后建筑物南向被动式集热模块立面效果

图 9.27　太阳能炕安装过程

图 9.28　安装后建筑物总体效果

图 9.29　太阳能炕系统屋顶装置

青海建筑职业技术学院庾汉成教授具体负责组织开展项目落实工作，主要通过项目所在各县住建局联系具体实施农户。项目组通过考察、协商，确定青海鑫瑞新能源有限责任公司参与项目的安装工作。安装由项目组与当地政府和居民协商签订相关协议，并组织安装企业进行安装与调试。

项目组委托青海省建筑建材科学研究院，对青海省互助县内安装有复合太阳能炕采暖系统的示范建筑进行了测试，测试项目包括室内温度、储热水箱热损系数等一系列参数(表 9.5)。从评估报告的内容中得出，采暖系统的运行可以使室内全天平均温度达到 18.6℃，与对比房间的最高温差达到 10℃；太阳能炕系统运行期间可以使炕面温度维持在 25℃以上，最高炕面温度 34.4℃，可以满足居民夜间休息的舒适环境。系统拥有良好的集热效率和太阳能保证率，有着较好的节能效果和经济效益。

表 9.5　带有主被动复合采暖系统的示范建筑评估报告部分内容

序号	评估项目	评估结果
1	室内温度/(℃)	18.6
2	储热水箱热损系数/(W/K)	3.26
3	太阳能集热器的热效率/%	58.7
4	太阳能集热板的热效率/%	53.8
5	全年太阳能保证率/%	85
6	常规能源替代量/(吨标煤)	1.51
7	项目费效比/[元/(kW·h)]	0.07
8	二氧化碳减排量/(t/a)	3.73
9	二氧化硫减排量/(t/a)	0.03
10	粉尘减排量/(t/a)	0.02
11	年节约费用/(元/a)	2456.17
12	静态投资回收期/年	4.88

评估项目：室内温度、储热水箱热损系数、太阳能集热器的热效率、太阳能集热板的热效率、全年太阳能保证率、常规能源替代量、项目费效比、二氧化碳减排量、二氧化硫减排量、粉尘减排量、年节约费用、静态投资回收期；

评估依据：GB/T 50801-2013《可再生能源建筑应用评价标准》。

参 考 文 献

[1] 李玉国, 杨旭东. 北方农村火炕的科学问题及火炕的现状和未来//制冷空调新技术进展第四届全国制冷空调新技术研讨会论文集, 南京, 2006: 82-87.

[2] Leung C, Ge H. Sleep thermal comfort and the energy saving potential due to reduced indoor operative temperature during sleep. Building and Environment, 2013: 91-98.

[3] 江清阳, 何伟, 季杰, 等. 太阳能炕的蓄热特性研究及其对睡眠热舒适度的影响. 中国科学技术大学学报, 2012, 42(04): 335-344.

[4] 崔玉清, 季杰, 何伟, 等. 太阳能炕和 Trombe 墙相结合的新型太阳能采暖系统的数值研究. 太阳能学报, 2011, 32(001): 66-71.

[5] Wei W, Ji J, Chow T T, et al. Experimental study of a combined system of solar Kang and solar air collector. Energy Conversion and Management, 2015, 103: 752-761.

[6] He W, Jiang Q Y, Ji J, et al. A study on thermal performance, thermal comfort in sleeping environment and solar energy contribution of solar Chinese Kang. Energy and Buildings, 2013, 58: 66-75.

[7] Khalifa AJNMRH. Validation of heat transfer coefficients on interior building surfaces using a real-sized indoor test cell. International Journal of Heat and Mass Transfer, 1990, 33(10): 2219-2219.

[8] 何梓年, 蒋富林. 热管式真空管集热器的热性能研究. 太阳能学报, 1994, 15(1): 73-82.

[9] Zhao D S, Ji J, Yu H C, et al. Numerical and experimental study of a combined solar Chinese kang and solar air heating system based on Qinghai demonstration building. Energy and Buildings, 2017, 143: 61-70.

第 10 章　太阳能双效集热系统

在太阳能采暖应用中，有传统 Trombe 墙系统、复合 Trombe 墙系统及太阳能炕系统等，在冬季能实现良好的建筑采暖目的。但由于都未考虑非建筑采暖期太阳能利用的问题，因此全年的利用率较低。此外，传统太阳能采暖系统，特别是被动采暖系统，易导致建筑夏季过热，存在适应地域窄的局限性。

为解决以上问题，我们提出了一种新型的与建筑一体化太阳能双效集热系统[1-3]。该系统的太阳能集热设备——太阳能双效集热器，具有两种独立功能：一是采用空气集热给建筑供暖，二是采用水集热制生活热水。从系统功能上讲，该系统在冬季采用空气集热，为太阳能采暖系统，而在非采暖季，相当于太阳能热水系统[4,5]。作为两者的结合，该新型系统应季节需求采取合理的工作模式，既可保留太阳能被动采暖系统低成本、无需维护的特点，又可消除太阳能采暖系统在夏季使建筑过热的问题，并且避免了太阳能热水系统的冬季冻结等问题。新型的太阳能系统在各个季节都能有效地利用太阳能，提高了系统的全年利用率和建筑的太阳能保证率，具有更好的经济性。

10.1　太阳能双效集热系统的基本结构与原理

太阳能双效集热系统包含双效集热器及其管路系统。其中的核心设备为双效集热器，双效集热器与建筑围护相结合，吸收照射于建筑上的太阳辐照，将其转化为热能，再根据各季节的工作模式，将热传导给空气或水供建筑采暖或制热水。向建筑提供太阳热能的方式可分为主动式和被动式。主动式是通过风机和水泵提供热媒传输动力。而被动式则采用自然循环原理进行热媒自循环，无需动力设备。因此对于主动和被动式系统，无论是双效集热器还是管路系统均有所差别。

1. 被动式

太阳能被动式双效集热系统包括双效集热器及蓄热水箱、水阀和连接水管。被动式双效集热器与建筑南墙相结合，在相结合的墙体上开设连接室内的上下风口，并设置风口开关。图 10.1 所示为集热器实物图，其结构由图 10.2 给出。集热器有玻璃盖板、吸热板、与吸热板焊接的铜管、边框和背板。结构与太阳能集热器不同，双效集热器在吸热板后部有一个特别加宽的间隙空间，并且在集热器背面的上下位置各开设了矩形风口，作为空气集热的通道。

图 10.1　被动式太阳能双效集热器实物图

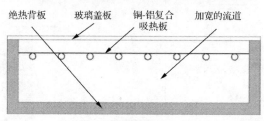

(a) 截面图

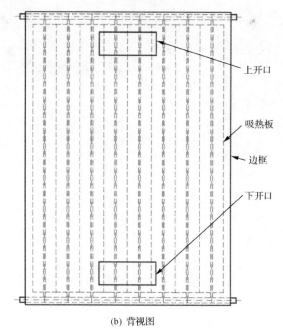

(b) 背视图

图 10.2　被动式太阳能双效集热器的结构

　　系统的工作原理如图 10.3 所示。在集热水的工作模式下，系统上下风口关闭，水阀开启，蓄热水箱中的水通过管路与集热器的水管相通，系统以自然循环的工作方式集热并提供生活用热水。在被动采暖的工作模式下，两个水阀关闭，系统的上下风口开启，使建筑的室内空气与集热器相通。吸热板吸收太阳能升温，在热虹吸作用下，吸热板后流道内的空气通过风口与房间里的空气形成自然对流，从而向建筑室内供暖。系统的风口仅在白天太阳辐照足够强时处于开启状态，其他时间风口则需要关闭，以防止室内空气温度高于集热器温度时出现空气倒流，造成房间热损。

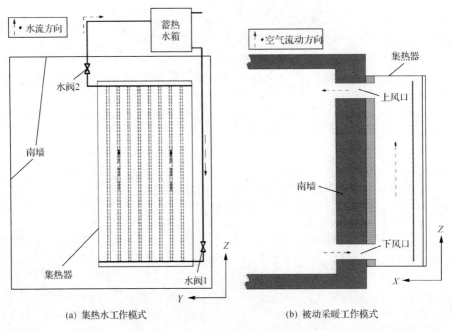

(a) 集热水工作模式　　　　　　(b) 被动采暖工作模式

图 10.3　与建筑一体化被动式太阳能双效集热器系统工作原理

2. 主动式

　　主动式双效集热器的内部结构与被动式相似，但风口、与建筑结合的方式以及系统动力不同。主动式双效集热器可以分为空气集热和水集热两种工作模式。对于主动式空气集热模式，建筑围护无需开设风口。集热器的空气进出口分别开在下边框和上边框，出风口与风管相连，在风机的驱动下，集热器中的热空气被收集并输运到建筑内部。而主动式水集热模式下，水箱位置根据建筑布局需要而不必放置在集热器上部，集热水循环通过水泵驱动，多块主动式的双效集热器可以从阵列的形式安装在建筑围护上，每块集热器的空气和水出口采用串联或并联同程连接，集中输送到建筑风管和水箱。以图 10.4 为例，安装于建筑屋面上的主动式双效集热器阵列，每两块的空气输出串联后并联接入外风管，水路则是并联接入总水管。

图 10.4　与建筑一体化主动式太阳能双效集热系统

10.2　太阳能双效集热系统的实验与分析

10.2.1　双效集热系统的实验系统简介

双效集热系统的性能测试可根据主、被动的工作方式，采用的测试方法不同。对于主动式，其关键设备——双效集热器性能的测试，可采用太阳能集热器的性能测试方法，例如采用太阳能集热器性能的瞬时测试方法，分别对双效集热器在空气集热和水集热工作模式下的性能进行测定。而被动式的太阳能双效集热器与建筑相结合，往往安装在竖直墙面上，其被动集热的性质与建筑紧密相关，因此测试较复杂，将在以下做重点介绍。

图 10.5 为被动式双效集热系统的实验装置。被动式双效集热系统安装在建筑热箱上进行系统的性能测试。建筑热箱的房间除南墙与外界环境接触外，其他各面墙体处在一个大房间内而与外界环境隔离。热箱房间所用围护结构均为轻质墙体，蓄热能力低。双效集热器安装在房间的南墙上，集热器尺寸为 1.95m（高）×0.95m（宽），房间尺寸为南北宽 2.90m、东西长 2.97m、高 2.60m。

系统的实验测量参数包括三部分：温度测量、室外风速测量和太阳辐照强度测量。其中温度测量采用热电偶方法，即通过使用铜-康铜热电偶以固定冰点补偿的方法测量，其测量精度范围为±0.2℃。温度的主要测点布置在集热器的玻璃盖板、内部吸热板和铜管表面处、进出风口以及房间的内部空间。在集热水工作模式下，蓄热水箱中沿高度布置三个测点进行水箱内水温的测量。另外室外风速和太阳辐照分别通过风速仪和辐照仪进行测量。

图 10.5　与建筑一体化被动式太阳能双效集热器实验系统

10.2.2　被动集热水工作模式下的实验研究

依据系统的工作概念，系统工作在集热水工作模式下时，大致为每年的夏季和气温较高的春秋季的晴朗天气。考虑到春秋季节晴朗天气的相似性，在 4～6 月，从春季延续至夏季，在合肥市对系统工作在集热水工作模式下的运行情况进行了测试。

1. 集热水热效率

太阳能热水系统的逐日热效率 η_w 是评价系统热性能的重要指标，其受测试期间内集热器表面所接收到的太阳辐照量 $H_t(\mathrm{MJ/m^2})$、系统的初始水温 $T_i(℃)$、环境温度 $T_a(℃)$、系统水量 $M(\mathrm{kg})$ 和集热器倾角等的影响：

$$\eta_w = \frac{MC_w(T_f - T_i)}{H_t A_c} \tag{10.1}$$

式中，A_c 为系统集热器的集热面积，m^2。

为了全面地评价系统的集热水性能，将参照文献[6]中提出的评价一般自然循环式太阳能热水系统性能的评价方法，给出系统的特征热效率：

$$\eta_w = \eta_w^* - U \frac{(T_i - \overline{T}_a)}{H_t} \tag{10.2}$$

式中，η_w^* 为系统初始水温 T_i 与日平均环境温度 $\overline{T}_a$ 相等时的日平均热效率，即特征热效率；U 为系统在能量收集状态时的热损系数；η_w^* 可通过多组不同实验工况下得到的不同 η_w 二项拟合得到，以作为衡量热水系统的热性能指标。

系统在集热水模式下的逐日热效率测试方法参照《家用太阳热水系统热性能试验方法》（GB/T 18708-2002）[7]，以每天 8:00～16:00 的实验数据来计算。在整个实验期间，系统都是以自然循环方式运行，系统的两个水阀一直处于开启状态，而集热器的上下风口绝热密封。系统水量都是在实验测试完之后称重得到，测试期间系统工作水量相近，约为 (111±0.6) kg。

由 4～6 月对系统在集热水工作模式下进行测试所得数据，依据特征效率的方法，可以得到系统在集热水工作模式下时，系统集热水热效率与水的初始温度、测试期间的环境平均温度和辐照量之间的变化关系。通过线性回归，可以得到回归线关系式：

$$\eta_w = 0.405 - 0.06248(T_i - \overline{T}_a) / H_t \tag{10.3}$$

由上式可得系统的集热水的特征热效率约为 40.5%。

2. 春夏季节的集热水性能比较

对于同样的晴朗天气，从气温和辐照情况来看，春秋季节可以认为天气条件是相似的，但夏季时期却会与春秋季不同，夏季比春秋季气温高、太阳高度角高。由于本系统是安装于南向竖直墙面上，太阳高度角高时将会导致在同样的天气状况下，投射于系统集热器集热面上的太阳辐射强度低。因此，系统在集热水工作模式下，在夏季与春/秋季时将面临有很大不同的环境条件，因而也将表现出不同的性能。另外，系统工作在集热水工作模式时，其供水多是来自自来水，自来水温即决定系统所加热水的初始工作温度。不同的季节，供水温度也会有所不同。下面将分别以 4 月和 6 月的实验数据来对比系统在春季和夏季工作时的性能情况。

图 10.6 和图 10.7 给出了在 4 月份和 6 月份，初始水温、日平均环境温度、投射于集热器单位集热面上太阳辐照量的实测结果对比。4 月份，系统的初始水温变化区间约为 20.3～23.4℃，日平均环境温度变化为 19.2～23.4℃，投射于集热器单位集热面上的太阳辐照量变化为 9.96～12.22MJ/(m²·d)。而 6 月份，以上量的

变化区间分别为：27.9～29.5℃、28.0～31.7℃、5.89～6.90MJ/(m²·d)。由对比可以知道，夏季时的初始水温和日平均环境温度要明显高于春季，但投射在集热器集热面上的太阳辐照量却明显低于春季。另外，由同一时期初始水温和日平均环境温度的对比可以看出，春季时初始水温比日平均环境温度约高些，而夏季时初始水温与日平均环境温度相比有高也有低。

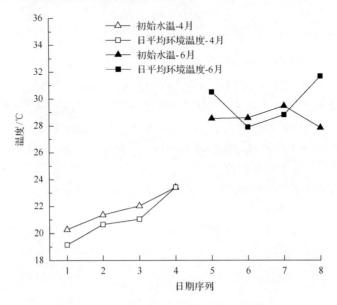

图 10.6 4 月和 6 月间初始水温和日平均环境温度的实测结果对比

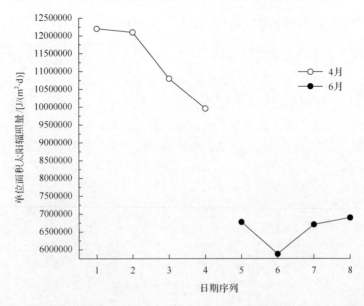

图 10.7 4 月和 6 月间投射于系统集热器单位集热面上太阳辐照量的实测结果对比

对比春季和夏季系统集热水的性能可以发现，在春季系统的集热水的逐日热效率比夏季时要低，如图 10.8 所示。春季时集热水的逐日热效率实测变化区间为37.3%～41.2%，平均为 39.6%，夏季时的变化区间为 41.6%～45.7%，平均为 43.2%。从集热水的逐日热效率的平均值来看，夏季时比春季时高约 9%。根据性能归一化公式可知，初始水温相比日平均环境温度越低，系统的热效率越高，系统集热器太阳辐照量越高，系统的热效率越低。可以认为，系统在春季工作时的集热水热效率比夏季时低，这是由春季初始水温比日平均环境温度高更多和太阳辐照量更高两者综合造成的。

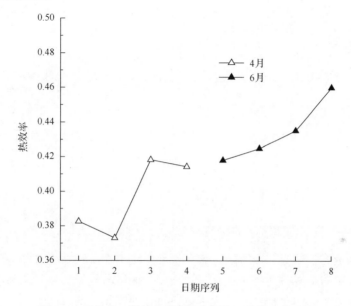

图 10.8　4 月和 6 月间系统集热水的逐日热效率的对比

图 10.9 为春季和夏季系统加热得到的最终水温的高低对比。从对比关系可以发现，尽管春季和夏季存在诸多不同的环境条件，系统加热所得到的热水的终温却差别不大。这说明系统在春季集热水的逐日热效率低和夏季时投射在集热器上的太阳辐照量高可造成系统在这两个时期的热水终温相近。进一步考虑到夏季时初始水温要高于春季，可以发现，从水的太阳得热来看，夏季时却会比春季时要少。

传统热水系统在不同季节工作时，在同样水量的条件下，夏季所得到的热水温度一般更高[8]，甚至会造成集热器在夏季工作时过热而出现集热器易老化的问题，另外，一般情况下，夏季时系统所加热水的太阳得热量也最多。从夏季和春季集热水的对比结果发现，由于与建筑一体化太阳能被动双效集热器系统安装于竖直南墙上，其在不同季节的工作特点与通常斜面安装的热水系统具有很大的不同。这种特性使得该系统在不同季节运行时，系统热水温度不会相差很大，系统运行的稳定性更好。特别是夏季时，生活热水的需求量较其他季节要低，而此时系统的热水得热也会相应降低，因而与生活热水需求存在自适应关系。

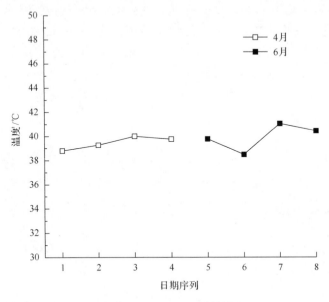

图 10.9　4 月和 6 月间系统所得到的热水终温的高低对比

10.2.3　被动采暖工作模式下的实验研究

依据系统的工作概念，系统工作在被动采暖工作模式下的时期主要为每年的冬季。在合肥的 1 月份对系统进行了连续 3 天的实验测量。测量期间，为了防止夜间空气倒流造成的热损，系统上下风口每日都在相近的时间开关，开关时间分别约为 8:00 和 16:00。

图 10.10 为房间空气实测温度变化的对比曲线。由图可知，系统测试用的热箱房间温度相对环境温度有很大的提高，并且 3 天的测试结果都显现出相似的特征。房间空气温度最高点出现在当天的 14:28，达到 29.8℃，全天的房间空气温度的平均值约为 12.7℃，而环境温度的平均值仅为 1.5℃，房间空气温度比环境温度高达 11.2℃。这个结果说明，冬季系统在被动采暖工作模式下工作时，性能很好。

图 10.11 是上风口空气温度与房间空气平均温度的变化对比曲线。以第 3 天的结果为例，上风口空气温度最高达到 54.4℃。在白天，与房间空气温度相比，上风口空气温度的变化趋势同样出现了先升后降的现象（期间有个温度突变过程，这是为防止晚上空气倒流关闭系统的上下风口所致），但可以看出，房间空气平均温度变化与其相比存在一定的滞后。另外可以看到从上风口空气温度开始降低到风口关闭的期间，上风口空气温度都要高于房间空气温度。因为上风口空气升温

可以认为是从下风口进入的房间空气被集热器加热后的结果，上风口空气温度在这段期间虽然下降，但仍然在给房间进行供暖。

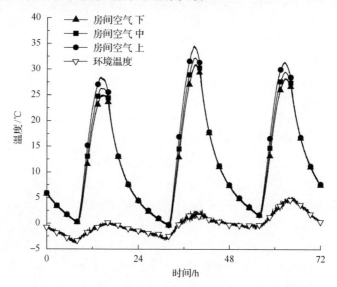

图 10.10　房间空气温度与环境温度随时间变化的对比曲线

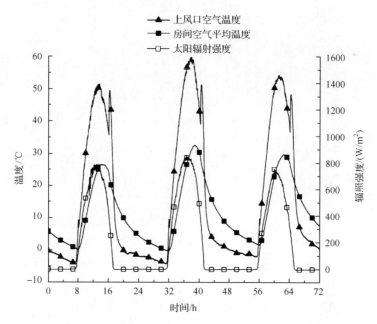

图 10.11　上风口空气温度与房间空气平均温度随时间的变化对比曲线

10.3　太阳能双效集热系统的理论模型及研究

系统所具有的采暖和集热水工作模式是相互独立的两种工作模式，因此，要完整建立系统的理论模型，需要针对两种工作模式，分别建立集热系统的理论模型。特别是被动式双效集热系统，其运行状况与建筑相耦合，而且在空气集热和水集热两种工作模式下，建筑耦合模型又有不同之处。

10.3.1　集热水工作模式下的热平衡方程

在集热水工作模式下，与建筑一体化太阳能双效集热系统在功能上与普通太阳能热水器系统相同，但由于与建筑一体化被动式太阳能双效集热器是直接安装在建筑南墙面上的，集热器与所安装的建筑南墙在传热上相互影响，因此要分析与建筑一体化太阳能双效集热器系统在集热水工作模式下的性能，应建立集热器与建筑耦合传热模型。在本研究中，集热器与建筑耦合传热模型关于水路的传热流动计算参照文献[9,10]。集热器各组件及水路的热平衡方程如下。

玻璃盖板作沿厚度方向的一维传热假设，其热传导方程是：

$$\rho_g C_g \frac{\partial T_g}{\partial t} = \lambda_g \frac{\partial^2 T_g}{\partial x^2} + s_{solar} \tag{10.4}$$

外表面边界条件：

$$-\lambda_g \frac{\partial T_g}{\partial x}\bigg|_{x=0} = h_{a,g}(T_a - T_g) \tag{10.5}$$

内表面边界条件：

$$-\lambda_g \frac{\partial T_g}{\partial x}\bigg|_{x=d_g} = (h_{p,g} + h_{r,p,g})(\overline{T_p} - T_g) \tag{10.6}$$

式中，ρ_g、C_g、λ_g 和 d_g 分别为玻璃盖板的密度(kg/m³)、热容(J/kg)、导热系数[W/(m·K)]和厚度(m)；$s_{solar}=(1-\tau_g)I_{solar}/d_g$，表示吸收太阳辐照产生的内热源，W/m³，$\tau_g$ 为玻璃盖板透过率，I_{solar} 为投射于集热器表面的太阳辐照强度，W/m²；T_g、T_a 和 T_p 分别为玻璃盖板温度(K)、环境温度(K)和吸热铝板温度(K)；$\overline{T_p}$ 为吸热铝板的平均温度，K；$h_{a,g}$ 为玻璃盖板外表面的对流换热系数，W/(m²·K)；$h_{p,g}$ 为玻璃盖板内表面和吸热铝板间的对流换热系数，W/(m²·K)；$h_{r,p,g}$ 为玻璃盖板内表面与吸热铝板间的辐射换热系数，W/(m²·K)。

只考虑吸热铝板温度沿高度方向的变化。由于铝板背面未作处理，铝板背面具有很高的反射率，所以可忽略铝板背面与绝热背板间的辐射换热，但铝板正面与玻璃盖板的辐射换热不能忽略。因此吸热铝板的热平衡方程可写为

$$
w_p d_p \rho_A C_p \frac{\partial T_p}{\partial t} = w_p d_p \lambda_p \frac{\partial^2 T_p}{\partial z^2} + \alpha_p \tau_g I_{\text{solar}} w_p + h_{p,g}(T_g - T_p) w_p
$$

$$
+ h_{p,in}(T_{in} - T_p) w_p + h_{r,p,g}(T_p - T_g) w_p + \frac{(T_t - T_p)}{R_{p,t}}
$$

(10.7)

式中，w_p 为单片铝板的宽度，m；ρ_p、C_p、λ_p 和 d_p 分别为铝板的密度(kg/m³)、热容 (J/kg)、导热系数 [W/(m·K)] 和厚度 (m)；α_p 为吸热铝板正面吸收率；$R_{p,t} = \dfrac{w_p}{8\lambda_p d_p}$ 为铝板与铜管的热阻，(m·K/W)；T_t 和 T_{in} 分别表示铜管温度和绝热背板表面温度，K；$h_{p,in}$ 为铝板与绝热背板间的对流换热系数，W/(m²·K)。

只考虑铜管沿高度方向的温度变化，其热平衡方程写为

$$
\pi D_t d_t \rho_t C_t \frac{\partial T_t}{\partial t} = \pi D_t d_t \lambda_t \frac{\partial^2 T_t}{\partial z^2} + \pi D_t h_{t,in}(T_{in} - T_t) + \pi D_t h_{w,t}(T_w - T_t) + \frac{(T_p - T_t)}{R_{p,t}}
$$

(10.8)

式中，D_t 为铜管管径，m；ρ_t、C_t、λ_t 和 d_t 分别为铜管的密度(kg/m³)、热容(J/kg)、导热系数[W/(m·K)]和厚度(m)；$h_{t,in}$ 为铜管与绝热背板间的对流换热系数，W/(m²·K)；$h_{w,t}$ 为铜管内表面的对流换热系数，W/(m²·K)；T_w 为铜管内水温，K。

对于水箱中水的热平衡方程为

$$
V_{\text{tank}} \rho_w C_w \frac{dT_{wt}}{dt} = \dot{m}_w C_w (T_{w,in} - T_{w,out}) + h_{\text{tank}} \cdot A_{\text{tank}}(T_a - T_{wt})
$$

(10.9)

式中，T_{wt} 为水箱内的水温，K；V_{tank} 为水箱容积，m³；A_{tank} 为水箱的表面积，m²；$T_{w,in}$、$T_{w,out}$ 分别为水箱的进、出口水温，K；h_{tank} 为水箱的热损系数，W/(m²·K)。

对于流量，可由下式得到

$$
\dot{m}_w = \sum \frac{1}{4} \pi D_t^2 \rho_w u_w
$$

(10.10)

而 u_w 可通过下面方法得到。假设在准稳态下每一瞬时水路系统的热虹吸压头与阻力水头平衡

$$
H_T = H_f
$$

(10.11)

热虹吸压头 H_T 的大小取决于系统的温度分布情况

$$
H_T = \oint h \cdot d\gamma
$$

(10.12)

在太阳能热水系统的运行温度范围内，水的重度为

$$\gamma = A \cdot T_f^{\,2} + B \cdot T_f + C \tag{10.13}$$

式中，A、B、C 均为常数。假设流道内和水箱中温度线性分布，可得

$$H_T = \frac{T_{c,in} - T_{c,out}}{2} \times (2A \cdot T_m + B) \times h \tag{10.14}$$

式中，$T_{c,in}$ 和 $T_{c,out}$ 分别为流道的进出口温度，K；T_m 为流道中水的平均温度，K；h 为高度差，m。

阻力水头为沿程阻力和局部阻力之和

$$H_f = \gamma f \frac{l}{d} \frac{u_w^2}{2g} + \gamma K \frac{u_w^2}{2g} \tag{10.15}$$

式中，$f = \dfrac{64v}{u_w d}$。

由 $H_T = H_f$，得

$$\frac{T_{c,in} - T_{c,out}}{2} \times (2A T_m + B) \times h = \gamma \frac{64v}{u_w d} \frac{l}{d} \frac{u_w^2}{2g} + \gamma K \frac{u_w^2}{2g} \tag{10.16}$$

求解以上一元二次方程可得 u_w。

10.3.2　采暖工作模式下的热平衡方程

当系统在采暖工作模式下时，集热器的工作介质是流道内的空气。集热器的玻璃盖板的作用是让太阳辐射透过以被吸热体吸收，同时阻止吸热体的热辐射直射透过。吸热体吸收的热量通过两种方式传入室内：通过热传导透过绝热背板附着的墙体进入室内和加热流道内空气直接带入房间内。因此，在被动采暖工作模式下，集热器的传热计算需涉及四个主要部分：玻璃盖板、吸热体、流道和绝热背板。在本书中，绝热背板是当做所附着墙体的另一附加的材料层，因此绝热背板的传热计算是当做墙体来计算的[11]，该部分的热平衡方程将在 10.3.3 节中给出。

铜铝复合吸热板由若干组包含用于吸收太阳辐射的铝板和作为集热水模式下水管的铜管组成，由于本系统在被动采暖模式下铜管中并没有介质，而且铝板和铜管的导热性能很好，故可以用一组铝板和铜管的结合体代表吸热板整体，并可作其温度分布沿高度方向的一维假设。此外，考虑到铜铝复合吸热板的铜管表面积很小，而未作处理的铝板背面具有高反射率，因此铜铝复合板背面有关的辐射换热可以忽略。可得吸热板热平衡方程为

$$(\rho_p c_p d_p + \phi \rho_t c_t d_t) \frac{\partial T_{pt}}{\partial t} = d_p \frac{\partial}{\partial z} \left(\lambda_p \frac{\partial T_{pt}}{\partial z} \right) + \phi d_t \frac{\partial}{\partial z} \left(\lambda_t \frac{\partial T_{pt}}{\partial z} \right) \tag{10.17}$$
$$+ \alpha_p \tau_g q_{solar} + (2 + \phi) h_{pt,d}(T_d - T_{pt}) + h_{r,pt,g}(T_g - \overline{T_{pt}})$$

式中，ρ_p 和 ρ_t 分别为铝板和铜管的密度，kg/m^3；c_p 和 c_t 分别为铝板和铜管比热容，J/kg；λ_p 和 λ_t 分别为铝板和铜管的导热系数，$W/(m \cdot K)$；T_d 为流道内空气在吸热体节点所在位置处的温度，K；T_{pt} 为吸热体节点温度，K；$\overline{T_{pt}}$ 为吸热体平均温度，K；$h_{pt,d}$ 为吸热体表面的对流换热系数，$W/(m^2 \cdot K)$；$h_{r,pt,g}$ 为吸热体与玻璃盖板的辐射换热系数，$W/(m^2 \cdot K)$；ϕ 为定义的单根铜管与单片铝板的面积之比，为

$$\phi = \frac{\pi D_t}{w_p} \tag{10.18}$$

其中，D_t 为铜管管径，m；w_p 为单片铝板宽度，m。

对于流道，参见文献[12]，其温度分布作沿高度方向的一维假设：

$$\rho_a D_{gap} C_a \frac{\partial T_d}{\partial t} = \rho_a V_d D_{gap} c_a \frac{\partial T_d}{\partial z} + (2 + \phi) h_{pt,d}(T_{pt} - T_d) + h_{g,d}(T_g - T_d) + h_{in,d}(T_{in} - T_d)$$
$$\tag{10.19}$$

式中，ρ_a、C_a 分别为流道内空气的密度(kg/m^3)、热容(J/kg)；D_{gap} 为流道深度，m；T_{in} 为处于流道内的绝热背板表面温度，K；$h_{g,d}$、$h_{in,d}$ 分别为玻璃盖板表面和绝热背板表面在流道内的对流换热系数，$W/(m^2 \cdot K)$；V_d 为流道内空气流速，m/s。

被动采暖模式下，空气流动由空气的温差驱动，气流速度 V_d 通过下式求解[13]：

$$V_d = \sqrt{\frac{2\beta g H(\overline{T_d} - T_r)}{C_1 \left(\dfrac{A_g}{A_v} \right)^2 + C_2}} \tag{10.20}$$

式中，β 为热扩散率，K^{-1}；g 为重力加速度，m/s^{-2}；H 为流道高度，m；$\overline{T_d}$、T_r 分别为流道内空气平均温度、房间空气温度，K；C_1、C_2 为常量参数；A_g 为流道截面积，m^2；A_v 表示风口面积，m^2。

10.3.3　建筑耦合的计算

1. 一般围护结构的热平衡方程

实验系统所在的热箱房间无窗户结构，因此仅考虑围护结构沿厚度方向的热传导，关于其围护结构的热传导方程可表述为

$$\rho c \frac{\partial T}{\partial t} = \lambda \frac{\partial^2 T}{\partial x^2} \tag{10.21}$$

其外表面的边界条件为

$$-\lambda \frac{\partial T}{\partial x}\bigg|_{x=0} = f(x)\big|_{x=0} \tag{10.22}$$

特别地，对于南墙可表述为

$$-\lambda \frac{\partial T}{\partial x}\bigg|_{x=0} = \alpha I_{\text{solar}} + h_{\text{c,o}}(T_a - T) \tag{10.23}$$

其内表面的边界条件是

$$-\lambda \frac{\partial T}{\partial x}\bigg|_{x=L} = h_{\text{c,i}}(T_{\text{indoor}} - T_L) + \sum_{j \neq i}^{N} q_{j,i} \tag{10.24}$$

式中，$f(x)\big|_{x=0}$ 为边界条件的表述形式；αI_{solar} 为围护结构外表面吸收的太阳辐照，W/m²；T_{indoor} 为房间空气温度，特别地对于空调房间，它代表空调房间的控制温度，K；$h_{\text{c,o}}$ 和 $h_{\text{c,i}}$ 分别为围护结构外表面和内表面上的对流换热系数，W/(m²·K)；N 为围护结构数量；$q_{j,i}$ 为围护结构 i 与围护结构 j 之间的辐射换热，W/m²。

为了热平衡方程离散方便，$q_{j,i}$ 采用线性化表示为

$$q_{j,i} = h_{\text{r}j,i} A_i (T_j - T_i) \tag{10.25}$$

式中，$h_{\text{r}j,i}$ 为围护结构 i 与围护结构 j 内表面之间的线性化的辐射换热系数，W/(m²·K)；A_i 为围护结构 i 的表面面积，m²；T_i、T_j 分别表示围护结构 i、j 的内表面温度，K。

考虑到室内各表面间热辐射换热存在热辐射被多次吸收反射等问题，求解 $h_{\text{r}j,i}$ 可采用[14]：

$$\begin{aligned}
h_{\text{r}j,i} = {} & \frac{\varepsilon_i \varepsilon_j \sigma f_{i \to j}(T_j^2 + T_i^2)(T_j + T_i)}{[1 - (1 - \varepsilon_i)(1 - \varepsilon_j) f_{i \to j}^2 A_i / A_j]} \\
& + \varepsilon_i \varepsilon_j \sigma A_j (T_j^2 + T_i^2)(T_j + T_i) \sum_{k=1}^{N} \frac{(1 - \varepsilon_k) f_{i \to k} f_{j \to k}}{A_k [1 - (1 - \varepsilon_i)(1 - \varepsilon_j)(1 - \varepsilon_k) f_{i \to k} f_{k \to j} f_{j \to i}]}
\end{aligned} \tag{10.26}$$

式中，下标 i、j 和 k 分别代表对应围护结构内表面；A 表示围护结构表面面积，m²；ε 为围护结构内表面热发射率；f 表示视角系数。

2. 集热器与建筑耦合传热计算

对于集热器直接安装贴附在建筑围护上的,特别是被动式集热系统,集热器与其附着的建筑南墙之间存在热耦合问题,因此对于带有集热器的建筑南墙的传热计算需要特殊考虑。可将集热器的绝热背板和其相邻南墙两者统一看作成一复合墙体结构。因而,关于该复合墙体结构的热传导方程、内表面的边界条件都可以采用针对一般围护结构所给出的方程,只需将其外表面的边界条件作修改。分别针对系统在其两种工作模式下的不同情况,分别给出该边界条件的修改。

对于系统工作在集热水工作模式,该方程为

$$-\lambda \frac{\partial T}{\partial x}\bigg|_{x=0} = h_{p,in}(T_p - T_{in}) + h_{t,in}(T_t - T_{in}) \tag{10.27}$$

而对于被动采暖工作模式时,其方程为

$$-\lambda \frac{\partial T}{\partial x}\bigg|_{x=0} = h_{in,d}(T_d - T_{in}) \tag{10.28}$$

3. 室内空气温度计算

在被动采暖工作模式下,关于房间空气的热平衡方程,需要针对系统上下风口开启和关闭两种情况来讨论。当系统上下风口关闭时,为计算房间空气温度,可以将整个房间作为一个节点建立其与所有建筑围护结构的对流换热关系。可得

$$\rho_a V_{room} C_a \frac{dT_{indoor}}{dt} = \sum h_{c,i} A_i (T_L - T_{indoor}) \tag{10.29}$$

而当系统的上下风口开启时,房间空气与集热器流道内的空气存在对流换热,即

$$\rho_a V_{room} C_a \frac{dT_{indoor}}{dt} = \sum h_{c,i} A_i (T_L - T_{indoor}) + \rho_a V_d A_g (T_v - T_{indoor}) \tag{10.30}$$

式中, V_{room} 为房间体积, m^3 ; A_i 为围护结构 i 的面积, m^2 ; T_v 为系统上风口的空气温度, K 。

10.3.4　模型求解及验证

1. 模型求解方法

建立在集热水和被动采暖工作模式下的热平衡方程组将采用基于控制体的有限差分方法通过编制程序解出。程序以环境数据和系统各个组成的初始条件为条件。程序的算法流程如图 10.12 所示。

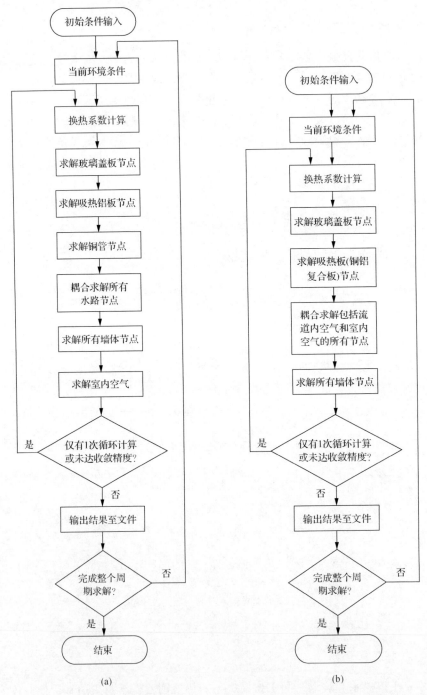

图 10.12 集热水和被动采暖工作模式下系统的模拟程序的流程图

2. 集热水模型验证

　　理论模型采用实验测量的环境数据，对集热器的运行进行模拟计算，并与实验结果进行对比，以验证模型的可靠性。为了增强实验验证结果的可靠性，其中关于系统的集热水工作模式，将选取 3 个实验周期的数据。每个实验周期的时间段从第 1 天的 20:00 到第 2 天的 16:00。模拟计算得到的水箱中的水温与实验测试结果的对比由图 10.13 给出。其中，模拟结果给出的为模拟计算得到的水箱中水温的平均值。由图可以看出，在所针对的 3 个实验周期内，模拟计算得到的水箱中水温的变化关系与实验测试结果吻合很好。计算水箱中水温的模拟结果的均方根偏差(RMSD)仅为 0.4℃。另外，根据《家用太阳热水系统热性能试验方法》，可以模拟计算得到在 3 个实验周期内系统集热水的热效率分别为 37.2%、43.0%和 41.5%。相比实验结果得到的热效率 37.4%、41.9%和 41.4%，模拟计算与实验结果的误差分别为 0.2%、−1.1%和−0.1%，而相对误差分别为 0.5%、2.6%和 0.2%。综合以上结果，可以看出所建立的理论模型可以很准确地模拟系统的集热水性能。

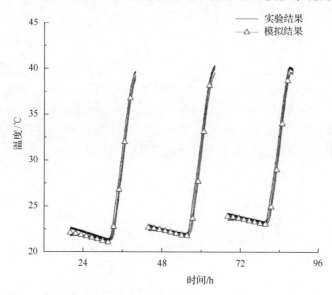

图 10.13　模拟计算得到的水箱中平均水温与实验测试得到的水箱中上中下三个位置的温度的对比

　　图 10.14 为房间空气温度的模拟结果和实验结果的对比曲线。房间空气温度的模拟结果与实验结果的最大绝对误差出现在第 3 个实验周期内，为 1.1℃，而在全部 3 个实验周期内，模拟结果的 RMSD 为 0.4℃。这个对比结果同样显示了所建立的理论模型模拟得到的房间空气温度与实验结果吻合较好。

　　综合来看，关于系统以自然循环方式工作在集热水模式下所建立的理论模型可以很好地对系统的集热过程进行模拟，该理论模型得到实验结果验证。

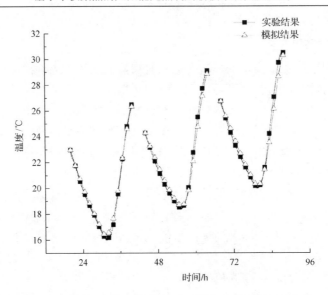

图 10.14　房间空气温度的模拟结果和实验结果的对比曲线

3. 被动采暖的模型验证

以系统在被动采暖工作模式下连续工作 3 天的实验数据用作实验验证，这 3 天的环境温度和投射到集热器表面上的辐照强度见图 10.15。通过对比两个主要实验参数——流道上风口的空气温度和热箱房间的空气温度，对理论模型进行验证。图 10.16 和图 10.17 给出了这两个参数的模拟结果与实验测试结果的对比关系。在整个期间，关于上风口空气温度的 RMSD 约为 2.8℃，而关于热箱房间空气温度

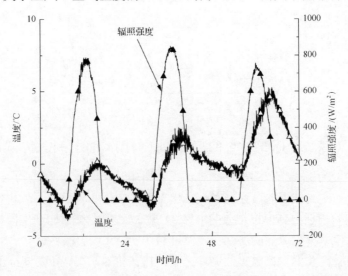

图 10.15　连续 3 天的环境温度和投射在集热器集表面上太阳辐照强度

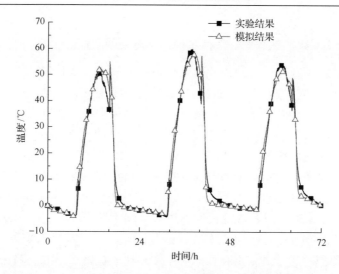

图 10.16　上风口空气温度的模拟结果和实验结果的对比曲线

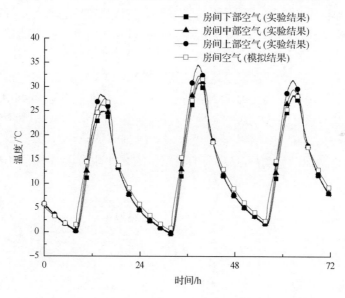

图 10.17　房间空气温度的模拟结果和实验结果的对比曲线

的 RMSD 约为 1.5℃。相对于集热水工作模式的理论模型验证，该误差要略大些。但从整体来看，采用理论模型计算得到的两个主要参数的变化关系，在 3 天的绝大部分时间内都与实验结果吻合得很好，只在特定的很短时间内，例如关闭风口时间附近，偏差会比较大。因此，综合来看，认为关于系统被动采暖工作模式所建立的理论模型得到了实验验证。

10.3.5　被动式双效集热系统在集热水模式下对空调负荷的影响

通过理论模型，可计算分析双效集热系统在不同季节对建筑负荷的影响。针对可能的建筑过热问题，对被动式集热水模式的建筑负荷影响进行了分析。依据一般实际建筑的结构和围护结构材料的特点，设计了一个虚拟房间。该房间假定为空调房间，其尺寸为 2.8m(高)×3.6m[宽(东西方向)]×4.8m[深(南北方向)]。房间设置有水平遮阳板和 1.2m(高)×2.0m(宽)的、背面置有窗帘的南向窗户。其中窗帘对于太阳辐射的透过率假定为 0.3。房间的竖直墙体为 240mm 砖墙。砖墙的导热系数、密度和热容分别为 0.814W/(m·K)、1800kg/m³ 和 840J/(kg·K)。地面和屋顶为 100mm 水泥板。水泥板的导热系数、密度和热容分别为 0.93W/(m·K)、1800kg/m³ 和 840J/(kg·K)。另外，系统运行时，假定每天 19:00 换水，并且假定换水时间可以忽略不计。依据在合肥对夏季和秋季自来水温的观测数据，换水温度在夏季取为 26℃，在秋季取为 20℃。

用于模拟计算夏季情况所采用的气象数据是合肥某日的全天实测数据，当天环境温度最高达到 32.7℃，平均为 27.2℃；投射在南向竖直面上的太阳辐照强度最高为 313.4W/m²，全天辐照总量约为 8.04MJ/m²。秋季的气象数据同样选择晴朗天气的实测数据，当天环境温度最高达到 20.7℃，平均为 15.3℃，投射在南向竖直面上的太阳辐照强度最高为 742.4W/m²，全天辐照总量约为 14.04MJ/m²。

由于本书所建立的模型为动态模型，因此对于空调房间，其围护结构内表面与房间空气在某时刻的对流换热量就代表该时刻围护结构对于房间冷/热负荷的贡献量，所有围护结构的冷/热负荷的贡献量的总和即为该时刻房间的动态的冷/热负荷。

$$L_i = h_{c,i} A_i (T_L - T_{indoor})^+ \tag{10.31}$$

$$L = \sum h_{c,i} A_i (T_L - T_{indoor})^+ \tag{10.32}$$

式中，L_i 为围护结构 i 对于房间冷/热负荷的瞬时贡献量，W；L 为房间的瞬时冷/热负荷，W，特别地，标识+表示：正值代表冷负荷，负值代表热负荷。

1. 在夏季工作时对建筑负荷的影响

采用已建立并验证的理论模型，模拟计算并对比分析带该新型系统的房间和不带该新型系统的对比房间的负荷情况。以所测气象数据作为条件，在集热器的水量负荷为 40kg/m² 下，进行连续 7 天的模拟计算。在连续 7 天的模拟后，所有结果参量的变化趋势在最后几天已趋于稳定，因此可以把已趋于稳定的第 7 天的模拟结果作为讨论依据。图 10.18 是在给定条件下，系统水箱中平均水温在全天的变化情况。水温在全天的变化区间为 25.8～47.3℃。图 10.19 为带新型集热器的房间与对比房间的负荷对比情况。由图可以发现，两个房间在该时期都只有冷负荷；带新型集热器的房间的冷负荷变化曲线在白天大致与对比房间的接近，但在晚上其变化曲线完整地处在对比房间的下部。计算得到，对比房间的全天冷负荷量为 8185.8kJ，带新型集热器的房间的全天冷负荷量为 8102.5kJ，带新型集热器的房间的全天冷负荷量相对于对比房间降低约 1.02%。这个降低量尽管比较小，但这个结果表明该新型系统在夏季工作时可以在一定程度上改善室内热环境，不会造成建筑过热问题。

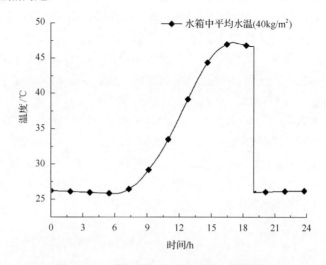

图 10.18　系统水箱中平均水温的变化曲线

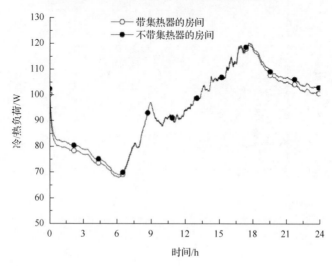

图 10.19　带新型集热器房间与不带集热器房间的负荷变化的对比曲线

考虑到传统被动采暖系统在夏季时不仅不能有效利用，而且还会造成建筑过热的问题，相比较该新型系统在夏天可以有效利用太阳能制热水，而且还能一定程度的改善室内热环境，这突出地证明了该新型系统的概念的先进性和有效性。

2. 秋季工作时对建筑负荷的影响

图 10.20 为系统水箱中平均水温在全天的变化情况，水温在全天的变化区间为 18.2～45.2℃。在最高水温情况时，可以发现系统在该典型的秋季天气下工作在集热水工作模式时可以有效地提供热水。图 10.21 为带新型集热器的房间与对比房间的负荷对比情况。由图可以发现，两个房间在该时期都具有热负荷和冷负荷的需求，都表现为冷负荷量大、热负荷量小。对比两个房间的全天冷/热负荷曲线，可以发现带集热器间的冷/热负荷曲线整体高于对比房间的相应曲线，这表明带集热器的房间其全天冷负荷需求要比对比房间的大，而其全天热负荷需求要比对比房间的小。计算得到，对于全天冷负荷量，对比房间为 3584.8kJ，带集热器的房间为 5273.6kJ，带集热器的房间相对于对比房间增加有 47.1%；对于全天热负荷量，对比房间为 706.3kJ，带集热器的房间为 225.9kJ，带集热器的房间相对于对比房间减少 68.0%。以上结果表明，与建筑一体化太阳能双效集热器系统秋季工作在集热水工作模式下时，对建筑热环境的影响明显，表现为明显地增加建筑的冷负荷量和明显降低房间的热负荷量。

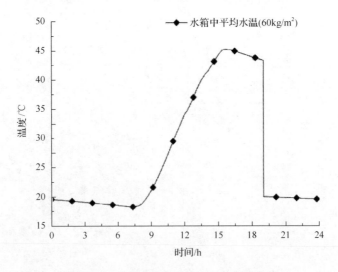

图 10.20 系统水箱中平均水温的变化曲线

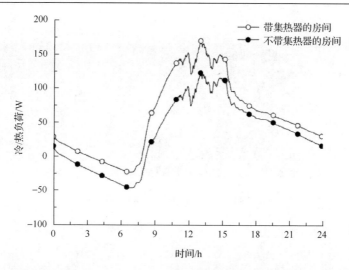

图 10.21 带新型集热器房间与不带集热器房间的负荷变化的对比曲线

值得注意的是，从房间冷/热负荷需求的总量来看，带集热器的房间比对比房间明显要大。但考虑到，秋季时室外温度低，一般都低于房间设定温度 23℃，因此，在秋季时，房间的冷量来源可以通过与室外通风得到，而这种方式可以使得房间的冷负荷需求大，但实际上消耗的能量却不会太多。另外，秋季时房间的热量需求不能直接从环境中得到，因此秋季时形成的热负荷需求降低可以形成真正的能量消耗的降低。

综合来看，与建筑一体化太阳能双效集热器系统在秋季时可以有效利用太阳能制热水，而其对建筑的热影响也认为是可以承受的。

10.4 太阳能双效集热系统在示范建筑上的应用

图 10.22 为中国科学技术大学建造的太阳能技术集成示范建筑[15, 16]。示范建筑的围护上安装了太阳能双效集热器以进行冬季采暖和非采暖季的制热水。示范建筑的一楼有北向、南向房间及过道，二楼为南向过道及北向的房间，建筑剖面示意图如图 10.23 所示。因此，如果进行太阳能采暖，仅一楼的南向房间可采用被动式太阳能采暖，而其他的房间则必须采用主动式太阳能采暖。为此，示范建筑一楼的南向墙面安装了被动式太阳能双效集热器，而一楼的屋面上则安装了主动式的太阳能双效集热器。墙面上的双效集热器在背面开设有上、下风口，与南向房间室内相通，在阳光充足的冬季白天可对相通的房间进行被动采暖。一楼屋面上，纵向的每两个双效集热器风口串联后再并联接入风管，通过风机驱动，可对建筑内的各个房间进行主动式热空气供暖。在非采暖季，墙面和屋面上的双效集热器的风道关闭，而水路则通过泵的驱动循行，进行主动式的太阳能制热水。

太阳能光伏热水模块

PV-Trombe墙

太阳能主动
双效集热器

太阳能被动
双效集热器

图 10.22　太阳能示范建筑的实景照片

　　太阳能双效集热器、水路系统及示范建筑内部布置了温度测点。图 10.24 为示范建筑室内的温度测点布置实物图。对于双效集热器的运行监测包括集热器进出口温度、集热器内部吸热板和背板温度、集热器接收的太阳能辐射强度以及对环境参数(温度、辐照和风速)进行监测记录。水路系统的监测包括进出口水温、水箱温度和流量。通过测点的数据采集和分析，对集热系统的运行性能及其效果进行评估。

10.4.1　示范建筑的太阳能采暖

　　图 10.23 为太阳能双效集热器向建筑室内送热空气供暖的示意图。一楼南向房间可通过南墙上的太阳能被动式双效集热器进行自然对流供暖。而一楼屋面上28 块太阳能主动式双效集热器阵列为两组 2×7 阵列对称排列，同列上下集热器串联后与风管相连，东西各一台风机驱动，将集热器中的热空气通过风管输送到各个房间的出风口。太阳能采暖运行时，被动式集热器加热的是南向房间内的空气，而主动式集热器加热输送的是室外新风。

　　本书对示范建筑的太阳能主、被动采暖系统不同的运行策略进行了实验研究[17]。下面所说的太阳能被动式采暖系统指一楼南墙上的太阳能被动式双效集热器阵列，太阳能主动式采暖系统即为一楼屋面上的太阳能主动式双效集热器阵列系统。图 10.25 为不同的运行策略流程图。

　　A 策略：示范建筑南向房间由主、被动采暖系统同时提供，北向房间由主动式采暖系统提供，即图中①②③同时运行；

　　B 策略：示范建筑采暖只由被动式采暖系统提供，即图中③运行；

　　C 策略：示范建筑南向房间由被动式采暖系统提供，北向房间由主动式采暖系统提供，即图中①③运行。

　　研究测试表明 A 策略和 B 策略的采暖效果不佳。A 策略造成一楼南向房间过热，而北向房间供暖不足。B 策略单纯的被动采暖不足以满足整个建筑的采暖需求。而 C 策略的运行效果最好。以下对 C 策略运行下的系统性能及建筑室内热环境进行分析。

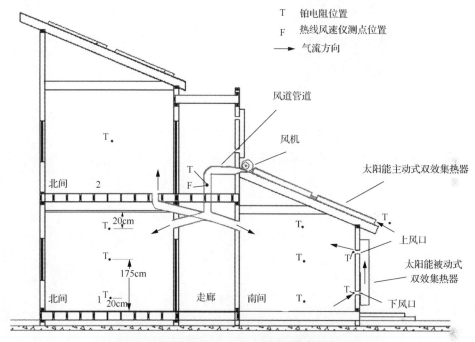

图 10.23　太阳能示范建筑采暖系统剖面示意图

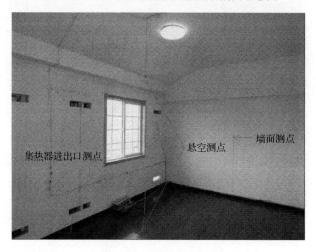

图 10.24　室内测点布置

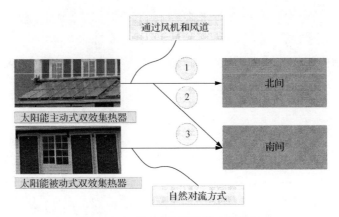

图 10.25　采暖实验运行策略流程图

图 10.26 为冬季某日的辐射和环境温度变化曲线。平均环境温度为 4.8℃，平均斜屋面辐照强度为 675.3W/m²，平均南向立面辐照强度为 430.2W/m²。

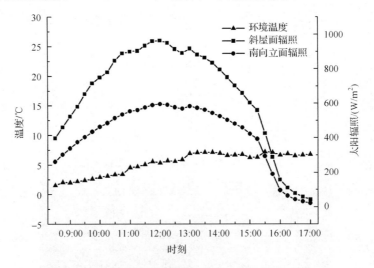

图 10.26　冬季某日的辐照和环境温度变化趋势（策略 C）

图 10.27 为太阳能主动采暖系统性能变化趋势图，太阳能主动式采暖系统出风口温度的最大值可以达到 48.0℃，出风口平均温度为 38.5℃，出风口温度和得热量与太阳辐照强度的变化趋势一致，平均得热量为 16.6kW。全天平均热效率为 54.7%。图 10.28 为被动式双效集热器上下风口温度变化曲线，上下风口温差最大为 19.1℃，平均上下风口温差为 14.6℃，上风口温度最大为 34.0℃。

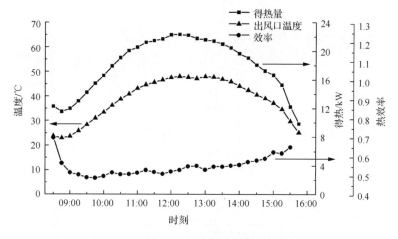

图 10.27　太阳能主动采暖系统性能变化曲线

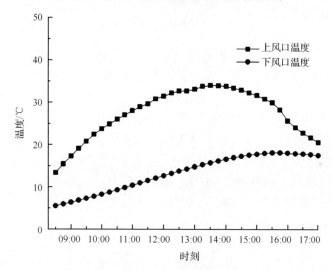

图 10.28　被动式双效集热器上下风口温度变化曲线（策略 C）

　　图 10.29 为示范建筑南北房间温度变化曲线，南北向温度变化趋势几乎一致，基本满足了南北侧房间的供暖需求。平均温度均在 17.1℃左右，两者之间相差很小。观察到在开始阶段 10:00～14:00，北向房间温度略高于南向房间温度，在 14:30 前南北房间温度相等，随后北侧房间温度随着辐照强度的减弱呈下降趋势，南向房间温度略有上升后也随之下降，不过北向房间温度低于南向房间温度。这可能的原因是南向房间通过被动采暖，由于南向墙体蓄热在太阳辐照强度减弱后，有部分墙体蓄热传递到室内，出现滞后现象，而主动式采暖通过输送热风，空气热容较小，所以温度变化较快。

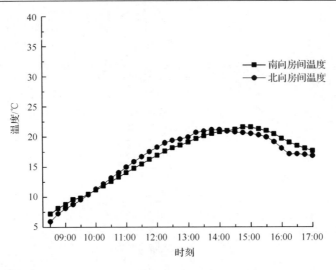

图 10.29 南北房间温度变化曲线

南北房间热环境舒适性指标 PMV 和 PPD 变化曲线见图 10.30 和图 10.31。在计算中根据办公室的条件设计，人体新陈代谢率取值为 $70W/m^2$，人体做功为 0，室内风速为 0.3m/s。

从图上可以看到由于南北向房间温度变化趋势相近，PMV 和 PPD 变化趋势也相似。房间在实验开始前，热舒适性感觉比较凉，在–1 左右，但随着主被动采暖系统的供暖，曲线呈上升趋势，最后随着室温下降略有回落。试验阶段南北向房间平均 PMV 值分别为 0.08 和 0.09。以平均值来看，房间舒适性较好。从 PPD 变化方面来看，开始由于房间较凉，PPD 指数较高，但随着室温上升，PPD 急剧

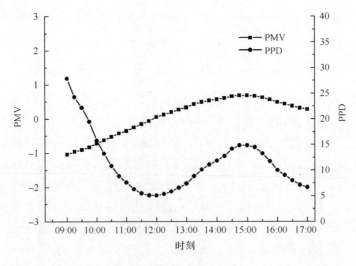

图 10.30 南向房间热舒适性

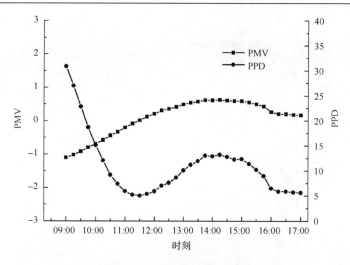

图 10.31　北向房间热舒适性

下降，南向房间在 12:00 左右达到最低值，北向房间在 11:30 左右达到最低值，然后 PPD 随着室温上升最后随着室温的下降而下降。在达到最低值之后到实验结束的这段时间内，南向房间平均 PPD 值在 10.0，北向房间平均 PPD 值在 9.1。通过查询 ASHRAE Standard 55 标准规定，房间热舒适性维持在可接受的范围内。

　　在室内空气温度分层对房间舒适性的影响上，由于示范建筑内北向房间为主动送暖，风口方向朝下，房间内空气分层不明显，图 10.32 为北向房间空气各高度温度测点变化趋势。可以看出室内空气垂直方向上温度分层现象很小。而南向房间由于为被动采暖，空气通过自然对流的方式，会出现空气分层的现象。图 10.33 为南向房间空气分层温度测点变化趋势图。可以看到南向房间虽然空气温度有分

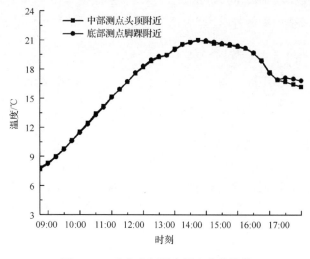

图 10.32　北向房间温度测点变化趋势

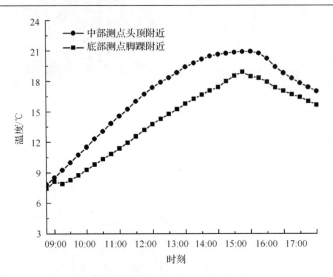

图 10.33　南向房间温度测点变化趋势

层现象，但是温度分层温差在可接受范围之内，从脚踝到头部距离之间最大温差发生在 12:00，数值为 3.6℃，根据图 10.30，当温差在 3.6℃时，不满意预测百分数小于 10%，实验阶段内平均温差为 2.5℃。

10.4.2　太阳能双效集热系统制热水

太阳能主被动双效集热器的热水管路采用了并联连接，为主动式热水系统，共用一台水泵和一个一吨的储热水箱。太阳能主动式双效集热器阵列共 28 块集热器，均分为四组，即 4×7 阵列，总集热面积为 44m²。太阳能被动式集热器阵列共有 6 块，集热器水路之间为并联连接，总集热面积为 8.5m²。分别对主动式集热器阵列、被动集热器阵列及主被动集热器联合运行制热水进行了实验。

1. 主动式双效集热器阵列制热水

对不同流量下、不同集热面积(11m²、22m²、33m² 和 44m²)下的运行性能进行了实验测试。实验开始于 8:00，从水箱初始到升到最高温为止，测试计算了系统的集热效率。

在固定集热面积为 22m²(即 2×7 块集热器并联)时，系统流量分别设置为 2.2m³/h、3m³/h 和 4m³/h，测得系统热效率如下：

流量为 2.2m³/h 时，系统热效率与归一化温差线性拟合关系。通过拟合结果获得，系统典型热效率关系式为

$$\eta = 0.47 - 0.09 \frac{T_i - \overline{T}_a}{G} \tag{10.33}$$

得到在流量为 2.2m³/h 的情况下，系统热损系数为 0.09MJ/(m²·K)，特征热效率为 47%。

流量为 3m³/h 时，系统热效率与归一化温差线性拟合关系。通过拟合结果获得，系统典型热效率关系式为

$$\eta = 0.45 - 0.16 \frac{T_i - \overline{T}_a}{G} \tag{10.34}$$

得到在流量为 3m³/h 的情况下，系统热损系数为 0.16MJ/(m²·K)，特征热效率为 45%。

流量为 4m³/h 时系统热效率与归一化温差线性拟合关系。通过拟合结果获得，系统典型热效率关系式为

$$\eta = 0.43 - 0.22 \frac{T_i - \overline{T}_a}{G} \tag{10.35}$$

得到在流量为 4m³/h 的情况下，系统热损系数为 0.22MJ/(m²·K)，特征热效率为 43%。

上面三组数据的对比显示了随着系统流量的增加，系统热损逐步增大，特征热效率逐步减小。说明在现有的系统条件下，增加系统流量不能提高系统的得热量反而会增加系统的热损。

表 10.1 为集热面积不同时，在储热水箱水量恒定的条件下系统集热水实验结果。在集热面积为 44m² 实验条件下，系统集热效率在 23.0%～33.9%；在集热面积 33m² 实验条件下，系统集热效率在 42.1%～45.1%；在集热面积 11m² 实验条件下，系统集热效率在 52.4%～58.7%。集热面积为 22m² 的实验结果参看式(10.33)～式(10.35)。可以看到随着集热面积的降低，系统的集热效率增加。其原因可能是在水箱水量一定，辐射环境相同的情形下，虽然集热面积增大，会一定程度地提高获得的热量，但一方面系统热损会相应加大，另一方面，水箱终温较高，会造成热损的进一步提高，得热与热损两者相互博弈，热损的上升占主导趋势，导致了系统热效率降低。

表 10.1　不同集热面积下系统集热水实验结果

月份	集热面积/m²	初温/℃	终温/℃	得热/MJ	平均环境温度/℃	平均辐射强度/(W/m²)	总辐射量/(MJ/m²)	热效率/%
11	44	47.4	79.2	152.0	12.9	686.6	15.0	23.0
11	44	27.1	68.4	197.4	14.8	715.5	13.2	33.9
03	33	14.6	58.6	203.3	16.7	483.2	13.7	45.1
03	33	14.3	71.5	264.3	15.3	676.1	18.4	43.6
04	33	16.9	70.4	247.2	19.7	606.5	16.8	44.6
04	33	17.4	80.5	291.5	16.0	774.4	21.0	42.1
08	11	31.9	61.5	136.8	37.5	733.5	21.2	58.7
08	11	31.8	57.9	120.6	37.0	729.4	20.9	52.4

2. 太阳能被动式双效集热器阵列集热水实验

太阳能被动式集热器阵列共有 6 块，集热器水路之间为并联连接，总集热面积为 8.5m²。实验中由于水箱相对集热面积较大，造成实验结果温升较小，获得热水的温度较低，系统热损较小，获得系统热效率较高。表 10.2 为太阳能被动式双效集热器阵列集热水实验结果，可以看到系统热效率在 53.7%～71.7%，获得热水的温度在 26.7℃～33.4℃。系统热效率与归一化温差线性拟合关系为

$$\eta = 0.74 - 0.18\frac{T_i - \bar{T}_a}{G} \tag{10.36}$$

系统热损系数为 0.18MJ/(m²·K)，特征集热效率为 74%。

表 10.2　太阳能被动式双效集热器阵列集热水实验结果

初温/℃	终温/℃	得热/MJ	平均环境温度/℃	平均辐照强度/(W/m²)	总辐照量/(MJ/m²)	热效率/%
11.3	26.7	73.6	8.9	458.7	12.6	68.7
22.2	33.4	51.7	9.8	401.4	11.3	53.7
11.5	27.0	71.6	8.9	409.6	11.8	71.7
10.4	26.9	76.2	4.7	480.7	13.6	65.9

3. 太阳能主被动式双效集热器阵列联合运行制热水实验

示范建筑上太阳能主、被动式双效集热器实际运行时是两套集热器阵列同时运行。本书分别测试了主动式集热器面积为 44m² 和 33m² 时的系统集热水性能，表 10.3 为实验所得结果。从表内可以看到在主动式双效集热器面积为 44m² 条件下，两套集热器阵列集热水热效率在 25.4%～33.8%。由于有两套系统，归一化温差 G 采用系统所获得的全部太阳辐照量，单位为 MJ，相应的系统热损系数单位为 MJ/K。拟合曲线为

$$\eta = 0.35 - 5.19\frac{T_i - \bar{T}_a}{G} \tag{10.37}$$

系统特征热效率为 35%，系统热损系数为 5.19MJ/K。

当主动式双效集热器面积为 33m² 时，两套集热器阵列集热水效率在 35.3%～43.7%。系统热效率与归一化温差线性拟合关系，拟合曲线为

$$\eta = 0.37 - 3.52\frac{T_i - \bar{T}_a}{G} \tag{10.38}$$

系统特征热效率为 37%，系统热损系数为 3.52MJ/K。系统热损系数随着主动式双效集热面积的增加而增大，而特征效率随之减小，原因同上述分析一致。

表 10.3　太阳能主被动式双效集热器阵列联合运行制热水的实验结果

集热面积/m²	初温/°C	终温/°C	得热/MJ	平均环境温度/°C	立面辐射量/MJ	斜面辐射量/MJ	热效率/%
44+8.5	26.4	87.5	282.3	24.8	83.9	752.3	33.8
44+8.5	36.5	85.3	225.5	26.5	82.0	700.8	28.8
44+8.5	40.9	88.1	218.1	25.7	90.0	767.9	25.4
44+8.5	36.5	71.1	159.9	25.1	64.2	563.9	25.5
33+8.5	14.0	74.6	280.0	25.2	80.5	560.0	43.7
33+8.5	15.0	68.9	249.0	25.6	71.1	507.3	43.1
33+8.5	11.9	64.2	241.6	8.1	81.4	602.2	35.3
33+8.5	12.6	70.9	269.3	12.7	87.7	646.9	36.7

参 考 文 献

[1] 罗成龙. 与建筑一体化太阳能双效集热器系统的实验和理论研究. 合肥: 中国科学技术大学博士学位论文, 2010.

[2] Ji J, Luo C L, Thow T T, et al. Modeling and validation of a building-integrated dual-function solar collector. Proc. IMechE Vol. Part A: J. Power and Energy, 2011, 225: 259-269.

[3] Ji J, Luo C L, Thow T T, et al. Thermal characteristics of a building-integrated dual-function solar collector in water heating mode with natural circulation. Energy, 2011, 36:566-574.

[4] Rockendorf G, Janssen S, Felten H. Transparently insulated hybrid wall. Solar Energy, 1996, 58:33-38.

[5] Tomas M, Borivoj S. Facade solar collectors. Solar Energy, 2006, 80:1443-1452.

[6] Huang B J, Du S C. A performance test method of solar thermosyphon system. Solar Energy Engineering, 1991, 113: 172-179.

[7] 家用太阳热水系统热性能试验方法(GB/T18708-2002). 中国国家标准化管理委员会, 2002.

[8] 葛新石, 龚堡, 陆维德, 等. 太阳能工程——原理和应用.北京:学术期刊出版社, 1988.

[9] Chow T T, He W, Chan A L S, et al. Computer modeling and experimental validation of a building-integrated photovoltaic and water heating system. Applied Thermal Engineering, 2008, 28: 1356-1364.

[10] 陆剑平. 复合光伏热水一体化系统综合性能研究. 合肥: 中国科学技术大学硕士学位论文, 2006.

[11] Ji J, Luo C L, Sun W, et al. An improved approach for the application of Trombe wall system to building construction with selective thermo-insulation façades. Chinese Science Bulletin, 2009, 54: 1949-1956.

[12] Ji J, Yi H, He W, et al. Modeling of a novel Trombe wall with PV cells. Building and Environment, 2007, 42 (3):1544-1552.

[13] Duffie J A. Beckman W A. Solar Engineering of Thermal Process. New York: Wiley-Interscience, 1980: 541.

[14] Clarke J A. Energy simulation in building design. 2nd edition. Butterworth-Heinemann, 2001: 254.

[15] 于志. 多种太阳能新技术在示范建筑中的应用研究. 合肥: 中国科学技术大学博士学位论文, 2014.

[16] Ji J, Yu Z, Sun W, et al. Approach of a solar building integrated with multiple novel solar technologies. International Journal of Low-Carbon Technologies, 2014, 9: 109-117.

[17] Yu Z, Ji J, Sun W, et al. Experiment and prediction of hybrid solar air heating system applied on a solar demonstration building. Energy and Buildings, 2014, 78: 59-65.

第 11 章　太阳能平板集热-直接膨胀式热泵

太阳能平板集热-直接膨胀式热泵将太阳能集热与传统热泵系统结合，可以有效利用太阳能，实现制热、制冷和制热水等多种功能。其核心是用平板集热取代热泵蒸发器，该系统应用的平板集热蒸发器具有结构紧凑、成本较低的优点，由于采用了制冷工质，还可以防止普通集热器夜晚冻结的问题，这对于在北方地区的应用尤为关键。已有研究表明，相较于传统热泵，太阳能平板集热-直接膨胀式热泵系统制热性能有明显的提升，且在低温环境下由于太阳能的作用，结霜性能大大地改善。本章对太阳能平板集热-直接膨胀式热泵在低温环境下的热性能和结霜性能进行了实验和理论研究。建立了理论模型，并通过实验进行验证。同时实验研究是在配备有太阳能模拟器的焓差实验室内进行。基于实验和模拟结果分析了系统的结霜特性和热性能。

11.1　太阳能平板集热-直接膨胀式热泵的基本原理与测试方法

11.1.1　工作原理和系统构建

太阳能平板集热-直接膨胀式热泵系统主要由四部分组成，分别是蒸发器、压缩机、冷凝器以及节流设备。蒸发器为集热/蒸发器，制冷剂直接流经集热/蒸发器，制冷剂蒸发吸热吸收太阳能或环境中的热能。之后制冷剂进入压缩机，经过压缩后成为高温高压气体，然后进入冷凝器冷凝放热，放出的热量可以用来制热或制取热水。该液体流经毛细管等节流设备，成为低温低压的液体，再次进入集热/蒸发器吸热，形成一个循环。本章搭建的太阳能平板集热-直接膨胀式热泵示意图如图 11.1 所示。本章的太阳能平板集热-直接膨胀式热泵系统采用裸板式太阳能集热/蒸发器。该集热/蒸发器背面为蛇形管式铜管，焊接在吸热板背面。吸热板为铝板，表面覆盖有选择性吸收涂层，可以有效地吸收太阳能。

11.1.2　焓差实验室及测量仪器

本章实验基于焓差实验室完成测试。焓差实验室为制冷设备性能的专业测试平台，可以准确测试空调机、热泵等的制冷量、制热量、消耗功率、性能系数等重要的性能参数。

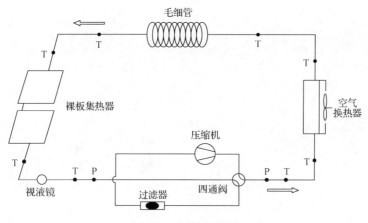

图 11.1　系统示意图

图 11.2 为焓差实验室内太阳能平板集热-直接膨胀式热泵系统布置图。焓差实验室主要由两个测试间组成，分别为室内侧和室外侧测试间。控制柜为焓差实验室测试平台的控制中心，有控制系统各设备的启停、自动或手动设定和调节系统参数、检测和记录主要运行数据等功能，同时兼有过载保护、断电保护、检测报警等作用。两个测试间为独立绝热热箱，分别有两套独立的空气处理系统。空气处理系统由风机、制冷设备、加热设备、蒸汽系统组成。通过空气处理系统的运行，测试间内的环境温度、相对湿度可以模拟室外自然环境进行变化或被控制在设定值。此外，在室内侧测试间配备有风量测量装置，可以测试空调和热泵系统的制冷、制热量(图 11.3)。

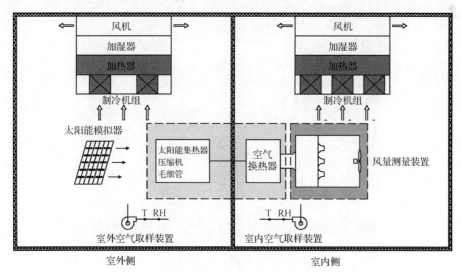

图 11.2　焓差实验室内太阳能平板集热-直接膨胀式热泵系统布置图

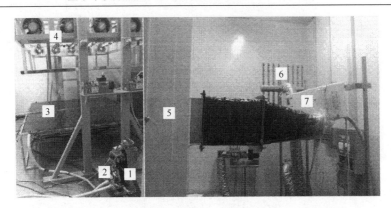

图 11.3　焓差实验室与太阳能平板集热-直接膨胀式热泵照片
1.压缩机；2.毛细管；3.裸板集热器；4.太阳能模拟器；5.风量测量装置；
6.空气取样装置；7.室内换热器

　　特别地，在室外侧测试间配备有太阳能模拟器，如图 11.4 所示。该模拟器为锦州阳光气象科技有限公司生产的 TRM-PD1 人工太阳模拟发射器。该模拟器是矩阵式模拟光源，专用于太阳能产品的室内测试。太阳能模拟器的光谱分布满足国家 B 级标准，光不均匀度小于 5%，光不稳定度小于 5%。总辐照强度的可调范围为 0~1200W/m^2，有效辐照面积为 2m×2m。在实验中，太阳能模拟器的高度和角度可以调节，从而产生集热表面可接收的平行光源。

图 11.4　太阳能模拟器

在实验过程中需要测量的参数包括温度、压力、功率、空气流量等，表 11.1
显示了各测量仪器的精度及型号。

表 11.1　测量仪器的精度和型号

测量参数	型号	精度	安装位置
温度	A 级 Pt100 铂电阻	±0.1℃	室内外空气取样装置
	T 型(铜-康铜)	±0.5℃	蒸发器、压缩机、冷凝器、毛细管进出口
辐照计	TBQ-2	2%	平行于集热/蒸发器
压力	Huba 压力传感器	0.3%	压缩机、毛细管进出口
功率	YOKOGAWA 功率计 WT230	0.1%	被试机电源处
制热量	风量测量装置	1.2%	室内换热器出口
数据采集仪	Agilent 34970A		仪器房间

11.1.3　性能分析及误差分析

在分析太阳能平板集热-直接膨胀式热泵系统的热性能时，需要分析系统的制
热量 Q_{cond}、消耗功率 W 及性能系数 COP，所用计算公式如下。

系统的冷凝换热功率可根据空气焓差法计算：

$$Q_{\text{cond}} = m_{\text{a}}(h_{\text{in-a}} - h_{\text{out-a}}) / [V_n(1 + D_n)] \tag{11.1}$$

式中，m_{a} 为空气体积流量，m^3/h；$h_{\text{in-a}}$ 和 $h_{\text{out-a}}$ 分别为室内换热器进出口空气的
焓值，J/kg；V_n 为风洞喷嘴处空气的比容，m^3/kg；D_n 为风洞喷嘴处空气的含湿
量，kg/kg 干空气。

性能系数是衡量热泵系统热性能的重要参数，COP 由以下公式计算：

$$\text{COP} = Q_{\text{cond}} / (W_{\text{in}} + W_{\text{fan}}) \tag{11.2}$$

式中，W_{fan} 为室内换热器中风扇的功率，为 36W；对于所研究的太阳能平板集热-
直接膨胀式热泵系统，$W_{\text{in}} + W_{\text{fan}}$ 为系统的总消耗功率。

COP 的相对误差(RE)表示为

$$\text{RE}_{\text{COP}} = \frac{\text{dCOP}}{\text{COP}} = \left| \frac{1}{Q_{\text{cond}}} \right| \text{d}Q_{\text{cond}} + \left| \frac{1}{W_{\text{in}}} \right| \text{d}W_{\text{in}} \tag{11.3}$$

式中，dCOP 为实验测得的 COP 与真实 COP 值之间的误差。因此，COP 的相对
误差为 1.3%。

11.2　太阳能平板集热-直接膨胀式热泵的数理模型与分析

太阳能平板集热-直接膨胀式热泵系统的数理模型主要由太阳能集热/蒸发器、压缩机、冷凝器、毛细管四个部分组成。此外，为了研究系统的结霜特性，还需要建立结霜模型。在此基础上，应用热力学分析方法，可以对太阳能平板集热-直接膨胀式热泵系统的热性能进行分析。

11.2.1　数理模型

1. 结霜模型

在建立结霜模型时进行以下假设：

(1)结霜过程是准稳态的；

(2)在一个网格内的集热/蒸发器表面温度相同；

(3)霜层中水蒸气是理想气体；

(4)霜的各项物性为平均值。

结霜过程中，空气中的水蒸气凝结形成霜层，图 11.5 为结霜过程中的霜层示意图。

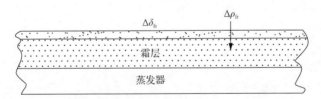

图 11.5　霜层示意图

结霜速率与空气中水蒸气的减少量有关。结霜速率如下式：

$$m_{\mathrm{fr}} = h_{\mathrm{d}} \rho_{\mathrm{a}} \left(\omega_{\mathrm{a}} - \omega_{\mathrm{f,s}} \right) \tag{11.4}$$

式中，h_{d} 为传质系数，m/s；ρ_{a} 为空气密度，kg/m³；ω_{a} 为空气中的绝对含湿量，kg/kg 空气；$\omega_{\mathrm{f,s}}$ 为霜表面温度下饱和蒸汽的绝对含湿量，kg/kg 空气。

在结霜过程中，水蒸气不断凝结，形成的总结霜量 m_{fr} 包括两部分。一部分为增加霜层厚度 m_{δ}，一部分为增加霜层密度 m_{ρ}。因此，结霜量可以用下列公式表示：

$$m_{\mathrm{fr}} = m_{\delta} + m_{\rho} \tag{11.5}$$

Kondepudi 和 O'Neal[1]给出了计算水蒸气扩散率的公式，用于计算 m_ρ：

$$m_\rho = A_s D_s \left[\frac{1 - (\rho_{fr} + \rho_i)}{1 + (\rho_{fr} + \rho_i)^{0.5}} \right] \frac{d\rho_v}{dx} \tag{11.6}$$

式中，A_s 为冷表面面积，m^2；D_s 为空气中水蒸气的扩散率，m^2/s；ρ_{fr} 为霜层的密度，kg/m^3；ρ_i 为相应温度下冰的密度，kg/m^3；ρ_v 为水蒸气密度，kg/m^3。

将理想气体状态方程和克拉珀龙-克劳修斯方程代入上式中可得

$$m_\rho = A_s D_s \left[\frac{1 - (\rho_{fr} / \rho_i)}{1 + (\rho_{fr} / \rho_i)^{0.5}} \right] \frac{P_v}{RT_s^2} \left(\frac{h_{sb}}{RT_s} - 1 \right) \frac{dT_s}{dx} \tag{11.7}$$

结霜过程中，水蒸气扩散进入霜层并凝固，增加了霜层的密度，并在这个过程中释放潜热。此外，霜层与周围环境间有换热。这两部分共同组成了传向霜层的总热量，可以表达为[2]

$$Q_a = A_s k_{fr} \frac{dT_s}{dx} + m_\rho h_{sb} \tag{11.8}$$

式中，k_{fr} 为霜层的热导率，$W/(m \cdot K)$。公式中右边的第一项即为霜层与周围环境间的热传导。

将公式(11.7)和式(11.8)联立可得

$$m_\rho = \cfrac{Q_a}{h_{sb} + \cfrac{k_{fr} R^2 T_s^3}{D_s \left[\dfrac{1 - (\rho_{fr} / \rho_i)}{1 + (\rho_{fr} / \rho_i)^{0.5}} \right] P_v (h_{sb} - RT_s)}} \tag{11.9}$$

每个时间步内霜层厚度的增加量为

$$\Delta\delta_{fr} = \frac{m_\delta}{A_s \rho_{fr}} \Delta t \tag{11.10}$$

每个时间步内霜层密度的增加量为

$$\Delta\rho_{fr} = \frac{m_\rho}{A_s \delta_{fr}} \Delta t \tag{11.11}$$

2. 太阳能平板集热-直接膨胀式热泵系统子模型

对制冷剂应用质量守恒和动量守恒方程可得

$$\frac{\partial \rho}{\partial t} + \frac{\partial m}{\partial x} = 0 \tag{11.12}$$

$$\frac{\partial m}{\partial t} + \frac{\partial \left(m^2 / \rho \right)}{\partial x} = \frac{\partial \rho}{\partial x} - \left(\frac{\partial P}{\partial x} \right)_{\text{fric}} \tag{11.13}$$

式中，$\left(\dfrac{\partial P}{\partial x} \right)_{\text{fric}}$ 为制冷剂的摩擦压降。

本章研究的太阳能平板集热-直接膨胀式热泵系统的压缩机为一匹密封式定排量压缩机，其制冷剂质量流量可以用下列公式计算：

$$m_{\text{com}} = \lambda \frac{n V_{\text{th}}}{60 v_{\text{com,i}}} \tag{11.14}$$

式中，λ 为压缩机的容积效率；V_{th} 为压缩机的理论排气量，m^3；n 为压缩机转速，min^{-1}；$v_{\text{com,i}}$ 为压缩机进口制冷剂的比容，m^3/kg。

压缩机的理论消耗功率为

$$W_{\text{th}} = V_{\text{th}} \lambda \frac{P_{\text{com,i}} \gamma}{\gamma - 1} \left[\left(\frac{P_{\text{com,o}}}{P_{\text{com,i}}} \right)^{\frac{r-1}{r}} - 1 \right] \tag{11.15}$$

式中，γ 为多变指数，在压缩过程中近似等于制冷剂的绝热指数，本章研究的压缩机使用 R22 为制冷剂，因此 γ 为 1.18；$P_{\text{com,i}}$ 为压缩机进口制冷剂压力，Pa；$P_{\text{com,o}}$ 为压缩机出口制冷剂压力，Pa。

压缩机的实际消耗功率为

$$W_{\text{th}} = \frac{W_{\text{th}}}{\eta_{\text{et}}} \tag{11.16}$$

式中，W_{th} 为压缩机理论消耗功率，W；η_{et} 为压缩机的电效率，根据上海日立公司给出的压缩机相关技术参数，η_{et} 的取值为 0.60。

冷凝器为空气换热器，管壁的换热方程为

$$\rho_f c_f \frac{\partial T_f}{\partial t} = k_f \frac{\partial^2 T_f}{\partial x^2} + \frac{1}{A_f}\left[\pi D_{f,i}\alpha_{ref}(T_{ref} - T_f) + \pi D_{f,o}\alpha_a(T_a - T_f)\right] \tag{11.17}$$

式中，k_f 为铜管管壁的热导率，$W/(m \cdot K)$；A_f 为铜管管壁换热面积，m^2；$D_{f,i}$ 为铜管的内直径，m；$D_{f,o}$ 为铜管的外直径，m；α_{ref} 为铜管与制冷剂之间的换热系数，$W/(m^2 \cdot K)$；α_a 为铜管与空气之间的换热系数，$W/(m^2 \cdot K)$；T_f 为铜管管壁温度，K；T_{ref} 为制冷剂温度，K；T_a 为空气温度，K。

铜管与制冷剂之间的换热系数可用如下公式计算[3]。

单相区：

$$\alpha_{ref} = 0.023 Re^{0.8} Pr^{0.3}\left(\frac{k_l}{D_{f,i}}\right) \tag{11.18}$$

两相区：

$$\alpha_{ref} = \alpha_l\left[(1-x)^{0.8} + \frac{3.8x^{0.76}(1-x)^{0.04}}{Pr^{0.38}}\right] \tag{11.19}$$

式中，k_l 为液相制冷剂的热导率，$W/(m \cdot K)$；α_l 为液相制冷剂的换热系数，$W/(m^2 \cdot K)$；x 为两相制冷剂的干度。

铜管管壁与空气之间的换热系数用下面的公式计算[4]：

$$\alpha_a = 0.982 Re^{0.424}\left(\frac{k_a}{d_3}\right)\left(\frac{s_1}{d_3}\right)^{-0.0887}\left(\frac{N \cdot s_2}{d_3}\right)^{-0.159} \tag{11.20}$$

式中，s_1 为翅片间距，m；d_3 为翅片的底部直径，m；N 为管排数；s_2 为沿着空气流动方向的管间距，m。

毛细管是太阳能平板集热-直接膨胀式热泵系统中的节流部件。节流过程可以看做是等焓过程，即出口制冷剂的焓值等于入口制冷剂焓值。

$$h_{cap,o} = h_{cap,i} \tag{11.21}$$

文献[5]的研究给出了毛细管的经验拟合公式，用于计算毛细管的制冷剂质量流量，如下所示：

$$m_{cap} = C_1 D_{cap,i}^{C_2} L_{cap}^{C_3} T_{con}^{C_4} 10^{C_5 \times \Delta T_{cap}} \tag{11.22}$$

式中，$D_{cap,i}$ 为毛细管的内径，m；L_{cap} 为毛细管的长度，m；T_{con} 为毛细管入口处制冷剂温度，等于冷凝器出口的温度，K；$C_1 \sim C_5$ 为拟合的常数，其数值分别是 $C_1 = 0.249029$，$C_2 = 2.543633$，$C_3 = -0.42753$，$C_4 = 0.746108$，$C_5 = 0.013922$。

对于系统的集热/蒸发器，其结构示意图如图 11.6 所示。

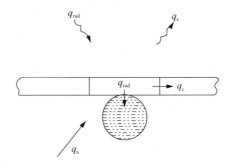

图 11.6　集热/蒸发器结构示意图

考虑到吸热板表面的换热，主要有两种换热结构。一种是直接与下方铜管接触的表面，另一种是不与铜管直接接触的表面。

对于第一种换热结构，换热方程为

$$\rho_p c_p \frac{\partial T_p}{\partial t} = k_p\left(\frac{\partial^2 T_p}{\partial x^2} + \frac{\partial^2 T_p}{\partial y^2}\right) + \frac{1}{d_p}\left[\frac{(T_{\text{ref}} - T_p)}{\frac{1}{\alpha_{\text{ref}}} + \frac{\delta_t}{k_t}} + h_{p,e}(T_e - T_p) + I\alpha + Q_a\right] \tag{11.23}$$

对于第二种换热结构，由于不直接与铜管接触，因此换热中不包括与制冷剂的换热项，其换热方程为

$$\rho_p c_p \frac{\partial T_p}{\partial t} = k_p\left(\frac{\partial^2 T_p}{\partial x^2} + \frac{\partial^2 T_p}{\partial y^2}\right) + \frac{1}{d_p}\left[h_{p,e}(T_e - T_p) + I\alpha + Q_a\right] \tag{11.24}$$

式中，d_p、ρ_p 和 c_p 分别为吸热板的厚度(m)、密度(kg/m^3)和比热容($J/(kg \cdot K)$)；k_p 和 k_t 分别为吸热板和铜管的热导率，$W/(m \cdot K)$；δ_t 为铜管厚度，m；α_{ref} 为吸热板下面铜管与制冷剂之间的换热系数，$W/(m^2 \cdot K)$；$h_{p,e}$ 为吸热板与周围环境之间的等效辐射换热系数，$W/(m^2 \cdot K)$；α 为吸热板对太阳辐照的吸收率，根据生产厂家提供的数据，数值为 0.96；Q_a 为吸热板与空气间的换热。

当集热/蒸发器表面有霜形成时，吸热板与空气间的换热 Q_a 包括结霜过程带来的潜热和与空气的显热换热，用公式(11.8)计算。当集热/蒸发器表面没有霜形成时，吸热板与空气间的换热 Q_a 为吸热板与空气的对流换热。本系统中的集热/蒸发器与环境之间的对流换热方式为自然对流。平板的自然对流包括其上表面和下表面的换热，其换热速率 $Q_{a,\text{up}}$ 和 $Q_{a,\text{down}}$ 分别用以下公式计算[6]：

$$Q_{\mathrm{a,up}} = h_{\mathrm{a,up}}(T_{\mathrm{p}} - T_{\mathrm{a}}) \tag{11.25}$$

$$Q_{\mathrm{a,down}} = h_{\mathrm{a,down}}(T_{\mathrm{p}} - T_{\mathrm{a}}) \tag{11.26}$$

在计算 $h_{\mathrm{a,up}}$ 和 $h_{\mathrm{a,down}}$ 前，首先使用瑞利数判断自然对流边界层是层流还是湍流：

$$Ra_{\mathrm{L}} = \frac{g\beta(T_{\mathrm{p}} - T_{\mathrm{a}})L^3}{\nu_{\mathrm{a}}\alpha_{\mathrm{a}}} \tag{11.27}$$

式中，β 为空气体积变化系数，对于理想气体来说，其数值等于 $\dfrac{1}{T}$；ν_{a} 为空气运动黏性系数，$\mathrm{m^2/s}$；α_{a} 为空气热扩散数，$\mathrm{m^2/s}$。

$$h_{\mathrm{a,up}} = \frac{k_{\mathrm{a}}}{L} \cdot 0.15 Ra_{\mathrm{L}}^{\frac{1}{3}} \quad (10^7 \leqslant Ra_{\mathrm{L}} \leqslant 10^{11}) \tag{11.28}$$

$$h_{\mathrm{a,down}} = \frac{k_{\mathrm{a}}}{L} \cdot 0.27 Ra_{\mathrm{L}}^{\frac{1}{4}} \quad (10^5 \leqslant Ra_{\mathrm{L}} \leqslant 10^{10}) \tag{11.29}$$

式中，k_{a} 为空气热导率，$\mathrm{W/(m \cdot K)}$。

为了有效并直观地比较模拟结果和实验结果，验证模拟结果的正确性，需要计算均方根误差。其表达式描述如下：

$$\mathrm{RMSD} = \sqrt{\frac{\sum_{i=n}\left[(X_{\mathrm{sim},i} - X_{\mathrm{exp},i})/X_{\mathrm{exp},i}\right]^2}{n}} \tag{11.30}$$

式中，$X_{\mathrm{sim},i}$ 为第 i 个模拟结果的数据；$X_{\mathrm{exp},i}$ 为第 i 个实验结果的数据；n 为数据总个数。

3. 数理模型求解

应用 MATLAB 平台编写模型的仿真程序对系统的运行性能进行模拟预测。求解过程中涉及的制冷剂物性计算使用 MATLAB 调用 Refpropm。整个过程通过迭代求解完成，程序框图如图 11.7 所示。其求解步骤如下所述：

(1)输入要求解的环境条件，包括环境温度、相对湿度、辐照强度等；

(2)初始化，设定太阳能平板集热-直接膨胀式热泵系统的各部件实际参数；

(3)假设压缩机进口制冷剂温度和压力、毛细管出口压力；

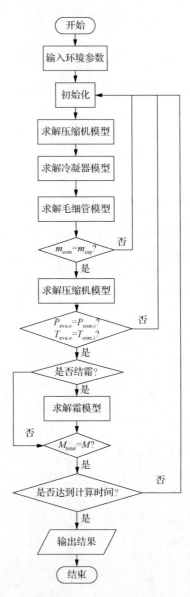

图 11.7 系统求解流程图

(4)根据假设值求解压缩机模型，求解制冷剂质量流量、压缩机消耗功率和压缩机出口制冷剂温度等参数；

(5)求解冷凝器模型，计算冷凝器出口制冷剂压力、温度和制热量等参数；

(6)求解毛细管模型，计算毛细管的制冷剂质量流量；

(7)判断毛细管制冷剂质量流量是否等于压缩机制冷剂质量流量。若相等，进入下一步；若不相等，修改假设的毛细管出口压力，并从第(4)步重新计算；

(8)求解裸板集热器模型，计算集热器出口制冷剂温度、压力和集热器表面温度等参数；

(9)判断集热器出口制冷剂温度和压力是否等于假设的压缩机进口制冷剂温度和压力。若相等，假设值合理，进入下一步；若不相等，修改假设的压缩机进口温度，重新从第(4)步计算；

(10)根据求解的集热器表面温度，判断是否结霜。若结霜，则求解结霜模型，得到结霜速率、霜层厚度、空气换热量和蒸发换热功率等参数；若不结霜，直接进入下一步；

(11)判断计算出的系统总制冷剂质量是否等于实际充注量。若相等，则进入下一步；若不相等，调整压缩机进口压力假设值，重新从第(4)步计算；

(12)判断模拟时间是否达到了设定时间。若没达到，进入下一时间步继续计算；若达到，则保存数据，程序结束。

11.2.2　数理模型的实验验证

为了验证本章所建立的太阳能平板集热-直接膨胀式热泵系统的数理模型的正确性，使用模拟计算和实验的方法分别研究该使用裸板做集热/蒸发器的太阳能平板集热-直接膨胀式热泵系统的制热性能。对结果的对比验证包括太阳能平板集热-直接膨胀式热泵系统的消耗功率、制热量、COP 和集热/蒸发器结霜情况，结果如图 11.8～图 11.10 所示。系统消耗功率的实验和计算结果的均方根误差为 2.78%。制热量的实验和计算结果的均方根误差为 4.01%。系统 COP 的实验和计算结果的均方根误差为 5.06%。计算结果很好地符合实验结果，验证了数理模型的准确性。

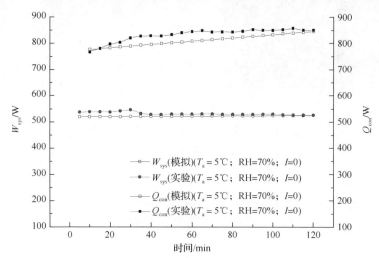

图 11.8　实验和计算结果的系统消耗功率和制热量对比

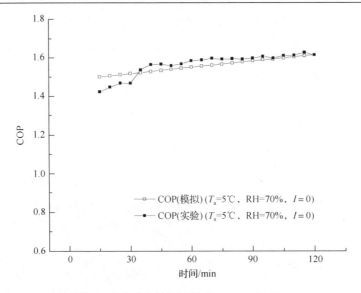

图 11.9　实验和计算结果系统 COP 的对比

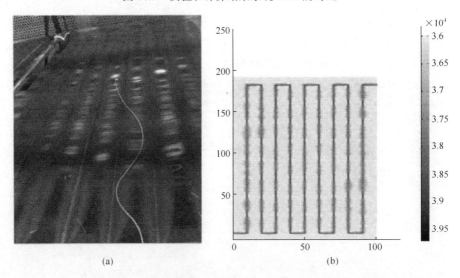

图 11.10　实验 120min 后集热/蒸发器表面结霜情况（a）及计算得出的
集热/蒸发器表面霜层厚度的分布（b）

　　模拟计算还包括对太阳能平板集热-直接膨胀式热泵系统结霜特性的计算。实验采用数码相机拍摄记录集热/蒸发器表面的结霜情况。图 11.10（a）为实验工况下运行 120min 后集热/蒸发器表面的结霜情况。从图中可以看出，霜沿着与管路接合的集热/蒸发器表面形成。图 11.10（b）为计算得出的集热/蒸发器表面霜层厚度的分布。实验和模拟结果的霜层分布情况相符。因此，根据数理模型得出的计算结果很好地符合了实验结果，数理模型得到了验证。太阳能平板集热-直接膨胀式热泵系统的结霜性能和热性能可以基于计算结果进行分析研究。

11.2.3　太阳能平板集热-直接膨胀式热泵系统的结霜特征理论预测

　　本节基于经过实验验证的数理模型，研究了太阳能平板集热-直接膨胀式热泵系统的裸板式集热/蒸发器表面的结霜过程。在研究的工况下，集热/蒸发器的蒸发温度低于冰点，而空气中的含湿量高于表面温度对应的饱和含湿量，这就导致了冷表面霜的形成。图 11.11 显示了不同室外侧环境温度下霜层厚度随时间的变化。可以看出，霜层厚度的增长在 120min 内基本成线性。环境温度是 1℃时霜的生长最快。

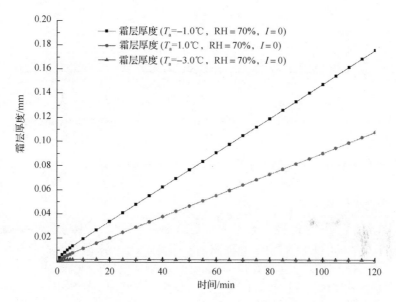

图 11.11　室外侧环境温度为 1℃、–1℃和–3℃时霜层厚度随时间的变化

　　图 11.12 为环境温度在 1℃、–1℃和–3℃时结霜速率随时间的变化情况。在三种工况下，结霜速率一开始较大，之后减小并基本稳定。三种工况的结霜速率的大小对比关系与其霜层厚度的对比关系相同。可以得出结论，霜层厚度较小，并且结霜速率基本平稳，120min 内集热/蒸发器的结霜过程还处于冷表面结霜模式的第一次第一阶段。这种现象是因为裸板的换热面积大，但与环境间的换热为自然对流方式而非强迫对流，空气的流动缓慢，结霜后含湿量下降的边界层得到含湿量补充的速度较慢。同时，吸热板与铜管接合的部分温度较低，换热较快且充分，而在离铜管较远的吸热板部分换热不充分，温度高，没有霜形成。

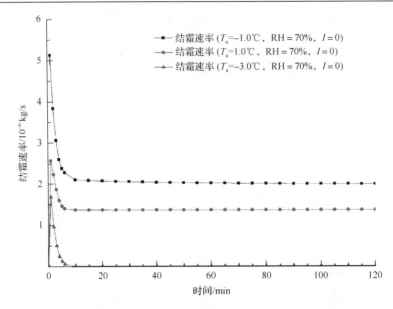

图 11.12　室外侧环境温度为 1℃、–1℃和–3℃时结霜速率随时间的变化

11.2.4　太阳能平板集热-直接膨胀式热泵系统的参数分析

1. 辐照强度的影响

本节研究了太阳能平板集热-直接膨胀式热泵系统受太阳辐照强度的影响，结果如图 11.13 和图 11.14 所示。当辐照强度为 0 时，集热/蒸发器表面有霜形成，并且 120min 后的霜层厚度为 0.176mm。而在太阳辐照强度增加到 100W/m^2 时，没有霜形成。这是因为太阳辐照加入以后，集热/蒸发器从只能吸收空气能变为还可以吸收太阳能，蒸发温度提高。模拟得出的平均蒸发温度从–5.5℃提高到– 4.1℃，提高了 1.4℃。在– 4.1℃时对应的空气饱和含湿量大于环境中空气的实际含湿量，因此没有霜形成。当辐照强度继续增加时，蒸发温度继续提高，更加没有结霜现象产生。

图 11.13 显示了系统的消耗功率随着辐照强度的增加而增加。而制热量随辐照强度变化的规律则与消耗功率不同。辐照强度从 0 变化到 500W/m^2 时，蒸发温度分别是–5.5℃、–4.1℃、–2.5℃、–1.1℃、0.1℃和 0.9℃。从模拟计算的结果可以看出，辐照强度为 100W/m^2 时的制热量比辐照强度为 0 时的制热量小。这是因为太阳辐照的加入升高了蒸发器的蒸发温度，没有霜形成。而在无辐照时，霜的形成过程处于冷表面结霜的第一阶段，缓慢且结霜量不大，结霜过程带来的潜热增益大于霜层对换热的阻碍作用。综合起来结霜过程反而利于换热。因此当辐照强度增加到 100W/m^2 时，多吸收的太阳能小于由于没有了结霜的促进换热作用而减少的蒸发端换热量，所以综合起来制热量反而减小。当辐照强度继续增加，达

到 200W/m² 时，集热/蒸发器可吸收的太阳能进一步增加，蒸发换热功率和系统消耗功率同时增加，系统的制热量明显增加。辐照强度达到 400W/m² 时蒸发温度从 −1.1℃ 提高到了 0.1℃，高于环境温度。集热/蒸发器由从环境和辐照中吸热变为从辐照中吸热并向环境散热，因此之后随辐照强度的增大对系统制热量的增加作用变小。

COP 的变化规律如图 11.14 所示。辐照强度为 100W/m² 时系统 COP 小于辐照

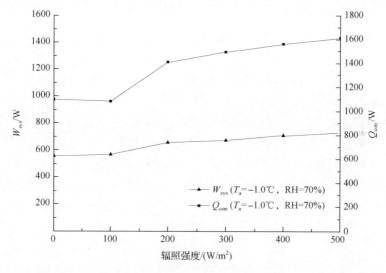

图 11.13　辐照强度为 0、100W/m²、200W/m²、300W/m²、400W/m² 和
500W/m² 时系统消耗功率和制热量的变化

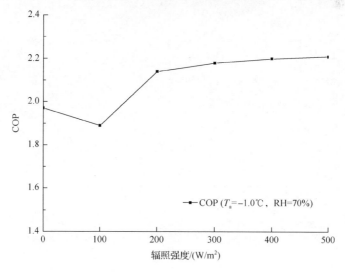

图 11.14　辐照强度为 0、100W/m²、200W/m²、300W/m²、400W/m² 和 500W/m²
时系统 COP 的变化

强度为 0 时，因为此时系统消耗功率升高且制热量降低。当辐照强度继续增强时，虽然消耗功率和制热量都升高，但是制热量的升高更显著，因此系统 COP 也随着辐照强度的增大而增大。

综合来看，太阳辐照可以提高太阳能平板集热-直接膨胀式热泵系统的蒸发温度，同时有效减缓甚至完全避免结霜问题。系统的热性能也能够被有效地提高。

2. 环境温度的影响

本节研究了太阳能平板集热-直接膨胀式热泵系统受环境温度的影响，结果如图 11.15～图 11.17 所示。如图 11.15 所示，当环境温度从 5℃开始下降时，霜层厚度先增大，在环境温度为–1℃时达到最大值，之后霜层厚度随环境温度降低而减小。在结霜过程中，结霜速率主要增加了霜层厚度，而结霜速率直接受到空气含湿量和冷表面温度对应的饱和含湿量之差的影响，也就直接影响霜层厚度。当环境温度是–1℃时，空气含湿量和冷表面温度对应的饱和含湿量之差最大，所以霜层最厚。环境温度从–1℃继续降低时，空气含湿量下降，空气含湿量和冷表面温度对应的饱和含湿量之差减小，所以霜层厚度减小。当环境温度降低到–5℃时没有霜形成，因为此时由于环境温度过低，空气含湿量较小，小于冷表面温度对应的饱和含湿量。

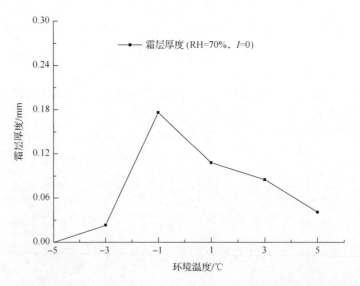

图 11.15　环境温度为 5℃、3℃、1℃、–1℃、–3℃和–5℃时集热/蒸发器霜层厚度的变化

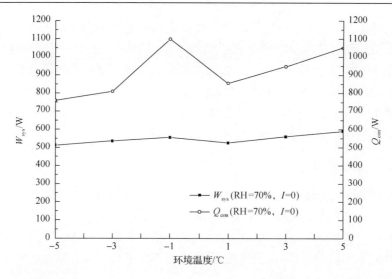

图 11.16　环境温度为 5℃、3℃、1℃、−1℃、−3℃和−5℃时系统消耗功率和制热量的变化

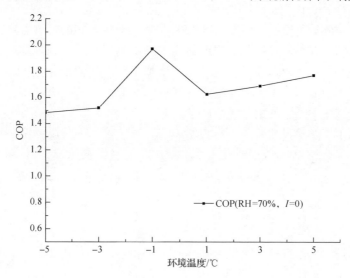

图 11.17　环境温度为 5℃、3℃、1℃、−1℃、−3℃和−5℃时系统 COP 的变化

图 11.16 为所研究的六种环境温度下太阳能平板集热-直接膨胀式热泵系统的消耗功率和制热量的变化。环境温度较低时蒸发器更难从环境中吸热。然而，在结霜过程中，水蒸气凝结所释放的潜热有利于集热/蒸发器换热，并且由于结霜量较小，霜层带来的热阻增大不明显。所以结霜过程增强了集热/蒸发器的换热。当环境温度从 5℃降低到 1℃时，蒸发端吸热量减小，制热量减小。当环境温度是−1℃时，霜层厚度最大，结霜过程带来的对换热的促进作用比环境温度降低带来的阻碍作用更大，因此系统消耗功率和制热量较高。在−1℃之后，结霜程度变弱，同

时更低的环境温度使得蒸发器从环境中吸热更为困难，集热/蒸发器的蒸发换热功率下降，系统消耗功率和制热量下降。

从图 11.17 中可以看出，COP 随环境温度的变化规律与制热量的变化规律相似。环境温度为–1℃时结霜最严重，COP 最大。

综合来看，结霜最严重时环境温度为–1℃。环境温度的下降对系统的热性能产生不利影响，但结霜过程会促进集热/蒸发器的换热。

3. 相对湿度的影响

本节研究了太阳能平板集热-直接膨胀式热泵系统受环境相对湿度的影响，结果如图 11.18～图 11.20 所示。从图 11.18 中可以看出，霜层厚度随着相对湿度的增大而增加。当相对湿度为 40%和 50%时环境空气的含湿量太小，没有霜形成。相对湿度是 60%时有霜形成，但量非常少。相对湿度从 60%开始逐渐增加时，结霜现象越来越明显。

不同相对湿度下系统的消耗功率和制热量随相对湿度的变化规律如图 11.19 所示。正如前面分析所得，结霜过程对集热/蒸发器与环境间的换热有促进作用。所以在有结霜的情况下，环境相对湿度从 60%增加到 90%时，制热量从 833W 增加到 934W，增加了 12.1%。系统消耗功率也增加了。另一方面，在无结霜的情况下，相对湿度低于 60%时，不同相对湿度下集热/蒸发器表面都没有结霜，系统消耗功率和制热量基本不变。可见，相对湿度对太阳能平板集热-直接膨胀式热泵系统热性能的影响主要是通过影响结霜过程实现的。

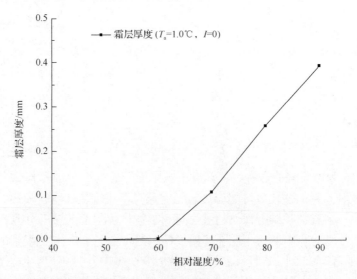

图 11.18　相对湿度为 40%、50%、60%、70%、80%和 90%时
集热/蒸发器表面霜层厚度的变化

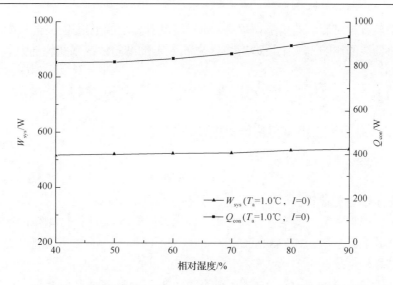

图 11.19　相对湿度为 40%、50%、60%、70%、80%和 90%时系统
消耗功率和制热量的变化

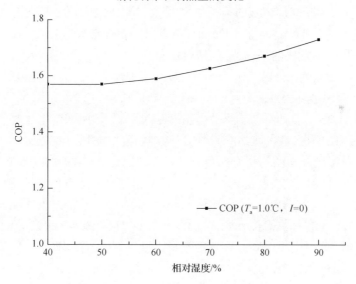

图 11.20　相对湿度为 40%、50%、60%、70%、80%和 90%时系统 COP 的变化

图 11.20 为系统 COP 随相对湿度的变化情况。对应于相对湿度为 40%、50%、60%、70%、80%和 90%时，COP 的数值为 1.57、1.57、1.59、1.63、1.67 和 1.73。相对湿度低于 60%时没有结霜，COP 未受到相对湿度的影响，相对湿度高于 60%时，COP 随相对湿度的升高而增大。

综合来看，当相对湿度低于 60%时，空气含湿量过小，集热/蒸发器表面不结霜，相对湿度对系统热性能的影响很小。相对湿度大于 60%时，结霜厚度和系统热性能都随着相对湿度的增加而提高。相对湿度对太阳能平板集热-直接膨胀式热泵系统热性能的影响主要是通过影响集热/蒸发器的结霜情况来实现的。

11.3　太阳能平板集热-直接膨胀式热泵结霜研究

11.3.1　太阳能平板集热-直接膨胀式热泵结霜条件

空气源热泵的结霜条件是环境温度为 5.8～–12.8℃，相对湿度高于 67%[7]。本节研究了太阳能平板集热-直接膨胀式热泵系统的结霜条件，实验工况参照传统热泵的结霜工况进行选择。对于热泵的结霜问题，现有结论普遍证明，相对湿度更高时结霜更严重。这一结论也可以应用于使用裸板集热/蒸发器的太阳能平板集热-直接膨胀式热泵系统。实验测试研究了同一相对湿度下，不同环境温度工况中系统是否结霜。

当环境相对湿度为 50%时，太阳能平板集热-直接膨胀式热泵系统在环境温度是 7.0℃、6.0℃、5.0℃、–1.0℃和–3.0℃下运行，120min 的运行时间内系统没有结霜。在环境相对湿度是 70%的前提下系统有不同的结霜性能。环境温度是 7.0℃，辐照强度是 0 时，系统运行了 120min，蒸发器表面有露水形成，如图 11.21(a)所示。实验过程中蒸发器的平均蒸发温度是 1.5℃，高于冰点，因此没有结霜；空气湿度大于蒸发温度对应的空气饱和湿度，因此形成了露水。环境温度是 6.0℃，辐照强度是 0 时，蒸发器表面有霜，如图 11.21(b)所示。实验过程中蒸发器的平均蒸发温度是–1.2℃，低于冰点。当环境温度是–3.0℃，辐照强度是 0 时蒸发器表面有霜，如图 11.21(c)。图 11.21(d)说明，辐照强度增加到 100W/m^2，环境温度是–3.0℃，相对湿度是 70%时仍有结霜发生。而辐照强度增加到 200W/m^2 后可以完全防止结霜发生。环境温度是 5.0℃和–1.0℃，相对湿度是 70%时，辐照强度增加到 100W/m^2，结霜完全没有发生。所以说辐照强度是 0 时，结霜的临界相对湿度在 50%～70%，临界环境温度在 7.0～6.0℃。图 11.21(e)显示的是环境温度–3.0℃，相对湿度 90%下太阳能平板集热-直接膨胀式热泵系统运行 120min 后蒸发器表面的情况。对比图 11.21(c)可知，当环境相对湿度是 90%时，系统运行 120min 后，蒸发器表面全部覆盖霜层，结霜问题更严重。相对湿度 90%时，引入强度为 100W/m^2 的太阳辐照，环境温度 5.0℃时可以完全防止结霜,环境温度 1.0℃、–1.0℃和–3.0℃时结霜仍然发生。

总结起来，在没有太阳辐照的情况下，结霜发生的临界相对湿度在 50%～70%，临界环境温度在 7.0～6.0℃。另一方面，辐照强度是 100W/m^2 时，环境温度高于–3.0℃，相对湿度低于 90%时结霜可以被完全防止。而环境温度更低或相对湿度更高时完全防止结霜所需的辐照强度更大。

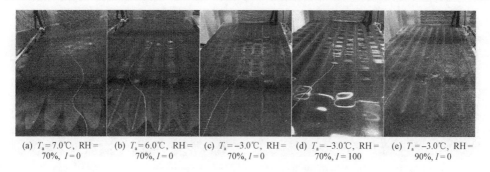

(a) $T_a=7.0℃$, RH=
70%, $I=0$
(b) $T_a=6.0℃$, RH=
70%, $I=0$
(c) $T_a=-3.0℃$, RH=
70%, $I=0$
(d) $T_a=-3.0℃$, RH=
70%, $I=100$
(e) $T_a=-3.0℃$, RH=
90%, $I=0$

图 11.21　集热/蒸发器表面结霜情况

11.3.2　太阳能平板集热-直接膨胀式热泵结霜过程

为了研究太阳能平板集热-直接膨胀式热泵系统在长时间运行中的结霜过程，实验测试工况是室外侧环境温度 1.0℃，相对湿度 70%，辐照强度 0；室内侧环境干球温度 20.0℃，湿球温度 15.0℃。实验中太阳能平板集热-直接膨胀式热泵系统连续运行 360min，使用数码相机记录集热/蒸发器表面的结霜情况(图 11.22)，并测试记录系统的热性能。

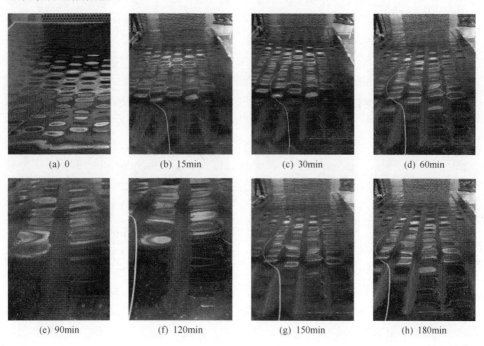

(a)　0
(b)　15min
(c)　30min
(d)　60min
(e)　90min
(f)　120min
(g)　150min
(h)　180min

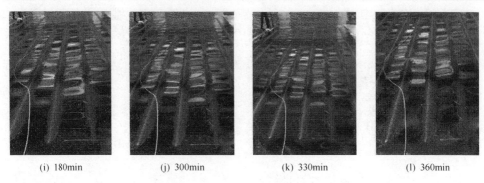

(i) 180min   (j) 300min   (k) 330min   (l) 360min

图 11.22　集热/蒸发器表面结霜情况

在关于空气源热泵结霜特性的研究中[8]，结霜过程被分为三个阶段。第一阶段，冷凝水结冰，在翅片和铜管上形成一层透明的薄冰层，然后出现冰颗粒，并在冰层上逐渐生长，之后柱状冰晶形成。在这一阶段，热泵的性能得以提升。第二阶段，霜层继续生长，柱状冰晶的半径增加，系统的热性能受到轻微影响。第三阶段，柱状冰晶的长度增长，霜层厚度的增长率迅速增大，热泵系统的性能迅速变差。在这一阶段热泵系统无法保证正常运行，需要启动除霜手段，例如通过压缩机反转、旁通热气等方式进行蒸发器表面除霜。除去生成的霜以后热泵系统才可以重新正常运行。

实验中霜层的形态一直变化。因为蒸发器表面温度低于 0℃，周围环境空气中的水蒸气在冷表面凝结，形成过冷液滴。图 11.22(b) 显示了系统运行 15min 后蒸发器表面形成的液滴，之后液滴开始凝固，在冷表面形成霜颗粒。在结霜过程中，霜在铜管与吸热板的接合部分上方的表面上形成，形成 9 列。霜以稀疏的冰颗粒形式形成。霜首先形成于每一列的中间部分，如图 11.22(c) 和 (d) 所示，因为这一部分的吸热板表面与铜管直接换热，温度更低。在此后的 300min 内，霜持续积累增加。150min 后，结霜区域形成了明显的霜晶，如图 11.22(g) 所示。由图 11.22可见霜量逐渐增加，但增速缓慢，主要还是形成于每一列的中间部分。每列霜的宽度略有增加，同时霜晶的高度少量增加。系统运行 360min 后，结霜过程没有进入结霜第三阶段。系统停止运行后，在环境条件不变并不采用任何除霜手段的前提下，表面形成的霜在 5min 内融化。

实验过程中太阳能平板集热-直接膨胀式热泵系统的运行参数如图 11.23 和图 11.24 所示。分析各参数可以得出结论，在实验中虽然有霜形成，但系统的各参数都基本稳定，没有明显受结霜影响产生下降，反而略有提升。在结霜工况下，广泛应用的使用管翅式蒸发器的空气源热泵在 90min 内会进入结霜第三阶段，也就是严重结霜状态。而严重的结霜会使热泵性能明显下降，制热量减少超过 30%[9]。相比之下，使用裸板集热/蒸发器的太阳能平板集热-直接膨胀式热泵系统运行

360min 后制热量仍没有明显下降，结霜过程没有进入第三阶段。可见太阳能平板集热-直接膨胀式热泵系统的结霜过程明显慢于传统空气源热泵系统。相对于传统热泵系统，太阳能平板集热-直接膨胀式热泵系统在结霜工况下的运行更稳定，并且可以不需要除霜手段，运行更长时间。

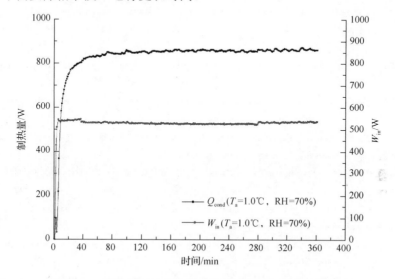

图 11.23　系统消耗功率和蒸发冷凝换热功率随时间变化图

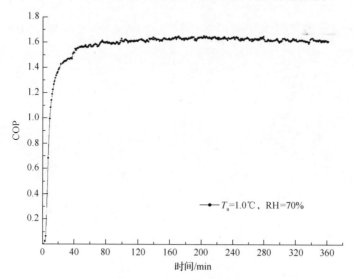

图 11.24　系统 COP 随时间变化图

参 考 文 献

[1] Kondepudi S N, O'Neal D L. Performance of finned-tube heat-exchangers under frosting conditions: 1. Simulation-model. International Journal of Refrigeration-Revue Internationale Du Froid, 1993, 16(3): 175-180.

[2] Yao Y, Jiang Y Q, Deng S M, et al. A study on the performance of the airside heat exchanger under frosting in an air source heat pump water heater/chiller unit. International Journal of Heat and Mass Transfer, 2004, 47(17-18): 3745-3756.

[3] Shah M M. A general correlation for heat transfer during film condensation inside pipes. International Journal of Heat and Mass Transfer, 1979, 22: 547-556.

[4] Li W T, Kang H, Xin R. Experimental study on heat transfer and pressure drop characteristics for fin-and-tube heat exchangers. Chin. J. Mech. Eng., 1997, 33: 604-614.

[5] Jung D, Park C, Park B. Capillary tube selection for HCFC22 alternatives. International Journal of Refrigeration-Revue Internationale Du Froid, 1999, 22(8): 604-614.

[6] Incropera F P, De Witt D P, Bergman T L, et al. 传热和传质基本原理葛新石, 叶宏译. 北京: 化学工业出版社, 2012: 350-355.

[7] Jiang Y Y Y, Ma Z. calculation of the loss coefficient for frosting-defrosting of air source heat pumps. Heating Ventilating Air Conditioning, 2000, 30(5): 24-60.

[8] Guo X M, Chen Y G, Wang W H, et al. Experimental study on frost growth and dynamic performance of air source heat pump system. Applied Thermal Engineering, 2008, 28(17-18): 2267-2278.

[9] Shao L L, Yang L, Zhang C L. Comparison of heat pump performance using fin-and-tube and microchannel heat exchangers under frost conditions. Applied Energy, 2010, 87(4): 1187-1197.

第12章　太阳能平板集热系统-间接膨胀多功能热泵

相比于直接膨胀式系统，太阳能平板集热系统-间接膨胀多功能热泵，是指太阳能集热与热泵蒸发器通过板式换热器连接。通过将太阳能平板集热系统与多功能热泵系统结合，一方面太阳能可以有效地提高热泵系统蒸发温度，另一方面，多功能热泵系统具有多种功能，可实现全年运行，有效地提高了设备的利用率。同时，太阳能平板集热系统-间接膨胀多功能热泵系统利用储热水箱储存所收集的太阳能，可以有效地解决太阳辐射与加热负荷之间不匹配的问题。本章针对太阳能平板集热系统-间接膨胀多功能热泵系统开展了理论和实验研究[1]。

12.1　太阳能平板集热系统-间接膨胀多功能热泵系统

12.1.1　太阳能平板集热系统-间接膨胀多功能热泵系统结构及工作原理

太阳能平板集热系统-间接膨胀多功能热泵系统结构如图 12.1 所示，它包括多功能热泵系统和太阳能集热系统。多功能热泵系统由额定功率为 750W 的家用空调改造而成，包括室内/外空气源换热器、板式换热器、生活用水箱、压缩机、四通阀、毛细管和单向阀，其中室内/外空气源换热器由翅片管构成，生活用水箱内置沉浸式蛇管换热器，压缩机为带有储液罐的往复式压缩机，各换热器进出口安装阀门。太阳能集热系统中包括太阳能水箱、太阳能平板集热器和水泵。其中，太阳能水箱容积为 300L，太阳能平板集热器有效集热面积为 4m^2。在太阳能平板集热器与太阳能水箱之间安装水泵，水流方向为从太阳能水箱下侧出口流向太阳能平板集热器下侧进口。多功能热泵系统与太阳能集热器系统通过板式换热器连接，板式换热器高温侧与太阳能集热系统相连，低温侧与多功能热泵系统相连。

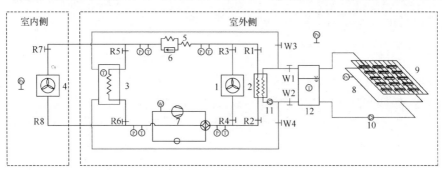

(a) 原理图

(b) 实物图

图 12.1　太阳能平板集热系统-间接膨胀多功能热泵系统原理示意图

1、4. 空气源换热器，2. 板式换热器，3.盘管水箱，5.毛细管，6.单向阀，7.压缩机、四通阀及储液罐，8.平板太阳能集热器，9.太阳能模拟器，10、11.水泵，12.太阳能水箱　R1～R8. 制冷管路阀门，W1～W4.水路阀门

太阳能平板集热系统-间接膨胀多功能热泵系统具有制冷、空气源制热、太阳能制热、空气源制热水以及太阳能制热水五种运行模式，通过将不同的换热器作为冷凝器和蒸发器以利用不同热源实现不同功能。不同运行模式之间的切换可以通过控制四通阀的方向、水泵的启停以及阀门的开关实现。

1. 制冷模式

该模式中不启动太阳能集热系统，在多功能热泵系统中，关闭 R1、R2、R5 及 R6，室内空气源换热器为蒸发器，室外空气源换热器为冷凝器。制冷工质经压缩机压缩后成为高温高压气体，随后进入室外空气源换热器冷却，释放热量到室外环境，经冷却的制冷工质进入毛细管，经节流成为低温低压液体，然后进入室内空气源换热器吸收室内环境热量蒸发，降低室内环境温度，随后进入压缩机。

2. 空气源制热模式

在多功能热泵系统中，关闭 R1、R2、R5、R6，变换四通阀方向，室内空气源换热器为冷凝器，室外空气源换热器为蒸发器，不启动太阳能集热系统。制冷工质进入室外空气源换热器，吸收环境中的热量蒸发，随后进入压缩机，经压缩的制冷工质进入室内空气源换热器，将热量释放到室内环境，提高室内环境温度，冷却后的制冷工质进入毛细管节流后，回到室外空气源换热器。

3. 太阳能制热模式

该模式中，太阳能集热系统利用平板太阳能集热器吸收太阳能，将所收集的能量储存在太阳能水箱中，并通过板式换热器将能量传递给多功能热泵系统。在多功能热泵系统中，关闭 R3、R4、R5、R6，板式换热器作为蒸发器，室内空气源换热器作为冷凝器。制冷工质进入板式换热器吸热蒸发，随后进入压缩机，经压缩的高温高压蒸汽进入室内空气源换热器冷凝，为室内供暖，冷凝后的制冷工质进入毛细管，随后经节流的制冷工质进入板式换热器。

在太阳能制热模式中，根据用户的不同需求，可以采取以下两种运行策略：

第一种运行策略，太阳能集热系统和多功能热泵系统同时运行，多功能热泵系统通过板式换热器从太阳能水箱吸热的同时，太阳能集热系统向太阳能水箱输入能量。

第二种运行策略，太阳能集热系统和多功能热泵系统在不同时段运行，白天运行太阳能集热系统，利用太阳能加热太阳能水箱中的热水。晚上运行多功能热泵系统，将太阳能水箱中所存储的热水作为热源。

对于以上两种运行策略，多功能热泵系统启动时，生活用水箱和太阳能水箱的初始水温均相同。

4. 空气源制热水模式

该模式不启动太阳能集热系统，在多功能热泵系统中，关闭 R1、R2、R7、R8，室外空气源换热器为蒸发器，盘管水箱为冷凝器。制冷工质进入室外空气源换热器，吸收环境中的热量蒸发，随后进入压缩机，经压缩的制冷工质进入生活用水箱，将热量释放到冷凝水中，冷凝水吸热升温，冷凝后的制冷工质进入毛细管，随后经节流的制冷工质回到室外空气源换热器。

5. 太阳能制热水模式

该模式中，太阳能集热系统将所收集的能量储存在太阳能水箱中，并通过板式换热器将能量传递给多功能热泵系统。在多功能热泵系统中，关闭 R3、R4、R7、R8，板式换热器作为蒸发器，生活用水箱作为冷凝器。制冷工质进入板式换热器吸热蒸发，随后进入压缩机，压缩后的制冷工质进入生活用水箱，通过蛇形盘管释放热量到冷凝水中冷凝，经冷凝的制冷工质进入毛细管，随后回到板式换热器。同样，在该模式中，可以采取两种运行策略：太阳能集热系统和多功能热泵系统同时运行，以及太阳能集热系统和多功能热泵系统在不同时段运行。对于以上两种运行策略，多功能热泵系统启动时，生活用水箱和太阳能水箱初始水温均相同。

12.1.2　太阳能平板集热系统-间接膨胀多功能热泵系统性能评价

1. 热力学第一定律分析

太阳能平板集热系统-间接膨胀多功能热泵系统的蒸发侧和冷凝侧换热功率，由式(12.1)和式(12.2)可得

$$Q_{\mathrm{eva}} = \dot{m}\left(\mathrm{han}_{\mathrm{eva,out}} - \mathrm{han}_{\mathrm{eva,in}}\right) \tag{12.1}$$

$$Q_{con} = \dot{m}\left(han_{con,in} - han_{con,out}\right) \tag{12.2}$$

式中，$\dot{m}$ 为制冷工质的质量流量，kg/s；$han_{eva,in}$ 和 $han_{eva,out}$ 分别为制冷工质在蒸发器进口和出口的比焓，J/kg；$han_{con,in}$ 和 $han_{con,out}$ 分别为制冷工质在冷凝器进口和出口的比焓，J/kg。

室内空气源换热器的换热量可利用空气焓差法计算得到[2]

$$Q_{air} = \frac{\dot{q}_a\left(han_{a,i} - han_{a,o}\right)}{v_a\left(1 + d_a\right)} \tag{12.3}$$

式中，$\dot{q}_a$ 为空气在室内空气源换热器中的体积流量，m³/s；$han_{a,i}$ 和 $han_{a,o}$ 空气在室内空气源换热器进口和出口的比焓，J/kg；v_a 为空气的比容，m³/kg；d_a 为空气的含湿量，g/kg。

生活用水箱的换热功率，由式 (12.4) 可得

$$Q_{DWT} = \frac{c_w M_w\left(T_{w2} - T_{w1}\right)}{t_2 - t_1} \tag{12.4}$$

式中，c_w 为水的比热容，J/(kg·K)；M_w 为水箱中水的质量，kg；T_{w1} 和 T_{w2} 分别为 t_1 和 t_2 时刻的水温，℃。

板式换热器的换热功率，由式 (12.5) 可得

$$Q_{plate} = c_w \dot{m}_w\left(T_{in} - T_{out}\right) \tag{12.5}$$

式中，$\dot{m}_w$ 为水的质量流量，kg/s；T_{in} 和 T_{out} 分别为板式换热器进口和出口的水温，℃。

太阳能平板集热系统-间接膨胀多功能热泵系统压缩比为压缩机的出口压力与进口压力之比，由式 (12.6) 可得

$$PR = \frac{p_{dis}}{p_{suc}} \tag{12.6}$$

式中，p_{dis} 和 p_{con} 分别为太阳能平板集热系统-间接膨胀多功能热泵系统中压缩机的出口压力和进口压力，Pa。

太阳能平板集热系统-间接膨胀多功能热泵系统性能系数 COP 为系统总的输出能量与输入能量之比，由式 (12.7) 可得

$$COP = \frac{\int_0^\tau Q_{output}(t)dt}{\int_0^\tau P_{sys}(t)dt} \tag{12.7}$$

式中，Q_{output} 为太阳能平板集热系统-间接膨胀多功能热泵系统的输出功率，W，对于制热和制热水模式，输出功率为系统的冷凝功率，对于制冷模式，输出功率为系统的蒸发功率；P_{sys} 为系统的输入功率，W。

2. 热力学第二定律分析

根据热力学第二定律，太阳能平板集热系统-间接膨胀多功能热泵系统的㶲平衡方程为

$$Ex_{heat,in} + Ex_{mass,in} + Ex_{work} = Ex_{heat,out} + Ex_{mass,out} + Ex_{loss} \tag{12.8}$$

式中，$Ex_{heat,in}$ 和 $Ex_{heat,out}$ 为系统传热过程中的㶲，W；$Ex_{mass,in}$ 和 $Ex_{mass,out}$ 为系统传质过程中的㶲，W；Ex_{work} 为系统做功过程中的㶲，W；Ex_{loss} 为系统的㶲损失，W。

$$Ex_{work} = P_{sys} \tag{12.9}$$

$$Ex_{mass,in} = \sum \dot{m}_{in} \psi_{in} \tag{12.10}$$

$$Ex_{mass,out} = \sum \dot{m}_{out} \psi_{out} \tag{12.11}$$

$$\psi = (han - han_0) - T_a(s - s_0) \tag{12.12}$$

式中，Ψ 为制冷工质的比㶲，W/kg；han_0 为制冷工质在环境温度和标准大气压下的比焓，J/kg；s_0 为制冷工质在环境温度和标准大气压下的比熵，J/(kg·K)；T_a 为环境温度，℃。

压缩机的㶲损失，由式(12.13)可得

$$Ex_{loss,com} = \dot{m}_{com}\left[(han_{com,in} - han_{com,out}) - T_a(s_{com,in} - s_{com,out})\right] + P_{sys} \tag{12.13}$$

式中，$\dot{m}_{com}$ 为压缩机中制冷工质的质量流量，kg/s；$han_{com,in}$ 和 $han_{com,out}$ 分别为制冷工质在压缩机进口和出口的比焓，J/kg；$s_{com,in}$ 和 $s_{com,out}$ 分别为制冷工质在压缩机进口和出口的比熵，J/(kg·K)。

冷凝器的㶲损失，由式(12.14)可得

$$Ex_{loss,con} = \dot{m}_{con}\left[(han_{con,in} - han_{con,out}) - T_a(s_{con,in} - s_{con,out})\right] - Q_{con}\left(1 - \frac{T_a}{T_{con}}\right)$$

$$\tag{12.14}$$

式中，$\dot{m}_{con}$ 为冷凝器中制冷工质的质量流量，kg/s；$han_{con,in}$ 和 $han_{con,out}$ 分别为制冷工质在冷凝器进口和出口的比焓，J/kg；$s_{con,in}$ 和 $s_{con,out}$ 分别为制冷工质在冷凝

器进口和出口的比熵，J/(kg·K)；T_{con} 为制冷工质的冷凝温度，℃。

蒸发器的㶲损失，由式(12.15)可得

$$Ex_{loss,eva} = \dot{m}_{eva} \left[\left(han_{eva,in} - han_{eva,out} \right) - T_a \left(s_{eva,in} - s_{eva,out} \right) \right] + Q_{eva} \left(1 - \frac{T_a}{T_{eva}} \right)$$

(12.15)

式中，$\dot{m}_{eva}$ 为蒸发器中制冷工质的质量流量，kg/s；$han_{eva,in}$ 和 $han_{eva,out}$ 分别为制冷工质在蒸发器进口和出口的比焓，J/kg；$s_{eva,in}$ 和 $s_{eva,out}$ 分别为制冷工质在蒸发器进口和出口的比熵，J/(kg·K)；T_{eva} 为制冷工质的蒸发温度，℃。

毛细管的㶲损失，由式(12.16)可得

$$Ex_{loss,cap} = \dot{m}_{cap} \left(s_{cap,out} - s_{cap,in} \right) T_a$$

(12.16)

式中，$\dot{m}_{cap}$ 为毛细管中制冷工质的质量流量，kg/s；$s_{cap,in}$ 和 $s_{cap,out}$ 分别为制冷工质在毛细管进口和出口的比熵，J/(kg·K)。

各部件的㶲损率为部件中的㶲损失与系统总的㶲损失之比，由式(12.17)可得

$$I_{loss} = \frac{Ex_{loss}}{\sum Ex_{loss}}$$

(12.17)

系统的㶲效率为系统输出的㶲与输入系统的㶲之比，对于太阳能平板集热系统-间接膨胀多功能热泵系统，输入系统的㶲包括蒸发器的输入㶲和压缩机的输入㶲，系统输出的㶲为冷凝器输出的㶲，太阳能平板集热系统-间接膨胀多功能热泵系统的㶲效率，式(12.18)可得

$$\eta_{ex} = \frac{Q_{con} \left(1 - \dfrac{T_a}{T_{con}} \right)}{P_{sys} + Q_{eva} \left(1 - \dfrac{T_a}{T_{eva}} \right)}$$

(12.18)

12.2　太阳能平板集热系统-间接膨胀多功能热泵系统的实验研究

基于太阳能热泵空调性能检测平台提供的稳态外界环境，本节研究了太阳能平板集热系统-间接膨胀多功能热泵系统各个模式的运行性能，并针对系统在太阳能制热水模式和太阳能制热模式运行时，不同因素对系统性能的影响进行了实验研究，并基于热力学第一定律及热力学第二定律对系统性能进行了评价[3]。

12.2.1 制冷模式性能分析

在制冷模式中，实验的边界条件为室内环境温度为 27℃，室外环境温度为 35℃。由于系统蒸发侧和冷凝侧边界条件稳定不变，因此系统启动一段时间后会达到稳定运行，各项参数趋于定值。制冷模式中系统达到稳定运行后系统耗功量为 682.4W，制冷量为 1753.2W，COP 为 2.57。

12.2.2 空气源制热模式性能分析

在空气源制热模式中，实验的边界条件为室内环境温度为 20℃，室外环境温度为 7℃。与制冷模式类似，由于蒸发侧和冷凝侧边界条件稳定，系统启动一段时间后会达到稳定运行。空气源制热模式中系统达到稳定运行后系统耗功量为 644.34W，制冷量为 1824.21W，COP 为 2.86。

12.2.3 空气源制热水模式性能分析

对于空气源制热水模式，实验设定的环境温度为 20℃，生活用水箱中的初始水温为 30℃，当水温达到 50℃时，即停止加热。加热过程中，空气源制热水模式系统耗功量和 COP 的变化曲线如图 12.2 所示。随着冷凝侧的水温升高，系统冷凝压力升高，制冷工质流量增大，压缩比升高，导致系统耗功量增大，COP 降低。当水温从 30℃上升到 50℃时，系统耗功量从 655.12W 升高到 910W，COP 从 3.38 降低到 2.51。

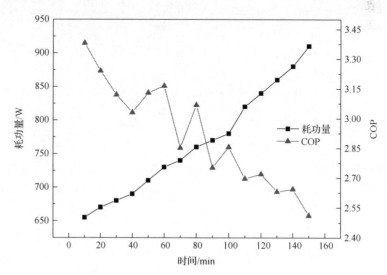

图 12.2 空气源制热水模式系统耗功量和 COP 变化曲线

12.2.4　太阳能制热水模式性能分析

在太阳能制热水模式中，对于太阳能集热系统和多功能热泵系统同时运行的策略，本书研究了太阳辐照强度对系统性能的影响。实验边界条件为水箱初始水温为 28℃，环境温度为 20℃。

不同太阳辐照强度下系统蒸发侧和冷凝侧换热功率的变化曲线，如图 12.3 所示。由图可知，当辐照强度从 0 上升到 500W/m² 时，蒸发侧的平均换热功率增加了 30.1%，冷凝侧平均换热功率增加了 37.4%，且加热时间缩短了 30min。但当太阳辐照强度从 500W/m² 上升到 600W/m² 时，系统的蒸发侧和冷凝侧的换热功率变化不大。

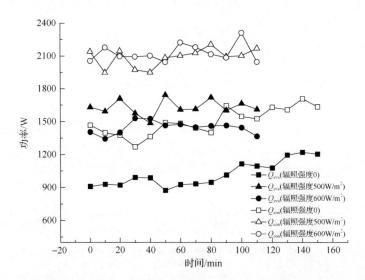

图 12.3　不同太阳辐照强度下系统蒸发侧和冷凝侧换热功率变化曲线(太阳能制热水模式)

系统耗功量和 COP 在不同太阳辐照强度下的变化曲线，如图 12.4 所示。由图可知，随着太阳辐照强度从 0 上升到 500W/m²，由于蒸发侧换热功率增大，制冷工质质量流量和蒸发压力随之增大。制冷工质质量流量增大导致系统耗功量增大，由于蒸发压力增大，系统压缩比减小，从而导致系统 COP 提高 32.2%。当太阳辐照强度从 500W/m² 上升到 600W/m² 时，由于系统的蒸发侧和冷凝侧换热功率变化不大，因此系统的耗功量和 COP 也基本相同。

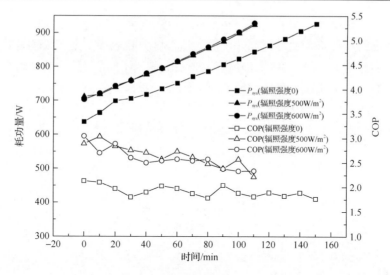

图 12.4　不同太阳辐照强度下系统耗功量和 COP 变化曲线（太阳能制热水模式）

在太阳能制热水模式中，对于太阳能集热系统和多功能热泵系统在不同时段运行的策略，本书研究了不同初始水温对系统性能的影响。实验中，环境温度为 20℃，太阳能水箱和生活用水箱初始水温相同。初始水温越高，系统的蒸发温度和冷凝温度越高，对应的制冷工质单位容积制热量随着蒸发温度的升高而升高，随着冷凝温度的升高而降低。不同初始水温下蒸发侧和冷凝侧换热功率的变化曲线，如图 12.5 所示。由图可知，在蒸发温度和冷凝温度的共同影响下，初始水温越高，蒸发侧和冷凝侧换热功率越大。当初始水温从 28℃上升到 35℃时，系统的蒸发侧和冷凝侧换热量分别升高了 54.7%和 35.2%。

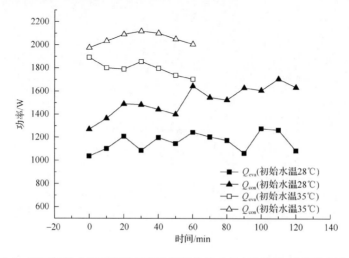

图 12.5　不同初始水温下蒸发侧和冷凝侧换热功率变化曲线（太阳能制热水模式）

不同初始水温下系统的耗功量和 COP 的变化曲线，如图 12.6 所示。由于初始水温越高，系统蒸发温度越高，因此，蒸发压力和制冷工质质量流量随着初始水温的升高而增大，导致系统耗功量增大。但是，由于冷凝压力的增幅小于蒸发压力的增幅，压缩比减小导致系统 COP 增大。当初始水温从 28℃上升到 35℃，系统平均 COP 上升了 40.51%。

太阳能制热水模式中，不同太阳辐照强度下系统㶲效率的变化曲线，如图 12.7

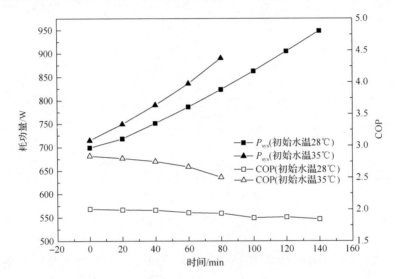

图 12.6 不同初始水温下系统耗功量和 COP 变化曲线
（太阳能制热水模式）

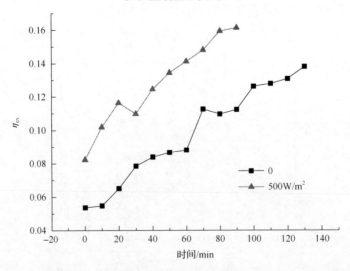

图 12.7 不同太阳辐照强度下系统㶲效率的变化曲线

所示。由图可知，随着冷凝侧水温升高，系统㶲效率升高，这是由于当冷凝侧水温升高时，热泵系统将热量从低温热源传递到高温热源[4]。当太阳辐照强度从 0 上升到 500W/m^2 时，系统的平均㶲效率增大了 19.72%。这是由于当太阳辐照强度增大时，系统的蒸发侧和冷凝侧换热功率均增大，但是冷凝侧换热功率的增幅大于蒸发侧换热功率的增幅，因此㶲效率随之增大。由此可知，提高太阳辐照强度可以提高太阳能制热水模式的㶲效率。

12.2.5　太阳能制热模式性能分析

对于太阳能制热模式，基于太阳能热泵空调性能检测平台提供的稳定外界条件，研究了不同因素对系统在太阳能制热模式中运行性能的影响。在太阳能集热系统和多功能热泵系统在不同时段运行的策略中，研究了不同初始水温对系统性能的影响。实验的边界条件为室内环境温度为 20℃，室外环境温度为 7℃。

不同初始水温下系统的蒸发侧和冷凝侧换热功率的变化曲线，如图 12.8 所示。初始水温越高，蒸发侧换热功率越高，对应的冷凝侧换热功率也越高。当初始水温分别为 30℃和 40℃时，系统的平均蒸发侧换热功率为初始水温为 20℃时的 1.08 倍和 1.39 倍，系统的平均冷凝侧换热功率为初始水温为 20℃时的 1.28 倍和 1.52 倍。

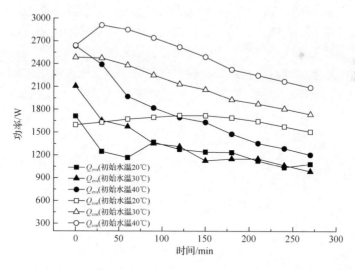

图 12.8　不同初始水温下系统的蒸发侧和冷凝侧换热功率变化曲线（太阳能制热模式）

不同初始水温下系统压缩比和 COP 的变化曲线，如图 12.9 所示。由于在太阳能制热模式中，太阳能水箱作为系统的蒸发热源，因此水箱初始水温越高，系统的蒸发温度和蒸发压力越高，而室内空气源蒸发器为冷凝器，室内环境温度为恒温，对应的冷凝温度和冷凝压力变化不大。由此可知，随着水箱初始水温升高，系统耗功量增大，压缩比降低，COP 增大。当水箱初始水温从 20℃ 上升到 40℃ 时，系统的平均 COP 从 2.42 增加到 3.19。

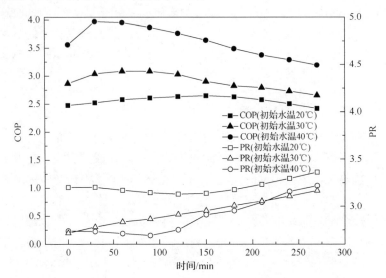

图 12.9　不同初始水温下系统压缩比和 COP 变化曲线（太阳能制热模式）

在太阳能制热模式中，对于太阳能集热系统和多功能热泵系统同时运行的策略，研究了不同太阳辐照强度对系统性能的影响。实验中，室内环境温度和室外环境温度分别设为 20℃ 和 7℃，太阳能水箱初始水温为 20℃。

不同太阳辐照强度对蒸发侧和冷凝侧换热功率的影响，如图 12.10 所示。由图可知，由于太阳能集热系统向蒸发侧输入能量，蒸发侧和冷凝侧换热功率均随

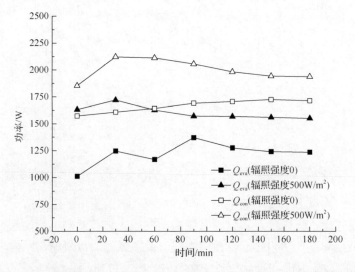

图 12.10　不同太阳辐照强度下蒸发侧和冷凝侧换热功率变化曲线（太阳能制热模式）

辐照强度的增大而升高。当太阳辐照强度从 0 上升到 $500W/m^2$ 时,蒸发侧和冷凝侧平均换热功率分别上升了 15.8%和 20.4%。不同太阳辐照强度对太阳能制热模式中系统 COP 和耗功量的影响,如图 12.11 所示。当辐照强度从 0 上升到 $500W/m^2$,系统蒸发压力升高,压缩比降低,系统的耗功量增加了 18.88%,COP 增加了 5.29%。

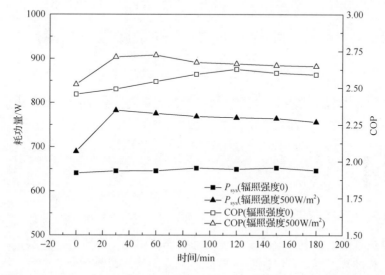

图 12.11   不同太阳辐照强度下系统 COP 和耗功量变化曲线(太阳能制热模式)

太阳能制热模式中,不同太阳辐照强度下系统㶲效率的变化曲线,如图 12.12 所示。随着制热过程的进行,热泵系统的蒸发器不断从太阳能水箱吸收热量,蒸

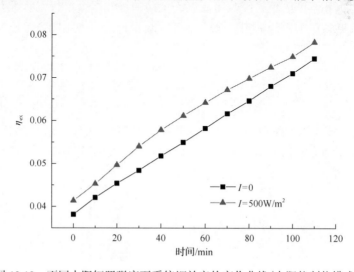

图 12.12   不同太阳辐照强度下系统㶲效率的变化曲线(太阳能制热模式)

发温度不断降低，而室内环境温度恒定，冷凝温度不变，因此，高温热源与低温热源之间的烟差值不断增大，系统烟效率升高。当辐照强度从 0 上升到 500W/m² 时，系统的蒸发侧和冷凝侧换热功率均增大，但是冷凝侧换热功率增幅大于蒸发侧换热功率增幅，因此系统烟效率增大。

12.3　太阳能平板集热系统-间接膨胀多功能热泵系统的理论研究

本节针对太阳能平板集热系统-间接膨胀多功能热泵系统建立了动态数学模型，基于动态模型，对系统在不同运行条件下的运行性能进行了模拟计算，制定了系统的全年控制策略，对系统在不同地区的全年运行性能进行了模拟预测[5,6]。

12.3.1　理论模型及求解

1. 制冷工质状态参数及物性计算

在热泵系统模拟中，制冷工质涉及的状态参数包括：压力、温度、比焓、密度、干度和过热度等，同时制冷工质会在不同的状态参数下处于过冷、饱和以及过热状态。涉及的物性参数包括：黏度系数、导热系数和比热容等，采用 ASHRAE 提供的数据[7]。

制冷工质在饱和状态下的压力、气相密度、气相比焓、液相密度和液相比焓等参数均为饱和温度的单一函数，而制冷工质的饱和温度仅与工质压力相关。

根据温度与压力之间的拟合公式，可以求得特定压力下制冷工质对应的饱和温度[8]：

$$T = \frac{a}{\ln p - b} - c \tag{12.19}$$

式中，a、b、c 为拟合系数，$a = 2025.4518$，$b = 21.25384$，$c = 247.94$。

根据通用饱和蒸汽压对比态方程，可以计算特定温度下制冷工质对应的饱和压力，方程如下：

$$\frac{\ln p_{cr}}{\ln p_{br}} = \frac{(1/T_{cr} - 1)}{(1/T_{br} - 1)} \left[1 + \eta(T_{cr}, T_{br}) \right] \tag{12.20}$$

$$\eta(T_{cr}, T_{br}) = 1.17 T_{br} \cdot B(T_{cr} - T_{br})(T_{cr} - B) \tag{12.21}$$

$$B = K(1.725 - 2.02 z_c / T_{br}) \tag{12.22}$$

式中，p_{br} 和 p_{cr} 为制冷工质的对比压力，$p_{br} = p_b/p_c$，$p_{cr} = p/p_c$，p_b 为标准大气压，p_c 为制冷工质的临界压力，p 为制冷工质的饱和压力，Pa；T_{br} 和 T_{cr} 为制冷工质的对比温度，$T_{br} = T_b/T_c$，$T_{cr} = T/T_c$，T_b 为制冷工质的标准沸点，T_c 为制冷工质的临界温度，T 为制冷工质的实际饱和温度，K；R 为气体常数，$R = 8.314\text{J}/(\text{mol}\cdot\text{K})$；$z_c$ 为制冷工质的临界压缩因子，$z_c = p_c v_c/RT_c$；K 为修正系数，$K = 1.065$。

根据通用饱和液体焓的对比态方程，可以计算制冷工质对应的饱和液体焓：

$$h_1 = h_c - \left(h_c - h_b\right)\left(\frac{T_c - T}{T_c - T_b}\right)^{\left[0.70 + 0.07\log\left(\frac{T_c - T}{T_c - T_b}\right)\right]} \tag{12.23}$$

式中，h_c 为饱和液体工质的临界焓，J/kg；h_b 为标准沸点下制冷工质的饱和液体焓，J/kg。

根据通用饱和蒸汽焓的对比态方程，制冷工质对应的饱和气体焓，由式(12.24)可得

$$h_v = \left(\frac{T_c - T}{T_c - T_b}\right)^{\left[0.70 + 0.07\log\left(\frac{T_c - T}{T_c - T_b}\right)\right]} - \frac{\Delta h_b}{h_c - h_b}\left(\frac{T_c - T}{T_c - T_b}\right)^{\left[0.360 + 0.04\left|1 - \sqrt{\frac{T_c - T}{T_c - T_b}}\right|\right]} \tag{12.24}$$

式中，Δh_b 为工质在标准沸点下的蒸发潜热，J/kg。

根据通用饱和液体密度的对比态方程，制冷工质对应的饱和液体密度，由式(12.25)可得

$$\rho_1 = \rho_c + \left(\rho_b - \rho_c\right)\left(\frac{T_c - T}{T_c - T_b}\right)^{\left[0.444 + 0.017\ln\left(\frac{T_c - T}{T_c - T_b}\right)\right]} \tag{12.25}$$

式中，ρ_c 为制冷工质在临界点的饱和液体密度，kg/m³；ρ_b 为制冷工质在标准沸点下的饱和液体密度，kg/m³。

对于制冷工质的饱和气体密度，则可根据如下指数拟合关系式求解：

$$\rho_v = \frac{1}{\exp(a_1 + a_2/T)(a_3 + a_4(T - 273.15) + a_5(T - 273.15)^2 + a_6(T - 273.15)^3)} \tag{12.26}$$

式中，$a_1 \sim a_6$ 为拟合系数，$a_1 = -11.82344$，$a_2 = 2390.321$，$a_3 = 1.01859$，$a_4 = 5.09433 \times 10^{-4}$，$a_5 = -14.8664 \times 10^{-6}$，$a_6 = -2.49547 \times 10^{-7}$。

采用显式拟合关联式可求解制冷工质的工质过热状态参数。制冷工质过热蒸汽的通用显式拟合方程如下，已知其中两个状态参数 x_1 和 x_2 即可求解第三个参数 y[9]：

$$y = f(x_1, x_2) = \frac{a_1 \cdot x_2}{x_1} + \frac{a_2}{(x_2 / a_{24})^{a_{17}}} + \frac{(a_3 + a_4 \cdot x_1 + a_5 \cdot x_1^{a_6})}{(x_2 / a_{24})^{a_{18}}} + \frac{a_7 \cdot x_1^{a_8}}{(x_2 / a_{24})^{a_{19}}}$$

$$+ \frac{a_9 \cdot x_1^{a_{10}}}{(x_2 / a_{24})^{a_{20}}} + \frac{a_{11} \cdot x_1^{a_{12}}}{(x_2 / a_{24})^{a_{21}}} + \frac{a_{13} \cdot x_1^{a_{14}}}{(x_2 / a_{24})^{a_{22}}} + \frac{a_{15} \cdot x_1^{a_{16}}}{(x_2 / a_{24})^{a_{23}}}$$

$$(12.27)$$

式中，$a_1 \sim a_{24}$ 为方程的拟合系数。

根据过冷区制冷工质热力性质隐式拟合模型可求解过冷工质的状态参数，拟合方程如下[10]：

$$z_1 - z = (T_1 - T)^2 \left(a_1 p_{cr}^6 + a_2 p_{cr}^5 + a_3 p_{cr}^4 + a_4 p_{cr}^3 + a_5 p_{cr}^2 + a_6 p_{cr} + a_7 \right)$$

$$+ (T_1 - T) \left(a_8 p_{cr}^6 + a_9 p_{cr}^5 + a_{10} p_{cr}^4 + a_{11} p_{cr}^3 + a_{12} p_{cr}^2 + a_{13} p_{cr} + a_{14} \right)$$

$$(12.28)$$

式中，z 为过冷区制冷工质某状态参数；z_1 为饱和液体区与 z 对应的制冷工质状态参数；T 为过冷区与 z 对应的制冷工质温度；T_1 为饱和液体区与 z 对应的制冷工质温度。将式(12.28)转化为关于 z 的显函数，即可根据已知的状态参数来计算待求的状态参数，对应的拟合系数如表 12.1 所示。

表 12.1 过冷工质状态参数显式拟合方程系数

	$f(h, p, T)$	$f(\rho, p, T)$
a_1	0.17296	0.31995
a_2	−0.63638	1.1368
a_3	0.71066	−1.9534
a_4	−0.39219	1.3818
a_5	0.098836	−0.34171
a_6	−0.017311	0.084453
a_7	8.0343×10^{-5}	-7.6027×10^{-5}
a_8	−9.5111	99.427
a_9	29.465	−291.11
a_{10}	−31.88	299.95
a_{11}	17.953	−158.64
a_{12}	−5.0553	40.096
a_{13}	1.4313	−10.067
a_{14}	1.0552	−2.6692

令

$$A = a_1 p_{ref}^6 + a_2 p_{ref}^5 + a_3 p_{ref}^4 + a_4 p_{ref}^3 + a_5 p_{ref}^2 + a_6 p_{ref} + a_7 \tag{12.29}$$

$$B = a_8 p_{ref}^6 + a_9 p_{ref}^5 + a_{10} p_{ref}^4 + a_{11} p_{ref}^3 + a_{12} p_{ref}^2 + a_{13} p_{ref} + a_{14} \tag{12.30}$$

$$C = z - z_1 \tag{12.31}$$

$$y = T_1 - T \tag{12.32}$$

即可得到关于 y 的一元二次方程：

$$Ay^2 + By + C = 0 \tag{12.33}$$

求解方程可以得到两个不相等的实数解，得到 y 的显式计算公式：

$$y_1 = \frac{-B - \left(B^2 - 4AC\right)^{1/2}}{2A} \tag{12.34}$$

$$y_2 = \frac{-B + \left(B^2 - 4AC\right)^{1/2}}{2A} \tag{12.35}$$

已知压力和其他某一状态参数，即可求解得到对应的制冷工质的温度。

2. 制冷工质流动传热模型

在热泵循环中，制冷工质在不同的状态参数下会处于过冷、饱和以及过热状态，涉及复杂的传热传质过程。为了简化计算，模型的建立基于以下假设：

(1)两相区，气液两相工质均匀混合，不考虑流动过程中的相间滑移；

(2)制冷工质的流动为沿管道轴向的一维均相流动；

(3)制冷工质在同一流动截面的状态参数一致；

(4)不考虑制冷工质流动过程中的局部损失，以及重力的影响；

(5)不考虑结霜的影响。

制冷工质的质量守恒方程：

$$\frac{\partial \rho}{\partial t} + \frac{\rho \partial u}{\partial z} = 0 \tag{12.36}$$

式中，u 为制冷工质的流速，m/s；ρ 为制冷工质密度，kg/m^3，两相区制冷工质的平均密度由式(12.37)可得

$$\rho = \frac{\rho_v \rho_l}{x \rho_l + (1-x) \rho_v}$$　　　　　　(12.37)

式中，ρ_l 和 ρ_v 分别为液相饱和工质和气相饱和工质密度，kg/m^3；x 为制冷工质干度。

制冷工质的动量守恒方程：

$$\rho \frac{\partial(u)}{\partial t} + \rho u \frac{\partial(u)}{\partial z} = -\frac{\partial p}{\partial z} - \left(\frac{\partial p}{\partial z}\right)_{\text{fric}}$$　　　　　　(12.38)

式中，p 为制冷工质压力，Pa；$\left(\dfrac{\partial p}{\partial z}\right)_{\text{fric}}$ 为制冷工质流动过程中的摩擦压降。

制冷工质在流动过程的压降主要包括：摩擦阻力造成的摩擦压降，制冷工质的加速度造成的加速压降，重力导致的重力压降以及局部障碍造成的局部压降[11]。本书中仅考虑摩擦压降的影响，摩擦压降可由以下经验公式得到[12]：

$$\left(\frac{\partial p}{\partial z}\right)_{\text{fric}} = \left\{ \left(\frac{dp}{dz}\right)_l + 2\left[\left(\frac{dp}{dz}\right)_v - \left(\frac{dp}{dz}\right)_l\right] x \right\}(1-x)^{\frac{1}{3}} + \left(\frac{dp}{dz}\right)_v x^3$$　　　　(12.39)

式中，$\left(\dfrac{dp}{dz}\right)_l$ 和 $\left(\dfrac{dp}{dz}\right)_v$ 分别为制冷工质在液相区和气相区的摩擦压降。

$$\left(\frac{dp}{dz}\right)_l = f_l \frac{2\dot{m}^2}{D_{p,i} \rho_l}$$　　　　　　(12.40)

$$\left(\frac{dp}{dz}\right)_v = f_v \frac{2\dot{m}^2}{D_{p,i} \rho_v}$$　　　　　　(12.41)

式中，$D_{p,i}$ 为制冷工质管道的内径，m；f_l 和 f_v 分别为液相和气相制冷工质的摩擦因子，$f = \dfrac{0.079}{Re^{0.25}}$。

制冷工质的能量守恒方程：

$$\frac{\partial(\rho h)}{\partial t} + \frac{\partial(\rho u h)}{\partial z} = \frac{L_p}{A_p} \alpha_{r,p} (T_p - T)$$　　　　　　(12.42)

式中，L_p 为制冷工质管道周长，m；A_p 为制冷工质管道的横截面积，m^2；$\alpha_{r,p}$ 为制冷工质与管道之间的对流换热系数，$W/(m^2 \cdot K)$；T 和 T_p 分别为制冷工质温度和管道壁温度，℃。

3. 换热器模型

1) 空气源换热器

室内外空气源换热器由翅片管组成，换热过程包括制冷工质与管道内壁的对流换热以及空气与翅片之间的对流换热，如图 12.13 所示。

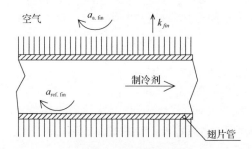

图 12.13　室内外空气源换热器换热过程示意图

翅片管的能量平衡方程，由式 (12.43) 可得

$$\rho_{\text{fin}} c_{\text{fin}} \frac{\partial T_{\text{fin}}}{\partial t} = k_{\text{fin}} \frac{\partial^2 T_{\text{fin}}}{\partial z^2} + \frac{1}{A_{\text{fin}}} \Big[\pi D_{\text{fin,i}} h_{\text{r,fin}} \big(T - T_{\text{fin}} \big) + \pi D_{\text{fin,o}} h_{\text{a,fin}} \big(T_{\text{a}} - T_{\text{fin}} \big) \Big]$$

$$(12.43)$$

式中，ρ_{fin} 为翅片管的密度，kg/m³；c_{fin} 为翅片管的比热容，J/(kg·K)；T_{a} 和 T_{fin} 分别为环境温度和翅片管壁温，℃；k_{fin} 为翅片管的导热系数，W/(m·K)；A_{fin} 为翅片管壁的横截面积，m²；$D_{\text{fin,o}}$ 和 $D_{\text{fin,i}}$ 分别为翅片管的外径和内径，m；$h_{\text{r,fin}}$ 和 $h_{\text{a,fin}}$ 分别为制冷工质与翅片管的对流换热系数和空气与翅片管的对流换热系数，W/(m²·K)。

翅片管与空气的对流换热系数，由式 (12.44) 可得[13]

$$h_{\text{a,fin}} = 0.982 Re^{0.424} \left(\frac{k_{\text{a}}}{D_3} \right) \left(\frac{S_1}{D_3} \right)^{-0.0887} \left(\frac{N \cdot S_2}{D_3} \right)^{-0.159} \tag{12.44}$$

式中，k_{a} 为空气的导热系数，W/(m·K)；S_1 和 S_2 分别为翅片间距和空气流动方向的管间距，m；D_3 为翅片管的翅根直径，m；N 为管排数。

制冷工质与管壁的对流换热系数，由式 (12.45) 可得[14]

$$h_{\mathrm{r,fin}} = \begin{cases} 0.023Re^{0.8}Pr^{0.3}\left(\dfrac{k_1}{D_i}\right), & \text{单相区} \\[3mm] h_1\left[(1-x)^{0.8} + \dfrac{3.8x^{0.76}(1-x)^{0.04}}{Pr^{0.38}}\right], & \text{两相区} \end{cases} \quad (12.45)$$

式中，k_1 为液相饱和工质的导热系数，W/(m·K)；h_1 为液相工质与管壁的对流换热系数，W/(m²·K)。

2) 生活用水箱

生活用水箱内置沉浸式蛇形盘管，换热过程包括制冷工质与盘管内壁之间的对流换热，盘管与冷凝水之间的对流换热，水箱内表面与水之间的对流换热以及水箱外表面与环境之间的对流换热，如图 12.14 所示。

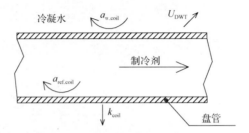

图 12.14　生活用水箱换热过程示意图

盘管管壁的能量平衡方程为

$$\rho_{\mathrm{coil}}c_{\mathrm{coil}}\frac{\partial T_{\mathrm{coil}}}{\partial t} = k_{\mathrm{coil}}\frac{\partial^2 T_{\mathrm{coil}}}{\partial z^2} + \frac{1}{A_{\mathrm{coil}}}\left[\pi D_{\mathrm{coil,i}}h_{\mathrm{r,coil}}\left(T-T_{\mathrm{coil}}\right) + \pi D_{\mathrm{coil,o}}h_{\mathrm{w,coil}}\left(T_{\mathrm{w,DWT}}-T_{\mathrm{coil}}\right)\right]$$

$$(12.46)$$

式中，ρ_{coil} 为盘管的密度，kg/m³；c_{coil} 为盘管的比热容，J/(kg·K)；T_{coil} 和 $T_{\mathrm{w,DWT}}$ 分别为盘管壁温和生活用水箱中的水温，℃；k_{coil} 为盘管的导热系数，W/(m·K)；A_{coil} 为盘管壁的横截面积，m²；$D_{\mathrm{coil,o}}$ 和 $D_{\mathrm{coil,i}}$ 分别为盘管的外径和内径，m；$h_{\mathrm{r,coil}}$ 和 $h_{\mathrm{w,coil}}$ 分别为制冷工质与盘管的对流换热系数和水与盘管的对流换热系数，W/(m²·K)，分别可由式(12.45)和式(12.48)计算得到。

生活用水箱中水的能量平衡方程为

$$M_{\mathrm{w,DWT}}c_{\mathrm{w}}\frac{\partial T_{\mathrm{w,DWT}}}{\partial t_t} = A_{\mathrm{DWT}}U_{\mathrm{DWT}}\left(T_a - T_{\mathrm{w,DWT}}\right) + A_{\mathrm{coil,o}}h_{\mathrm{w,coil}}\left(T_{\mathrm{coil}} - T_{\mathrm{w,DWT}}\right) \quad (12.47)$$

式中，$M_{w,DWT}$ 为生活用水箱中水的质量，kg；A_{DWT} 为生活用水箱的外表面积，m^2；U_{DWT} 生活用水箱与外界环境的总热损系数，$W/(m^2 \cdot K)$。

水箱中盘管与冷凝水的对流换热系数，由式(12.48)可得[15]

$$h_{w,coil} = \frac{k_w Nu_{coil,w}}{H_{coil}} \tag{12.48}$$

$$Nu_{coil,w} = 0.68 + \frac{0.67 Ra_{coil,w}^{1/4}}{\left[1 + \left(0.492/Pr\right)^{9/16}\right]^{4/9}} \tag{12.49}$$

$$Ra_{coil,w} = \frac{g\beta_w \left(T_{coil} - T_{coil,tk}\right) H_{coil}^3}{\upsilon_w \alpha_w} \tag{12.50}$$

式中，k_w 为水的导热系数，$W/(m \cdot K)$；H_{coil} 为沉浸盘管高度，m；υ_w 为水的运动黏度，m^2/s；T_{coil} 和 $T_{coil,tk}$ 分别为盘管壁温和生活用水箱壁温，℃；β_w 为水的膨胀系数；α_w 为水的热扩散系数，m^2/s。

3) 板式换热器

板式换热器和太阳能水箱中的换热过程包括水与板壁之间的对流换热，制冷工质与板壁之间的对流换热，水箱内表面与水之间的对流换热以及水箱外表面与环境之间的对流换热，如图 12.15 所示。

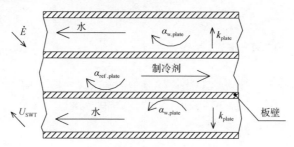

图 12.15　板式换热器换热过程示意图

板式换热器中，板壁的能量平衡方程为

$$\rho_{plate} c_{plate} \frac{\partial T_{plate}}{\partial t} = k_{plate} \frac{\partial^2 T_{plate}}{\partial z^2} + \frac{1}{A_{plate}} \left[\begin{array}{l} W_{plate} h_{r,plate} \left(T - T_{plate}\right) + \\ W_{plate} h_{w,plate} \left(T_{w,SWT} - T_{plate}\right) \end{array} \right] \tag{12.51}$$

式中，$h_{r,plate}$ 为制冷工质与板式换热器的对流换热系数，$W/(m^2 \cdot K)$；$h_{w,plate}$ 为水与板式换热器的对流换热系数，$W/(m^2 \cdot K)$；W_{plate} 为板式换热器宽度，m；ρ_{plate} 为

板式换热器的密度，kg/m³；T_{plate} 和 $T_{w,SWT}$ 分别为板式换热器壁温和生活用水箱中的水温，℃；c_{plate} 为板式换热器的比热容，J/(kg·K)；k_{plate} 为板式换热器的导热系数，W/(m·K)；A_{plate} 为板式换热器壁的横截面积，m²。

太阳能水箱中水的能量平衡方程为

$$M_{w,SWT} c_w \frac{\partial T_{w,SWT}}{\partial t} = A_{SWT} U_{SWT} \left(T_a - T_{SWT} \right) + A_{w,plate} h_{w,plate} \left(T_{plate} - T_{w,SWT} \right) + P$$

$$(12.52)$$

式中，$M_{w,SWT}$ 为太阳能水箱中水的质量，kg；A_{SWT} 为太阳能水箱的外表面积，m²；$T_{w,SWT}$ 为太阳能水箱中的水温，℃；U_{SWT} 太阳能水箱与外界环境的总热损系数，W/(m²·K)；P 为平板太阳能集热器的输入功率，W。

板式换热器高温侧工质为水，水与板式换热器的对流换热系数，由式(12.53)可得[16]

$$h_{w,plate} = 0.087 \left(k_w / D_e \right) Re^{0.718} Pr^{0.333} \left(\mu_w / \mu_{plate} \right)^{0.17} \qquad (12.53)$$

式中，k_w 为水的导热系数；D_e 为板式换热器流道的当量直径，m，当波纹高度 b 远小于板式换热器长度时，$D_e = 2b$；μ_w 和 μ_{palte} 分别为水和板式换热器的动力黏度，N·s/m²。

板式换热器低温侧工质为制冷工质，单相区制冷工质与板式换热器的对流换热系数可由式(12.53)得到，两相区制冷工质与板式换热器的对流换热系数由式(12.54)可得[17]

$$h_{r,plate} = 0.0675(k_l / D_e)(Re^2 h_{jp} / L_{plate})^{0.4124}(p / p_c)^{0.12}(65 / \omega)^{0.35} \quad (12.54)$$

式中，k_l 为饱和液相制冷工质的热传导系数，W/(m²·K)；h_{jp} 为制冷工质的蒸发潜热，J/kg；L_{plate} 为板式换热器长度，m；p_c 为制冷工质的临界压力，Pa；ω 为板式换热器中波纹角度，$\omega = 65°$。

4) 压缩机模型

压缩机中制冷工质的质量流量，由式(12.55)可得

$$\dot{m} = \lambda \frac{n V_{th}}{v_{suc}} \qquad (12.55)$$

式中，v_{suc} 为压缩机吸气口的工质比容，m³/kg；n 为压缩机转速，rad/s；V_{th} 为压缩机的理论容积排气量，为固定参数，m³；λ 为输气系数，可由式(12.56)确定：

$$\lambda = \lambda_v \lambda_p \lambda_t \lambda_d \qquad (12.56)$$

式中，λ_v、λ_p、λ_t、λ_d 分别为压缩机的容积系数、压力系数、温度系数和泄漏系数，各系数的计算公式分别为

$$\lambda_v = 1 - c\left[\left(\frac{p_{con} + \Delta p_c}{p_{eva}}\right)^{\frac{1}{m}} - 1\right] \tag{12.57}$$

$$\lambda_p = 1 - \frac{1+c}{\lambda_v}\frac{\Delta P_e}{P_{eva}} \tag{12.58}$$

$$\lambda_t = AT_{con} + B(T_{suc}^{'} - T_{eva}^{'}) \tag{12.59}$$

式中，c 为相对余隙容积，一般为 $\leqslant 1.5\%$；p_{con} 为冷凝压力；Δp_c 为排气压力损失，Pa；m 为多变指数；p_{eva} 为蒸发压力；Δp_e 为吸气压力损失，Pa；T_{suc} 为压缩机吸气口温度，K；T_{con} 和 T_{eva} 分别为冷凝和蒸发温度，K；A、B 为经验系数；λ_d 为因泄漏导致的泄漏系数，一般为 $0.97 \sim 0.99$。

压缩机的理论输入功率，由式（12.60）可得[18]

$$P_{th} = n\lambda V_{th} p_{suc}\frac{m}{m-1}\left[\left(\frac{p_{dis}}{p_{suc}}\right)^{\frac{m-1}{m}} - 1\right] \tag{12.60}$$

压缩机的实际输入功率，式（12.61）可得

$$P_{sys} = \frac{P_{th}}{\eta_{et}} \tag{12.61}$$

η_{et} 为压缩机的电效率，由式（12.62）可得

$$\eta_{et} = \eta_i\eta_t\eta_l\eta_m\eta_{mo} \tag{12.62}$$

式中，η_i、η_t、η_e、η_m、η_{mo} 分别为压缩机的指示效率、加热效率、泄漏效率、机械效率及电机效率。

指示效率 η_i 可由式（12.63）确定：

$$\eta_i = \frac{\lambda_t\lambda_d}{1 + \dfrac{1.5(\Delta p_e + \Delta p_c PR^{1/m})}{(han_{com,out} - han_{com,in})/v_{suc}}} \tag{12.63}$$

式中，$h_{com,out}$ 和 $h_{com,in}$ 为压缩机进口和出口的比焓，J/kg；加热效率 η_t 是压缩机吸气过程引起的加热损失，可近似等于温度系数 λ_t；泄漏效率 η_m 也可近似等于泄漏

系数 λ_d；机械效率 η_m 主要由压缩机中润滑油和制冷工质的物理性质决定；电机效率 η_{mo} 一般取 ≤0.87。

在此考虑压缩机自身温升和环境热损造成的影响，对应的能量平衡方程为

$$M_{com}c_{com}\frac{\partial T_{com}}{\partial t} = Q_2 - Q_1 \tag{12.64}$$

式中，T_{com} 为压缩机的温度，K；c_{com} 为压缩机的比热容，J/(kg·K)；M_{com} 为压缩机的质量，kg；Q_2 和 Q_1 分别为压缩机内部生成的热和向周围环境的热量损失，W。

$$Q_2 = P_{sys} - \dot{m}(h_{com,out} - h_{com,in}) \tag{12.65}$$

$$Q_1 = U_{com}A_{com}(T_{com} - T_a) \tag{12.66}$$

式中，A_{com} 为压缩机的总外表面积，m^2；U_{com} 为压缩机与外界环境的总换热系数，W/(m^2·K)。

5) 毛细管模型

毛细管的节流过程为等焓过程，其进出口的焓值近似相等。毛细管出口制冷工质的质量流量可根据以下经验拟合公式得到[19]：

$$\dot{m} = C_1 D_{cap}^{C_2} L_{cap}^{C_3} T_{con}^{C_4} 10^{C_5 \times \Delta T_{in}} \tag{12.67}$$

式中，D_{cap} 为毛细管内径，mm；T_{con} 为冷凝温度；ΔT_{in} 为毛细管入口过冷度，K；L_{cap} 为毛细管长度，m；$C_1 \sim C_5$ 为经验拟合常数，C_1=0.249029，C_2=2.543633，C_3=−0.42753，C_4=0.746108，C_5=0.013922。

6) 模型求解

通过数值迭代求解制冷工质的流动传热模型以及太阳能平板集热系统-间接膨胀多功能热泵系统中各部件中的能量平衡方程，即可得到制冷工质的状态参数、水箱水温、压缩机耗功量等参数。其中，换热器模型方程采用全隐式离散，制冷工质的流动传热方程采用迎风格式离散。太阳能平板集热系统-间接膨胀多功能热泵系统动态模型的求解流程，如图 12.16 所示。

太阳能平板集热系统-间接膨胀多功能热泵系统动态模型的求解步骤如下：

(1) 程序开始，输入系统各部件设计参数。设定系统的运行边界条件，包括环境温度，太阳辐照强度和水箱初始水温。设定热泵系统中工质的状态参数的初始值，包括温度、压力、比焓、密度、干度和质量流量。

(2) 根据压缩机进出口参数，求解压缩机模型，得到耗功量及其出口的制冷工质状态参数。

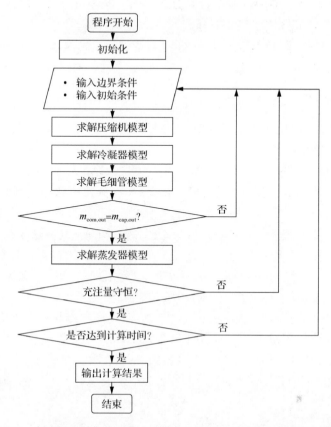

图 12.16　太阳能平板集热系统-间接膨胀多功能热泵系统动态模型求解流程图

(3)根据冷凝器进口制冷工质的状态参数，求解冷凝器模型。对于制热/冷模式调用室内/外空气源换热器模型，对于制热水模式，调用生活用水箱模型，计算得到冷凝器出口的制冷工质状态参数。

(4)根据蒸发器进口参数和冷凝器出口参数，求解毛细管模型，计算得到毛细管出口的制冷工质质量流量。

(5)判断毛细管出口制冷工质质量流量是否等于压缩机出口。若相等，进入步骤(6)；若不相等，返回步骤(1)，并调整冷凝压力。

(6)根据蒸发器进口制冷工质的状态参数，求解蒸发器模型。对于太阳能制热/热水模式，调用板式换热器模型，对于空气源制热/热水模式，调用室外空气源换热器模型，对于制冷模式，调用室内空气源换热器模型。计算得到蒸发器出口制冷工质的状态参数。

(7)判断蒸发器出口制冷工质的状态参数是否等于压缩机进口的。若相等，进入步骤(8)；若不相等，返回步骤(1)，并调整压缩机进口过热度。

(8)判断热泵系统制冷工质充注量是否守恒。若守恒，进入步骤(9)；若不守恒，返回步骤(1)，并调整蒸发压力。

(9)判断模拟时间是否达到设定时间。若达到设定时间，结束程序并输出计算结果；若未达到设定时间，则令 $t = t+\mathrm{d}t$，进入下一时刻计算。

12.3.2　在不同运行条件下的性能分析

基于经验证的理论模型，本书研究了不同运行参数对太阳能制热模式和太阳能制热水模式性能的影响。

太阳能制热水模式中，当环境温度为 20℃，太阳能辐照强度为 0，太阳能水箱和生活用水箱初始水温为 25~35℃时，系统在蒸发侧和冷凝侧的平均换热功率，如图 12.17 所示。随着初始水温升高，蒸发侧和冷凝侧的平均换热功率均上升。当初始水温从 25℃上升到 35℃时，蒸发侧平均换热功率从 1135.5W 上升到 1485.21W，冷凝侧平均换热功率从 1572.52W 上升到 2156.72W。系统平均耗功量和 COP 也随初始水温的升高而上升，如图 12.18 所示。当初始水温从 25℃上升到 35℃，系统平均耗功量和 COP 分别上升了 16.5%和 15.8%。

不同太阳辐照强度对太阳能制热水模式中蒸发侧和冷凝侧换热功率的影响，如图 12.19 所示。当太阳辐照强度从 0 上升到 800W/m²，蒸发侧换热功率从 1717.99W 上升到 1733.28W，冷凝侧换热功率从 1895.84W 上升到 2087.71W。太阳辐照强度越高，蒸发侧对应的蒸发压力越高，制冷工质质量流量增大，系统耗功量增大，冷

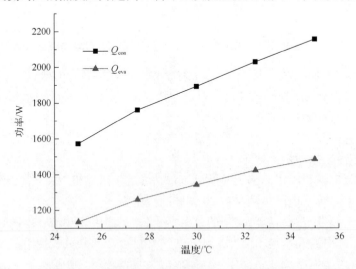

图 12.17　不同初始水温下系统蒸发侧和冷凝侧的平均换热功率(太阳能制热水模式)

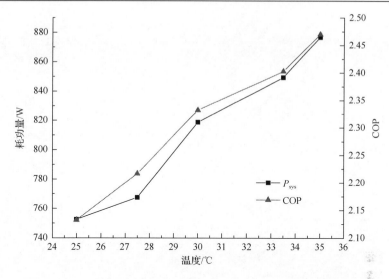

图 12.18　不同初始水温下系统耗功量和 COP（太阳能制热水模式）

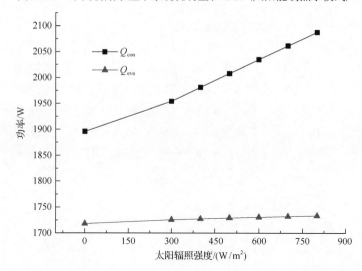

图 12.19　不同太阳辐照强度下系统蒸发侧和冷凝侧换热功率（太阳能制热水模式）

凝压力增幅小于蒸发压力，压缩比减小，系统 COP 增大，如图 12.20 所示。当太阳辐照强度从 0 上升到 800W/m²，系统耗功量从 809.97W 上升到 821.01W，COP 从 2.35 增加到 2.57。由此可知，对于太阳能制热水模式，同时运行太阳能集热系统和热泵系统可以提高制热水的效率。

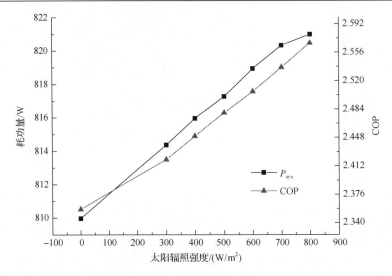

图 12.20   不同太阳辐照强度下系统耗功量和 COP（太阳能制热水模式）

    太阳能制热模式中，当初始水温为 30℃，室外环境温度为 7℃，太阳辐照强度为 0，室内环境温度从 16℃上升到 28℃时，太阳能制热模式中系统的蒸发侧和冷凝侧换热功率的变化情况，如图 12.21 所示。随着室内环境温度的升高，系统冷凝侧制冷工质与室内环境的温差减小，导致系统冷凝侧换热功率降低，蒸发器入口处制冷工质温度升高，制冷工质与热源温差降低，蒸发侧换热功率减小。当室内环境温度从 16℃上升到 28℃时，系统冷凝侧换热功率从 1438.53W 降低到 1340.99W，蒸发侧换热功率从 1276.16W 降低到 1045.28W。室内环境温度升高，

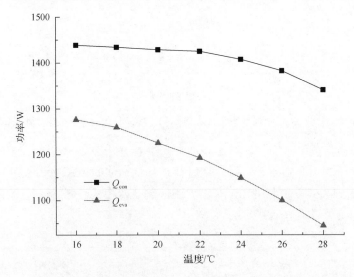

图 12.21   不同室内环境温度下系统蒸发侧和冷凝侧换热功率的变化（太阳能制热模式）

系统冷凝压力和蒸发压力均增大，且冷凝压力增幅大于蒸发压力，系统压缩比增大，导致系统耗功量增大而 COP 降低，如图 12.22 所示。当室内环境温度从 16℃上升到 28℃时，系统耗功量增大 28.26%，COP 降低 26.30%。

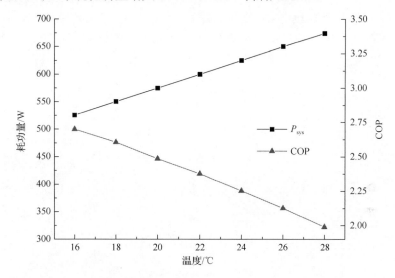

图 12.22　不同室内环境温度下系统耗功量和 COP（太阳能制热模式）

　　太阳能制热模式中，当室内环境温度为 20℃，室外环境温度为 7℃，太阳辐照强度为 0，初始水温从 20℃上升到 40℃时，系统蒸发侧和冷凝侧换热功率的变化情况，如图 12.23 所示。由图可知，初始水温越高，蒸发侧制冷工质与热源温差越大，蒸发侧换热功率越大，对应的冷凝侧换热功率越大。当初始水温从 20℃上

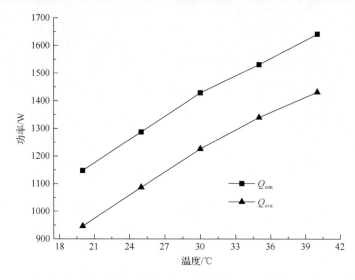

图 12.23　不同初始水温下系统蒸发侧和冷凝侧换热功率的变化（太阳能制热模式）

升到 40℃时，蒸发侧换热功率从 946.09W 上升到 1431.08W，冷凝侧换热功率 1147.3W 上升到 1641.12W。初始水温对系统耗功量和 COP 的影响，如图 12.24 所示。由图可知，初始水温越高，蒸发压力越高，系统耗功量越大，冷凝侧环境温度不变，冷凝压力变化不大，压缩比减小，系统 COP 增大。当初始水温从 20℃ 上升到 40℃时，系统耗功量从 524.98W 上升到 624.82W，COP 从 2.19 上升到 2.63。

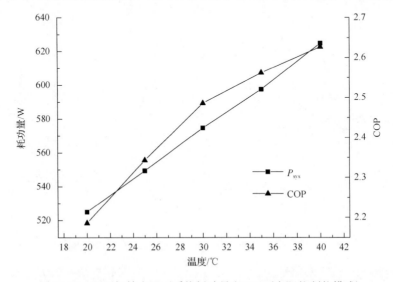

图 12.24　不同初始水温下系统耗功量和 COP（太阳能制热模式）

不同室外环境温度下空气源制热模式和太阳能制热模式中各部件的㶲损率，如图 12.25 所示。由图可知，环境温度对空气源制热模式中各部件㶲损率的影响

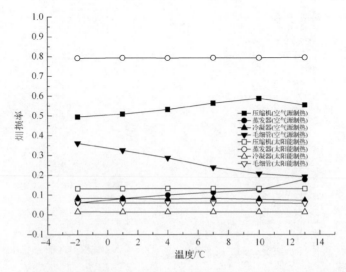

图 12.25　不同室外环境温度下空气源制热模式和太阳能制热模式各部件的㶲损率

较大，当环境温度从–2℃上升到 13℃时，压缩机和蒸发器的㶲损率分别升高了 10.83%和 66.49%，而冷凝器和毛细管的㶲损率分别降低了 12.6%和 46.6%。对于空气源制热模式，压缩机和毛细管中的不可逆性造成了大部分的㶲损失。太阳能制热模式中，环境温度对各部件的㶲损率影响不大，蒸发器中的不可逆损失最大，当环境温度为 4℃时，其㶲损率为 79.55%。因此，对蒸发器的改进是太阳能制热模式性能优化中的关键。

不同室外环境温度下空气源制热水模式和太阳能制热水模式中各部件的㶲损率，如图 12.26 所示。对于空气源制热水模式，随着环境温度升高，蒸发器和冷凝器的㶲损率升高，而毛细管和压缩机的㶲损率降低。当环境温度从 0℃上升到 30℃时，蒸发器和冷凝器的㶲损率分别升高了 84.13%和 67.21%，而压缩机和毛细管的㶲损率分别降低了 60.87%和 81.50%。太阳能制热水模式中，环境温度对各部件㶲损率影响不大。对于空气源制热水模式和太阳能制热水模式，蒸发器和压缩机均为造成最多㶲损失的部件，因此对蒸发器和压缩机的改进，是对双热源多功能热泵系统制热水性能优化的关键。

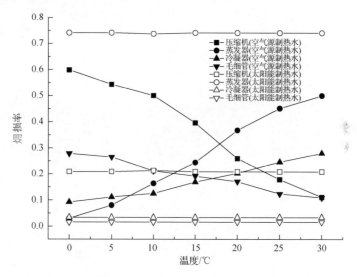

图 12.26　不同室外环境温度下空气源制热水模式和太阳能制热水模式各部件的㶲损率

12.3.3　全年性能分析

为了充分利用太阳能，降低系统能耗，并满足热需求，本书分别针对供暖季节和非供暖季节制定了太阳能平板集热系统-间接膨胀多功能热泵系统的全年控制策略，如图 12.27 所示。

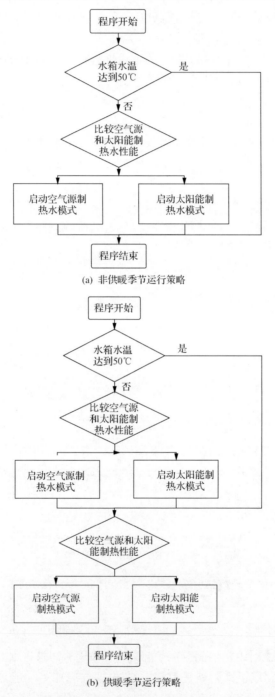

图 12.27 太阳能平板集热系统-间接膨胀多功能热泵系统的全年控制策略

对于非供暖季节，太阳能平板集热系统-间接膨胀多功能热泵系统需要提供温度达 50℃的热水。首先，运行太阳能集热系统，如果水温不能达到 50℃，则根据边界条件选择启动空气源制热水模式或太阳能制热水模式将生活用水箱水温加热到 50℃。

对于供暖季节，太阳能平板集热系统-间接膨胀多功能热泵系统需要向建筑供暖并提供热水。首先，运行太阳能集热系统，如果水温不能达到 50℃，则根据边界条件选择启动空气源制热水模式或太阳能制热水模式将水温加热至 50℃。随后，根据边界条件选择启动空气源制热模式或太阳能制热模式进行供暖。

基于全年运行的控制策略和理论模型，对系统在合肥、北京和西宁的全年运行性能进行了模拟计算，模拟中气象数据采用典型的气象年数据[20]。以上三个地区中，合肥全年气温最高但是太阳辐照量偏低，西宁全年气温最低但是太阳辐照条件最好，北京介于两地之间。

基于全年控制策略，三个地区每月最低环境温度变化及月平均 COP，如图 12.28 所示。由图可知，西宁、北京和合肥分别有 5 个月、6 个月和 8 个月需要供暖。对于合肥，空气源制热模式和空气源制热水模式性能在全年不同条件下的运行性能均优于太阳能制热模式和太阳能制热水模式，因此全年均运行空气源制热水模式，在采暖月份均运行空气源制热模式，系统的全年平均制热 COP 为 2.88，平均制热水 COP 为 2.71。对于北京，冬季气温较低，系统从 12 月至次年 2 月运行太阳能制热模式和太阳能制热水模式，在其余月份采用空气源进行供暖和制热水，系统的全年平均制热 COP 为 2.74，平均制热水 COP 为 2.61。对于西宁，冬季太阳辐照强度高，且气温低，太阳能制热水和太阳能制热模式的性能在 11 月到次年 2 月优于空气源制热水模式和空气源制热模式，系统的全年平均制热 COP 为 2.64，平均制热水 COP 为 2.45。

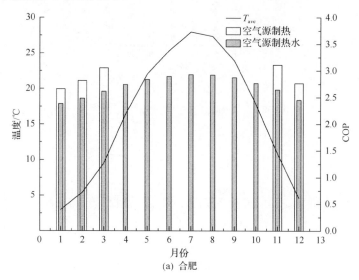

(a) 合肥

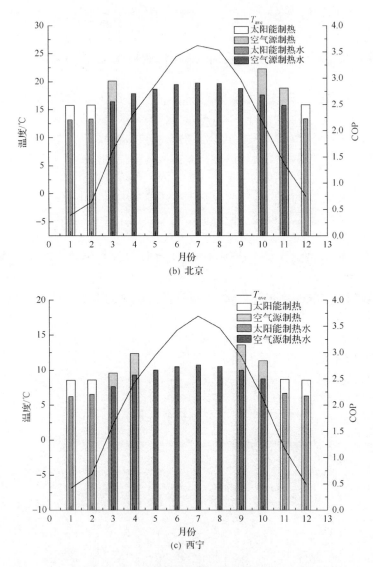

图 12.28　三个地区月平均环境温度和系统 COP

12.4　本 章 小 结

本章从理论和实验的角度针对太阳能平板集热系统-间接膨胀多功能热泵系统展开了深入地研究，主要工作内容包括：

设计并搭建太阳能平板集热系统-间接膨胀多功能热泵系统，该系统具有制冷、空气源制热、太阳能制热、空气源制热水和太阳能制热水五种运行模式，可以利用空气源和太阳能实现制冷、制热和制热水。基于太阳能热泵空调性能检测平台，研究了太阳能平板集热系统-间接膨胀多功能热泵系统各个模式的运行性能，并针对系统在太阳能制热水模式和太阳能制热模式运行时，不同因素对系统性能的影响进行了实验研究。

建立了太阳能平板集热系统-间接膨胀多功能热泵系统的动态数学模型，基于动态模型，研究了不同因素对系统运行性能的影响。基于热力学第二定律对双热源多功能热泵系统各部件的㶲损率进行了分析，为系统的优化提供了理论依据。制定全年控制策略，评价系统在合肥、北京和西宁的全年运行性能。

参 考 文 献

[1] 蔡靖雍. 双热源多功能热泵系统的理论和实验研究. 合肥: 中国科学技术大学博士学位论文, 2017.

[2] ASHERAE Standard. Methods of testing for seasonal efficiency of unitary air-conditioner and Heat Pumps. ASHRAE, Atlanta, 1983.

[3] Ji J, Cai J Y, Huang W Z, et al. Experimental study on the performance of solar-assisted multi-functional heat pump based on enthalpy difference lab with solar simulator. Renewable Energy, 2015, 75(75): 381-388.

[4] Li Y W, Wang R Z, Wu J Y, et al. Experimental performance analysis and optimization of a direct expansion solar-assisted heat pump water heater. Energy, 2007, 32(8): 1361-1374.

[5] Cai J Y, Ji J, Wang Y Y, et al. Numerical simulation and experimental validation of indirect expansion solarassisted multi-functional heat pump. Renewable Energy, 2016, 93: 280-290.

[6] Cai J Y, Ji J, Wang Y Y, et al. Operation characteristics of a novel dual source multi-functional heat pump system under various working modes. Applied Energy, 2017, 194: 236-246.

[7] ASHERAE Standard. Thermophysical properties of refrigerants.ASHRAE, Atlanta, 2009.

[8] 陈则韶. 高等工程热力学. 北京: 高等教育出版社, 2008.

[9] 龙琼. 空调器数字化设计中换热器与系统模型的优化. 上海: 上海交通大学硕士学位论文, 2009.

[10] 龙慧芳, 丁国良, 吴志刚. 单组分制冷剂过冷区热力性质的快速计算方法. 流体机械, 2006, 34(5): 78-81.

[11] ASHERAE Standard. Fluid flow. ASHRAE, Atlanta, 2009.

[12] Muller S H, Heck K. A simple friction pressure drop correlation for two-phase flow in pipes. Chemical Engineering and Processing: Process Intensification, 1986, 20(6): 297-308.

[13] Li W, Tao W Q, Kang H J. Experimental study on heat transfer and pressure drop characteristics for fin-andtube heat exchangers. Chinese Journal of Mechanical Engineering, 1997, 33: 81-86.

[14] Shan M M. A general correlation for heat transfer during film condensation inside pipes. International Journal of Heat and Mass Transfer, 1979, 22(4): 547-556.

[15] Rohsenow W M, Hartnett J P, Cho Y I. Handbook of heat transfer. McGraw-Hill Company, 1998.

[16] Heavner R L, Kumar H, Wanniarachchi A S. Performance of an industrial plate heat exchanger: effect of chevron angle. American Institute of Chemical Engineers, 1993.

[17] Ayub Z H. Plate heat exchanger literature survey and new heat transfer and pressure drop correlations for refrigerant evaporators. Heat transfer engineering, 2003, 24(5): 3-16.

[18] Tsai HL. Modeling and validation of refrigerant-based PVT-assisted heat pump water heating (PVTA-HPWH) system. Solar Energy, 2015, 122: 36-47.

[19] Jung D, Park C, Park B. Capillary tube selection for HCFC22 alternatives. International Journal of refrigeration, 1999, 22(8): 604-614.

[20] Doe U S. EnergyPlus energy simulation software: Weather data. Washington D C: US Department of Energy http://apps1 eere energy gov/buildings/energyplus/weatherdata_about cfm Accessed, 2011.

第13章　太阳能平板集热系统-光伏直驱式热水系统

目前，大多数太阳能热水系统(SWHS)是使用集热器阵列和交流泵的主动循环式热水系统。这种系统需要为流体循环安装控制器和温度探头，并且需要电网电力来驱动循环。此外此种系统还存在交流泵频繁启动和停止的问题。这不仅容易导致系统故障，而且不利于泵及控制器的使用寿命。而光伏直驱式太阳能热水系统(PV-SWHS)使用光伏电池来驱动热水系统的循环。由于热水系统对循环流量的需求与太阳辐照的变化自然相关，因而一方面可将辐照作为循环启动与停止以及循环流量大小的控制信号，另一方面可作为循环驱动能量的来源。正因如此，PV-SWHS 更加简单、可靠且经济性更好，因而也更具应用前景。本章主要针对光伏驱动式太阳能热水系统展开理论和实验研究。

13.1　太阳能平板集热系统-光伏直驱式热水系统

13.1.1　太阳能平板集热系统-光伏直驱式热水系统原理和结构

大多数太阳能热水系统是使用集热器阵列和交流泵的主动循环式热水系统。系统使用温差控制器来控制交流泵的开启与关闭，在循环启动后流量基本恒定。目前此种系统已得到广泛运用，但仍然存在技术问题。系统中的温差控制器和温度探头导致在低辐照时，交流泵频繁的启动和关闭。此外，控制系统部件复杂，容易导致系统故障。泵的频繁启闭导致系统消耗电功率的不稳定，尤其是众多类似系统的同时启动，给市电电网带来波动。如此既不利于电网的安全与稳定，也降低了泵和控制器的使用寿命[1,5]。同时，在非检修期间，控制器必须保持全天 24h 工作，以确保系统的正常运行。这意味着即使在夜晚和阴雨天气，热水系统不需要启动时，热水系统的控制器仍然需要消耗电能保持其工作状态。正是因此，国际上有学者提出使用光伏电池来驱动热水系统的循环[4-8,13](图 13.1)。由于热水系统对循环流量的需求与太阳辐照的变化自然相关，因而一方面可将辐照作为循环启动与停止以及循环流量大小的控制信号，另一方面可作为循环驱动能量的来源。正因如此，光伏驱动的太阳能热水系统的循环驱动与控制部分无需控制器，也无需接入交流电网。在多种光伏驱动式太阳能热水系统方案中，光伏直驱式太阳能热水系统更加简单、可靠且经济性更好，因而也更具应用前景。图 13.2 和图 13.3 为一种典型的 PV-SWHS 系统结构图和实物图。

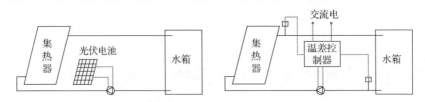

图 13.1　光伏直驱式太阳能热水系统(左)与传统太阳能热水系统(右)的结构比较[1]

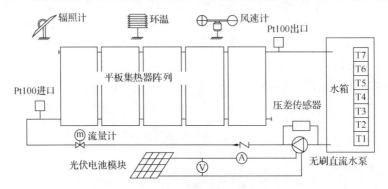

图 13.2　光伏直驱式热水系统的结构图[1]

图 13.3　光伏直驱式热水系统实物图片[1]

　　与光伏驱动式热水系统结构十分相似的是光伏抽水系统。此种系统由于能在电力不方便到达的偏远地区利用太阳能提供饮用水和灌溉用水而成为研究的热点[9,10,14]，其主要的两种结构如图 13.4 所示。光伏抽水系统与光伏驱动式热水系统在结构上最主要的区别是：①两者流体管路的水力特性差别较大，光伏抽水系统的压头损失主要是井水与水箱水的高度差，而热水系统中没有静压头损失，全部为沿程流动的压头损失；②人们对于抽水量的需求与辐照的强弱并无直接相关关系，而热水系统所需的循环流量与辐照的强弱有无自然相关。两种系统之间的特性差异，导致了两种系统的设计和使用特性差异较大。但光伏抽水系统的研究方法(理论分析、模型、实验方法)和结论对研究光伏驱动式热水系统具有较好的参考价值。

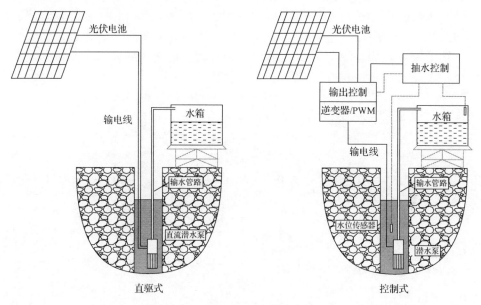

图 13.4　太阳能光伏抽水系统结构图[1]

13.1.2　系统性能评价参数

系统全天热效率是太阳能热水系统最主要的性能参数，其表示一个太阳能热水系统所能转化和储存太阳能的能力。其计算公式如下：

$$\eta_{\text{day}} = \frac{C_{\text{water}} m(T_{\text{final}} - T_{\text{initial}})}{HA_{\text{total}}} \tag{13.1}$$

式中，T_{initial} 和 T_{final} 分别为实验开始和结束时水箱中水的平均温度。由于在系统运行中，水箱中水的温度分层明显，因而水箱中水的平均温度通过以下公式求得

$$T_{\text{avg}} = \sum_{i=1}^{i=7} T_i \tag{13.2}$$

系统在全天运行过程中，集热器的瞬时输出效率能够显示出集热器的瞬时工作状态，可有助于系统性能：

$$\eta_{\text{collector}} = \frac{C_{\text{water}} \dot{m}(T_{\text{outlet}} - T_{\text{inlet}})}{GA_{\text{total}}} \tag{13.3}$$

对太阳能热水系统，其水箱中水的温度分层程度是一个非常重要的参数。因为水箱中的水温分层程度高能一定程度上促使系统全天的热效率的提高。此外，对于有辅助热源有消耗及补水的热水系统，用户用水时会优先放出水箱上层的水，并同时从水箱下层补充冷水。好的温度分层效果意味着水箱上层温度要明显高于平均温度。如此放出的高温水需要的辅助能耗就少，补充的低温水可提高集热器的热转化效率。因此，好的温度分层效果能有效提高热水系统的节能效果。在实验中，水箱中水的温度分层效果由以下公式计算：

$$\sigma = \sqrt{\frac{\sum_{i=1}^{i=7}(T_i - T_{\mathrm{avg}})^2}{7}}$$

（13.4）

泵的效率以及光伏模块的输出效率对于光伏直驱式系统的设计也很重要。直流泵的效率通过以下公式计算：

$$\eta_{\mathrm{pump}} = \frac{\Delta P \cdot Q}{V \cdot I}$$

（13.5）

计算光伏模块的输出电效率的公式为

$$\eta_{pv} = \frac{VI}{GA_{\mathrm{pv,total}}}$$

（13.6）

13.2　太阳能平板集热系统-光伏直驱式热水系统的实验对比研究

为获得光伏直驱式太阳能热水系统可靠的运行效果数据，并比较光伏直驱式热水系统与传统热水系统的性能差异，课题组搭建了一个对比测试实验平台[1,3]。平台中除了系统循环方式不同外，还包含完全相同的两套热水系统。其中一个系统是光伏直驱式热水系统，另一个是传统的温差控制式热水系统。此外，为改进光伏直驱式热水系统的性能，课题组提出了两种不同的光伏设计方案，并对其系统启动辐照、流量特性以及系统热效率等进行了测试和分析。

13.2.1　对比测试实验平台

光伏直驱式热水系统与传统热水系统的对比实验测试平台搭建在安徽省芜湖市(北纬 31°，东经 118°)，如图 13.5 所示。光伏直驱式热水系统的结构如图 13.6 所示。传统的温差控制式热水系统的结构如图 13.7 所示。除了循环的驱动方式不同外，两个系统的设计和制作完全相同。这两个系统均由 5 块平板太阳能集热器

(1.0m×2.0m)并联后与容积为 630L 的保温水箱直接连接而成。光伏直驱式系统使用一个光伏直接驱动的无刷直流水泵(磁力隔离，无动密封)来驱动热水系统的循环。光伏模块与集热器阵列具有相同的朝向和倾斜角度。传统的温差控制式热水系统采用一个交流泵来驱动系统的循环。一个由市电驱动的温差控制器通过两个温度探头时监测着水箱底层温度和集热器出口温度，并根据温差控制交流泵的开启和关闭。比较两种系统的结构图可以清楚地看出，PV-SWHS 的结构更为简单，而传统温差控制式 SWHS 不仅较为复杂而且需要接入交流电网才可正常工作。

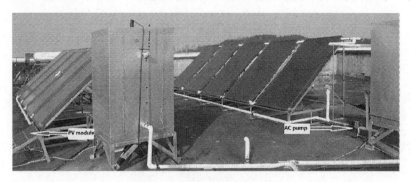

图 13.5　实验测试平台的照片[3]

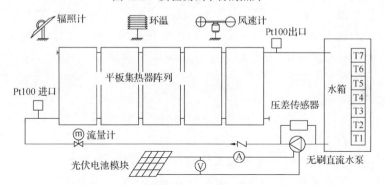

图 13.6　光伏直驱式热水系统的实验装置结构图[1]

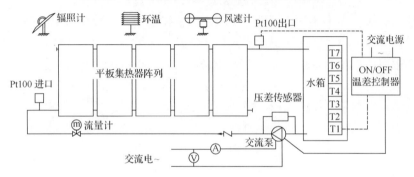

图 13.7　传统温差控制式热水系统的实验装置结构图[1]

13.2.2　光伏模块设计

在光伏直驱式热水系统中，系统循环由光伏驱动的无刷直流水泵驱动，其流量随着辐照的变化而变化。参考之前研究中的流量设定[8]，实验中设定系统最大（千瓦辐照时）的面积流量为 $0.01L/(s \cdot m^2)$。然后根据系统的水力特性选择了较为合适(高效、无动密封、低启动电流)的无刷直流水泵，如表 13.1 所示。此无刷直流水泵的启动电压和电流分别为 4.5V 和 0.35A。

表 13.1　实验测试平台所用泵的性能参数[1]

特性	交流水泵	直流无刷水泵
电压/V	220 交流	12
速度控制	3 速可调	无
功率/W	90/66/43	8
最大扬程/m	6/5/3	3
最大流量/(L/h)	1500/1000/500	480

当太阳能平板集热器中的载热流体不流动时，集热器中的支管与内部水的换热温差加大，加之水温升高，导致集热器吸热板温度较高，从而使得集热器散热量增加，集热器的太阳能转化效率降低。因此，平板集热器在内部流体循环时的热效率要高于流体不循环时的热效率。因而，在光伏直驱式热水系统中，无刷直流水泵需要在较低的辐照启动，以使集热器转化更多的太阳热能并传递至水箱中。在实验中，无刷直流水泵在辐照约为 $150W/m^2$ 时启动，并在辐照为 $1000W/m^2$ 时达到系统的最大流速。

根据以上需求，一种标准的串并联结构的光伏模块被设计出来(A 型)，如图 13.8(a)所示。此光伏模块包含 8 块以串联 2 级并联 4 级的方式连接起来的光伏电池。具体光伏电池参数可参考表 13.2 中光伏电池参数。此种光伏电池的设计存在一个缺陷。由于直流泵有个共性，其在启动时的电流远大于同样电压下的运行电流。因此，当太阳辐照强度超过 $600W/m^2$ 时，光伏模块所能提供的电流远大于直流泵所需要的输入电流。这导致了系统中光伏模块的实际输出点位于最大功率输出点右侧，并远离最大功率输出点。如此，在直流泵启动后，系统的循环流量几乎不随辐照的变化而变化。据此，课题组提出了一种新的光伏电池的设计(B 型)，以使得在相同的系统启动辐照和最大流量下，系统的循环流速随着辐照的变化而变化。该设计的具体结构如图 13.8(b)所示。这种光伏模块包含两个光伏电池组，其中一组为启动组，另一组为运行组。这两组光伏电池通过二极管并联起来。实验中，启动组由 3 块光伏电池并联而成，运行组由 2 块光伏电池串联而成。启动组负责在直流泵未启动前提供足够的启动电流。其在直流泵启动后便通过二极管与泵断开连接。运行组在泵启动前也提供部分启动电流，并在泵启动后负责提供泵运行所需的电压和电流。两种设计的不同输出特性以及所导致的不同系统流量特性将在后面详细讨论。

表 13.2　实验测试平台所用部件的性能参数[1]

太阳能平板集热器	尺寸：1m×2m(轮廓)，1.93m×0.93m(采光面) 型号：管板式，支管沿长边布置，共 8 根 盖板厚度：3.8mm(超白布纹钢化玻璃) 保温层厚度：40mm(岩棉) 倾斜角度：45° 朝向：正南
保温水箱	内部高度：1.2m 容积：630L 保温层厚度：60mm(聚氨酯发泡)
管路	公称直径：15mm 保温层厚度：15mm(发泡海绵)
光伏电池	尺寸：165mm×165mm×2.8mm(轮廓) 类型：单晶硅(内部 12 块串联) 短路电流：0.83A 开路电压：7.2V 最大功率点电流(25℃)：0.75A 最大功率点电压(25℃)：6V 峰值功率(25℃，1000 W/m²)：4.5W

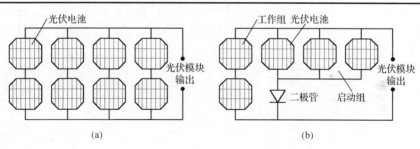

图 13.8　两种光伏模块的设计[1]

13.2.3　实验测试内容

课题组对以下结构的热水系统的全天性能做了详细的测试和比较，具体系统组成结构如下：

(1)系统 1：A 型光伏模块＋无刷直流水泵＋太阳能热水系统；

(2)系统 2：B 型光伏模块＋无刷直流水泵＋太阳能热水系统；

(3)系统 3：温差控制器＋交流水泵＋太阳能热水系统。

系统 3 为传统太阳能热水系统。其使用交流泵来驱动系统循环，并通过温差控制器控制交流泵的开启和关闭。温差控制器连接着两个温度传感器，分别监控水箱底层(出口)温度和集热器出口温度。当集热器出口温度比水箱底层温度高出5℃时，控制器控制交流泵启动。当此温差小于 2℃时，控制器停止循环。这种温差控制策略是最优化也是业内最常用的控制策略。依据厂家的推荐，当交流泵启动后，系统的循环流量被设计在约为 $0.02\mathrm{L}/(\mathrm{s}\cdot\mathrm{m}^2)$。

13.2.4　实验结果与分析

1. 光伏模块与直流泵的特性表现

接入循环回路后，无刷直流水泵的输入电压、输入电流和输出流量的实际测试结果如图 13.9 所示。直流泵在启动前后的特性差异较大，且特性曲线范围出现了交义。P 点为泵的启动点，是直流泵启动所需的最小电压和电流。实验所用泵的启动电压约 4.5V。在此电压下，泵的启动电流约 0.4A，远高于此电压下的工作电流(约 0.2A)。泵的最小工作电压约 3V，也明显小于泵的最小启动电压。这种启动和停止特性是这种直流泵的共同特性。泵启动后的输入电压和输出流量几乎都随输入电压的增加而线性增大。

为研究不同类型的光伏模块(A 型和 B 型)与无刷直流水泵连接后的运行状态，课题组将此直流泵的输入特性曲线与模拟所得的不同辐照下(光伏电池温度 25℃)光伏模块的输出特性曲线画在同一张图中，如图 13.10 和图 13.11 所示。当光伏模块与泵连接后，只有光伏电池所能提供的电压和电流满足泵的最小启动条件(P 点的电压和电流)，泵才会启动。泵启动后，泵的输入特性曲线与光伏模块的输出特性曲线的交点，即为两者连接后的实际工作点。

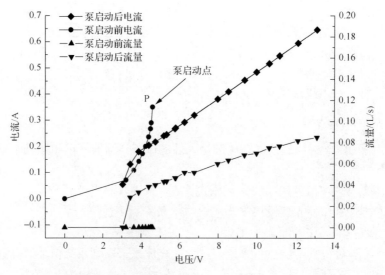

图 13.9　安装到热水系统中的无刷直流水泵启动前后的输入和输出特性[1]

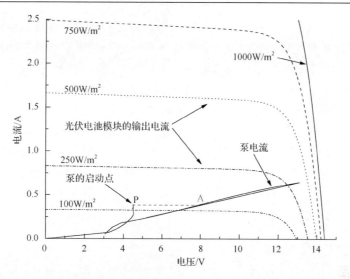

图 13.10　A 型光伏模块的输出特性曲线与无刷直流水泵的输入特性曲线[1]

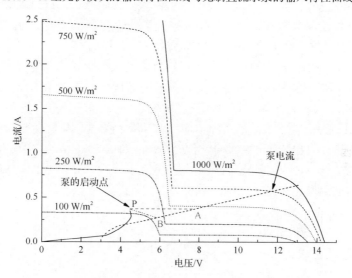

图 13.11　B 型光伏模块的输出特性曲线与无刷直流水泵的输入特性曲线[1]

　　图 13.10 显示了 A 型光伏模块的输出特性曲线与无刷直流水泵的输入特性曲线。由图可知，当辐照增强到光伏模块可以驱动直流泵转动时，光伏模块的输出特性曲线经过直流泵的启动点 P。在泵启动后，两者特性的交点 A 即为直流泵和光伏模块的工作点。当辐照强度大于 250W/m² 时，光伏模块的输出曲线与直流泵输入曲线的交点非常接近。这意味着系统(直流泵)的循环流量随辐照增加的变化很小。此图中光伏模块的输出特性曲线并未考虑辐照对于电池温度的影响。若考虑此影响，则输出曲线的右端将更加接近。即，系统(直流泵)的循环流量对辐照

增加几乎不变，甚至可能略有降低。图 13.11 显示了 B 型光伏模块的输出特性曲线与无刷直流水泵的输入特性曲线。图中光伏模块在 6V 以内的输出电流要明显大于 6V 以外的输出电流。这是由于 B 型光伏模块中的启动组光伏电池无法输出高于 6V 的电压。当输出电压高于 6V 时，启动组通过二极管与泵隔离，此时仅有运行组对直流泵供电。随着辐照增强，B 型光伏模块的输出曲线经过 P 点，直流泵启动。之后 B 型光伏模块的输出曲线与泵的输入曲线的交点 B 即为直流泵启动时的工作点。比较 A 点和 B 点可知，采用 B 型光伏模块与直流泵连接时，系统(直流泵)在启动时具有较小的工作电压和较小的循环流量。由此图还可知，当辐照增强时，泵的工作电压也逐渐加大。即，系统(直流泵)的循环流量随着辐照的增强而呈现近似线性增加的趋势。

2. 系统的主要性能表现

使用 A 型和 B 型光伏模块的太阳能热水系统与传统热水系统的性能对比实验分别在 2014 年 3 月 18 日和 23 日进行，这两天均为晴天。从日出进行到日落，数据采集仪每隔 10s 采集和记录一次实验系统中的所有测试参数。为方便表述，本书使用符号代表各种不同的系统，具体如下：

(1)A-PV-SWHS 表示使用 A 型光伏模块的光伏直驱式太阳能热水系统；

(2)B-PV-SWHS 表示使用 B 型光伏模块的光伏直驱式太阳能热水系统；

(3)SWHS 表示传统温差控制式热水系统。

图 13.12 为实验中水箱中水的平均温度和当天的气象条件随时间的变化趋势图。从图中可以看出，测试中 A-PV-SWHS 与 B-PV-SWHS 的水箱平均水温的变化趋势均与传统 SWHS 的水箱平均水温变化趋势非常接近。B-PV-SWHS 在测试中的水箱水的温升比传统系统的温升要高，但差距非常有限。

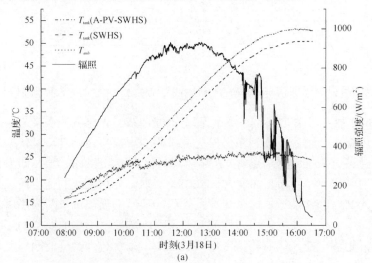

(a)

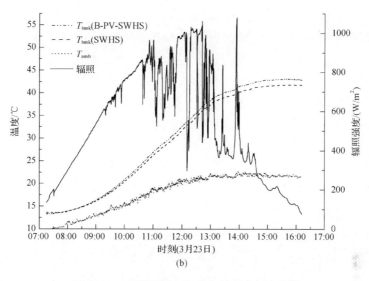

图 13.12　水箱水温及气象条件的全天变化[1]

　　图 13.13 给出了光伏直驱式热水系统(A-PV-SWHS 与 B-PV-SWHS)与传统热水系统(传统 SWHS)在测试中的全天循环流量变化趋势。图 13.14 给出了不同光伏直驱式热水系统的循环流量随辐照的变化趋势。由以上两图可知，三种系统的全天循环流量变化趋势明显不同。传统 SWHS 中，系统全天的循环流量基本恒定不变，其面积流量约 $0.02L/(s \cdot m^2)$[11,12](集热器阵列总受光面积为 $8.97m^2$)。但在早上和傍晚(实验开始和结束阶段)，传统 SWHS 的循环流量断断续续，此时泵频繁地启闭。这是由于这时的太阳辐照较弱，当系统无循环流量时，集热器的出口处水温可升高比水箱下层水温高出 $5.0℃$以上，此时温差控制器启动交流泵，系统开始循环；但当系统开始启动循环后，由于循环流速恒定，集热器出口温度与水箱下层水温的温差无法维持在 $2.0℃$以上，温差控制器关闭交流泵，系统便停止循环；如此反复便出现了泵频繁开启和关闭的现象。此外，传统 SWHS 中的循环流量随时间有微弱的降低趋势，这可能是由水温上升使得交流泵特性改变所导致的。在光伏直驱式热水系统中，系统循环流量随着辐照连续变化，并无间断的情况出现。当辐照强度小于 $400W/m^2$ 时，A-PV-SWHS 的循环流量随着辐照的增加而增加；但当辐照强度大于 $400W/m^2$ 时，循环流量几乎恒定不变。正如前面的分析，这是由于辐照强度大于 $400W/m^2$ 时，A 型光伏模块的输出容量远大于直流泵所需的输入功率，直流泵的工作点随辐照的变化基本不变。但由于辐照升高，加热了电池，使得开路电压略有降低。这导致了 A-PV-SWHS 的循环流量在正午时比在上午和下午的流量略小。B-PV-SWHS 的循环流量随着辐照的增强呈近似线性增大的趋势。此外，由于直流泵的启动，电流大于其最小工作电流，光伏直驱式热水系统的循环启动辐照要明显大于循环停止辐照。

实验中，集热器阵列的瞬时输出效率由公式(13.3)计算而得。图 13.15 给出了按此公式计算的集热器阵列的瞬时输出效率随时间变化的曲线。由于集热器的热惰性影响，在交流泵间歇工作时，用公式(13.3)计算所得的传统系统中的集热器瞬时效率波动较大且出现远大于 100% 的情况。而效率高于 100% 是不合理的，这说明在交流泵间歇工作阶段，公式(13.3)并不适合用来计算集热器的瞬时效率。在其他阶段，集热器的工况相对变化较慢，公式(13.3)的计算结果与集热器的实际瞬时效率较为接近，可作为集热器的瞬时输出效率对待。

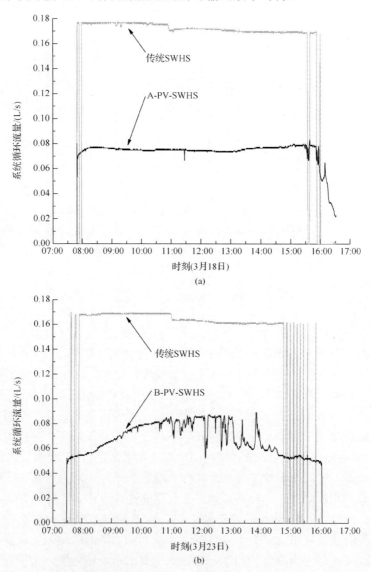

图 13.13　光伏直驱式系统(A&B)与传统系统的全天循环流量趋势对比[1]

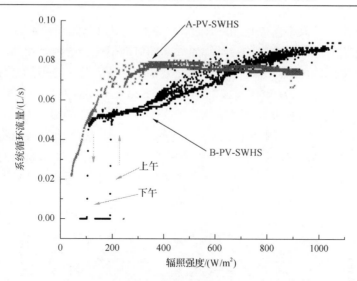

图 13.14　系统循环流量随辐照的变化趋势[1]

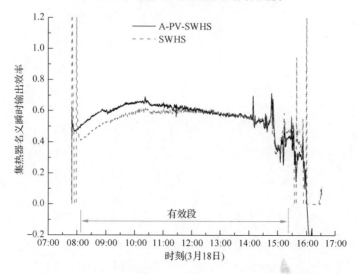

图 13.15　直接计算的集热器阵列瞬时输出效率随时间变化的曲线[1]

　　图 13.16 给出了集热器瞬时输出效率随时间的变化曲线。由图可知，所有系统中的集热器阵列在中午时的热效率要高于早晚时的热效率。图 13.16(a) 显示了 A-PV-SWHS 在傍晚时候的集热器阵列输出效率小于 0。即流经集热器阵列的水不仅没有被加热，反而因为散热而降温。传统 SWHS 的集热器输出效率不会出现小于 0 的情况。由于在光伏直驱式热水系统中，系统循环仅受辐照强弱控制，当辐照较弱，而集热器进口水温较高时，集热器所能吸收的太阳热能小于集热器向环境中散失的热能，因而出现效率为负的情况。提高光伏直驱系统中泵的停止辐照

使泵在系统出现负效率前停止循环，如此可以减少或避免此种问题的出现。然而，停止辐照的提高意味着更高的启动辐照。高的启动辐照会导致正常情况下，系统全天可转化太阳能的减少，即系统全天热效率的降低。对于设定的某种情况，可以通过计算找到一个最佳的启动辐照。但是，此最佳启动辐照受到水箱初始水温、环境温度、辐照强度和分布等的影响。在实际运用中，这些影响因素是复杂且时常变化。因此，很难找到一个对于每一年或每一天都最佳的启动辐照。但在设计光伏直驱式热水系统时，系统的启动和停止辐照是需要仔细设计的最重要的参数之一。在实验测试的条件中，由负效率问题导致的系统全天热效率的损失不

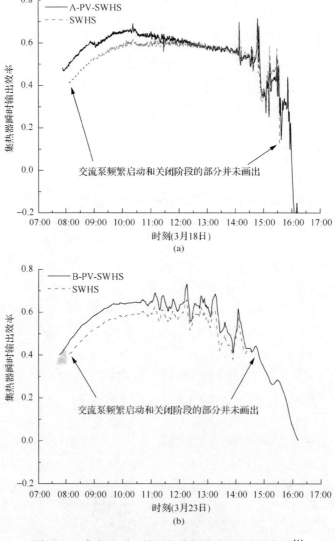

图 13.16　集热器瞬时输出热效率随时间的变化趋势[1]

高于 2%。但此负效率问题可能会在水箱初始温度较高的阴天变得更加严重。但此问题影响有多大且采取措施是否必要等，将会在后面的章节再具体分析。

　　光伏直驱式热水系统与传统热水系统的一个很大的区别是：在启动和停止阶段，传统系统循环流量恒定但呈间断状，而光伏直驱式系统的循环流量连续且随辐照变化。为比较在传统系统循环流量呈间歇状时，光伏直驱式系统与传统系统的集热器的累计输出热能的区别，图 13.17 给出了 B-PV-SWHS 与传统 SWHS 的集热器阵列的累计输出热量随时间的变化图。从图中可以看出，B-PV-SWHS 的集热器阵列输出的热量明显较多。这说明，连续的循环流量更有利于系统的太阳能转化效率。但是，在晴好天气，全天辐照小于 300W/m² 的部分仅占全天总辐照量很小一部分（小于 15%），因而这种优势实验中，并未表现出 B-PV-SWHS 与传统 SWHS 显著的热性能差异。在全天辐照相对较弱的天气中，全天小于 300W/m² 的辐照比列较大，B-PV-SWHS 的这种优势可能会使系统的全天热效率较高。具体的讨论见之后的章节。

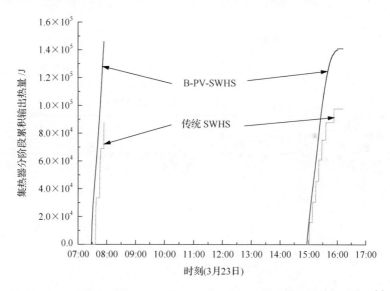

图 13.17　当交流泵间歇工作时集热器阵列的累计输出热量随时间变化图[1]

　　图 13.18 显示了实验测试中对比系统中水箱温度分层效果随时间的变化趋势。B-PV-SWHS 的温度分层效果要比传统 SWHS 的分层效果高出约 3.0℃，且其在中午的效果要明显高于上午和下午。

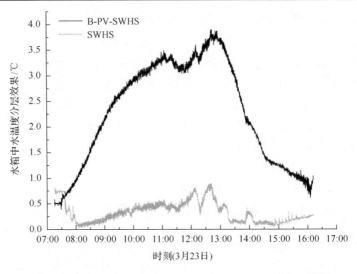

图 13.18　水箱中水的温度分层效果随时间的变化趋势[1]

3. 实验系统的全天热效率比较

实验中测试了对比系统的全天(从日出到日落)热效率,其结果如表 13.3 所示。

表 13.3　实验对比系统的全天热效率[1]

Date	3 月 18 日		3 月 23 日	
	A-PV-SWHS	SWHS	B-PV-SWHS	SWHS
$\overline{T_{amb}}$ /℃	23.6	23.6	17.9	17.9
$H/(MJ/m^2)$	20.1	20.1	17.0	17.0
$T_{initial}$/℃	16.0	14.5	13.3	13.6
T_{final}/℃	52.6	50.3	42.8	41.7
T_{rise} /℃	36.6	35.8	29.5	28.1
η_{day}	53.3%	52.2%	51.0%	48.5%
η_{day} 的相对偏差	2.2%		5.0%	

　　水箱中水的温升值的最大测试不确定度为 0.5℃。系统全天热效率的相对偏差不超过 4%。实验测试的这两天中,系统全天热效率的相对偏差的误差分别为 2.5%和 3.6%。

　　结合测试结果的误差分析,可以看出,在良好晴天的实验测试中 A-PV-SWHS 的全天热效率与传统 SWHS 的热效率在误差范围内是相同的;而 B-PV-SWHS 的全天热效率比传统 SWHS 的热效率稍高。此外,由于光伏直驱式热水系统无须消耗电网电力,因而实验中此种系统的整体性能优于传统系统。

13.2.5　对比实验结果小结

(1) 使用光伏泵直接驱动的直流无刷水泵来驱动太阳能热水系统的循环是一种可行且具有极大应用前景的技术。在良好的晴天，A-PV-SWHS（光伏模块为光伏电池直接串并联所成）与传统 SWHS 的全天热效率相同；B-PV-SWHS（光伏模块为光伏电池分组连接后再通过二极管并联二层）与传统 SWHS 相比，其全天热性能略高。

(2) 不同的光伏模块设计有明显不同的系统循环流量随辐照的变化趋势和直流泵的启动等特性，进而导致了不同的系统性能表现。此外，B-PV-SWHS 所需的光伏电池比 A-PV-SWHS 所需的光伏电池少，但其全天热性能却略好于 A-PV-SWHS。因此，好的光伏模块设计可以使系统热性能更好同时使光伏电池消耗量更少。

(3) 传统热水系统在早晚的时候，交流泵频繁的启动和关闭。相对于传统 SWHS，B-PV-SWHS 中的集热器阵列在此期间输出了更多的热量。在晴好天气中，低辐照在全天总辐照量中的比重较低，B-PV-SWHS 的此种优点并未表现出其比传统 SWHS 明显高的热效率。但在辐照相对较低的多云或阴天，此种优点可能会有较大的系统热性能优势。

(4) 光伏直驱式热水系统中，光伏模块通过无刷直流水泵影响系统的循环流量，进而影响系统的热性能。从实验结果来看，光伏直驱式热水系统被设计成循环流量随辐照有明显变化，可有更好的系统性能。

(5) 由于在光伏直驱系统中，系统循环流量仅受辐照控制，因而在辐照较弱而水温较高时，集热器阵列可能出现输出热效率小于 0 的问题。在良好的晴天，这种问题使系统全天热效率的下降并不明显。

13.3　太阳能平板集热系统-光伏直驱动式热水系统的模拟研究

为研究主要设计参数对 PV-SWHS 系统性能的影响，课题组利用 Fortran 编程语言建立了光伏直驱式太阳能热水系统的动态仿真模型，并利用实验验证了模型的准确性。在 PV-SWHS 中，系统循环流量随辐照变化迅速，尤其是在多云天气。为增加模拟结果的准确性，仿真模型中使用了实际测试所得的气象参数，并对系统中的关键部件集热器采用了二维非稳态模型。该模型可以较高的精确性来模拟 PV-SWHS 在不同天气和工况下的热性能。具体的建模过程在多个文献中均有相关介绍[1,4]，本书对此不再赘述。

PV-SWHS 与传统温差控制式 SWHS 最大的区别在于系统循环流量的驱动和控制方式的不同。PV-SWHS 使用光伏模块驱动直流泵，而后直流泵驱动热水系统循环将集热器转化的太阳能转移到水箱中。所以说系统的循环流量是光伏泵系统与热水系统的联系纽带，即不同的光伏模块与直流泵的匹配设计导致不同的系统循环流量，而后不同的循环流量导致不同的热水系统的热性能。因此，本节将对 PV-SWHS 的模拟研究分成两个部分。第一部分为通过研究不同的光伏模块组成对系统循环流量的影响。第二部分为不同循环流量曲线对 PV-SWHS 全天热性能的影响。通过这两部分的研究，确定影响系统热性能的主要循环流量特征，并基于此得到 PV-SWHS 的最佳设计方向。

13.3.1　不同光伏模块设计的输出特性

正如前文所述，两种不同的光伏模块设计 PV-type1（光伏电池普通串并联连接方式）和 PV-type2（光伏电池分组连接方式），如图 13.19 所示。

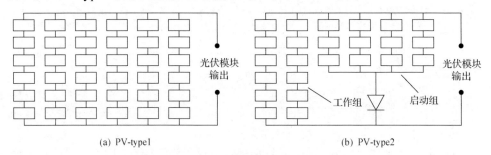

(a) PV-type1　　　　　　　　　　　　　(b) PV-type2

图 13.19　两种光伏模块设计[1]

不同的光伏模块的设计方式将导致不同的模块输出特性曲线，而且在同一模块设计方案中，不同的模块组成也具有不同的输出特性曲线。采用与实验系统中相同的光伏电池单元参数和组成结构的光伏模块在环境温度为 25℃时不同辐照下的输出特性曲线的模拟结果如图 13.20 所示。由图可知，PV-typ1 和 PV-type2 的输出特性曲线明显不同。PV-type1 的输出特性曲线和普通光伏电池板的输出特性曲线的变化趋势相同，与 PV-type2 的输出特性曲线存在较大差异。PV-type2 的输出特性曲线可分成两个不同的部分，一部分输出电压较低，但输出电流较大；另一部分输出电压范围较大，但输出电流远小于前一部分。当输出电压小于 4.5V 时，PV-typ1 和 PV-type2 的输出电流十分接近；当输出电压大于 4.5V 时，PV-type2 的输出电流远小于 PV-type1 的输出电流。图 13.20 中还给出了与光伏模块连接的直流泵的输入特性曲线。光伏模块的输出特性曲线与直流泵的输入特性曲线的交点即为不同辐照下光伏模块和直流泵的工作点。使直流泵启动的最小辐照为系统的启动辐照。当光伏模块在此辐照下的输出特性曲线经过图中 P 点(直流泵的最小电压/电流启动点)时，直流泵可从停止状态启动。由此可知，使用 PV-type1 驱动直流泵时，直流泵和光伏模块在直流泵刚启动时将工作于图中 B 点；而使用 PV-type2 时，两者在直流泵刚启动时将工作于图中 A 点。比较 A 点和 B 点可知，在启动辐照下，使用 PV-type2 比使用 PV-type1 驱动直流泵时，光伏模块的输出电压更低。比较不同辐照下直流泵在启动后光伏模块的工作点可知，PV-type2 的输出电压随辐照的增强而变大，而 PV-type1 的输出电压在辐照较高时几乎不随辐照而变化。

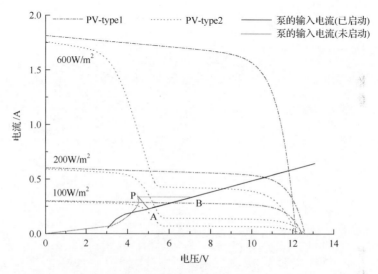

图 13.20　不同光伏模块的输出特性曲线和直流泵的输入特性曲线[1]

13.3.2　光伏模块设计对系统循环流量曲线的影响

两种光伏模块的设计方法(PV-type1 和 PV-type2)，使用同一种电池单元连接而成，其电池单元的具体参数如表 13.4 所示。

表 13.4　所用光伏电池单元的参数[1]

厂家给出的测试值	开路电压	短路电流	最大功率点电压	最大功率点电流	开路电压温度系数	短路电流温度系数
	$U_{oc,ref}$	$I_{sc,ref}$	$U_{m,ref}$	$I_{m,ref}$	μ_{Uoc}	μ_{Isc}
	0.59	0.75	0.52	0.64	-0.0023	0.000165

为简化说明，在以下的叙述及图中，本书使用代号 Q-XX-YY 代表具有串联级数 XX、并联级数 YY 的光伏模块 PV-type1 所对应的系统循环流量；使用代号 Q-XX-YY/AA-BB 代表具有工作组串联级数 XX、并联级数 YY 和启动组串联级数 AA、并联级数 BB 的光伏模块 PV-type2 所对应的系统循环流量。

图 13.21 显示了在使用 PV-type1 的系统中，光伏模块的串并联级数对系统循环流量随辐照变化的曲线。图 13.22 显示了在使用 PV-type2 的系统中，光伏模块的串并联级数对系统循环流量随辐照变化的曲线。通过改变光伏电池的组成结构，可以得到各种各样的流量曲线。

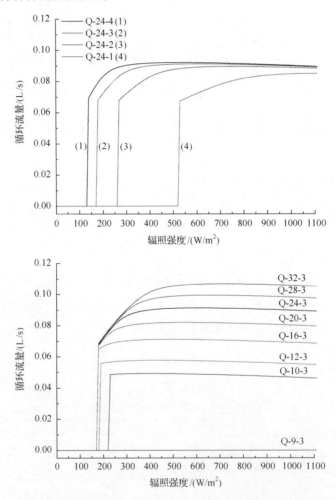

图 13.21　不同串并联级数的 PV-type1 所对应的系统循环流量随辐照变化曲线[1]

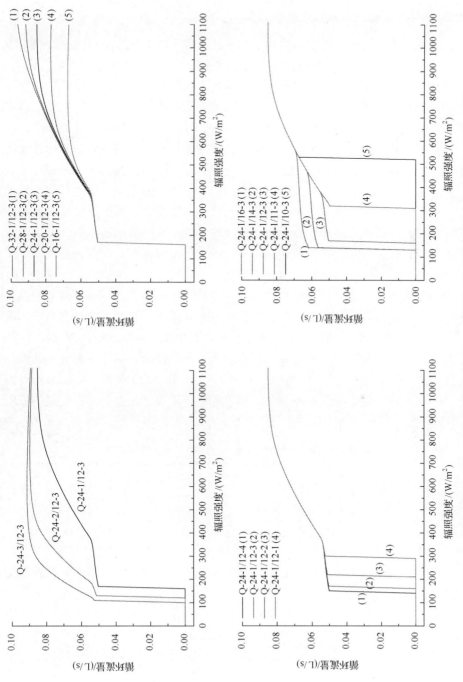

图13.22　具有不同启动组/工作组并联级数的PV-type2所对应的系统循环流量随辐照变化曲线[1]

13.3.3　循环流量曲线对系统性能的影响

太阳能热水系统全天热效率的测试一般是在晴天从 8 点到 16 点的系统热效率进行测试。这种测试方法所得的系统全天热效率能代表太阳能热水系统的热性能。而在实际使用中，用户得到的有效太阳热能是太阳能热水系统从日出到日落期间得到的总的热能。因此，从日出到日落系统的太阳能热效率更能表征太阳能热水系统的实际使用效果。系统热效率受气象条件、系统初始水温等工况的影响。因此，为研究光伏直驱式热水系统全天的实际使用效果，需要对不同气象条件和运行工况下系统从日出到日落的全天热效率进行模拟计算和分析。

由 13.3.2 节所述，不同的光伏模块组成将导致不同的系统循环流量曲线。不同的系统循环流量曲线会导致不同的系统热效率。要得到对系统热性能有利的循环流量特性，须研究不同循环流量特性曲线对系统全天热效率的影响。由于没有简单的特性方程能描述光伏直驱式热水系统的循环流量特性，而多种光伏模块能产生多种循环流量特性，因此，可简单地通过对多种光伏伏模块的光伏直驱式热水系统的全天热性能进行遍历模拟，然后通过研究这些系统在不同条件下的热效率和系统循环流量特征的关系，找到对光伏直驱式热水系统热性能有利的循环流量的关键特征。此特征即为以后设计此类系统的光伏及泵系统的设计方向和目标。

系统模拟时，选取了三种具有代表性的天气条件作为模拟计算的气象条件，如表 13.5 和图 13.23～图 13.25 所示。气象数据为实测所得，数据采集记录间隔为 20s。系统模拟中，选取了 3 中不同的水箱的起始平均温度与全天平均气温的差值（−8℃、0℃、10℃）。

表 13.5　三种实测的气象条件(合肥 32° N, 117° E)[1]

编号	日期	日辐照量/(MJ/m^2)	日出到日落期间的平均气温/℃
W1	2013 年 03 月 08 日	18.3	26.7
W2	2013 年 10 月 29 日	14.0	22.4
W3	2013 年 03 月 11 日	8.3	9.36

通过对多种不同的光伏组成的 PV-SWHS 在不同工况下的热性能的模拟，得到了各种情况下的系统性能数据，其中部分数据如图 13.26 所示。通过对这些数据的分析，课题组发现在相同的启动辐照时，尽管系统循环流量的变化趋势和最大值均有较大不同，但除了启动辐照，其他流量特征并未对系统全天热性能产生明显的影响。在晴好天气中(W1 和 W2)，当启动辐照小于 400W/m^2 时，系统全天的热效率并不受启动辐照明显地影响；当启动辐照在 500W/m^2 时，全天热效率的降低也并不大(相对偏差约 7%)，但此处需要注意的是，在辐照 500W/m^2 并且长时间无循环流动时，集热器内部可能出现水沸腾的情况。这种情况对系统的安

全和寿命很不利，应避免。在非晴天时 (W3)，当启动辐照大于 $250W/m^2$ 时，系统的热效率随启动辐照的提高而明显降低。从模拟研究的结果来看，光伏直驱式热水系统的光伏模块与直流泵的设计和选型需要满足以下两个主要条件：

（1）直流泵的启动辐照在 $250W/m^2$ 左右；

（2）当辐照为 $1000W/m^2$ 时，热水系统的循环流量应在 $0.006\sim0.01L/(s\cdot m^2)$ 之间或更大。

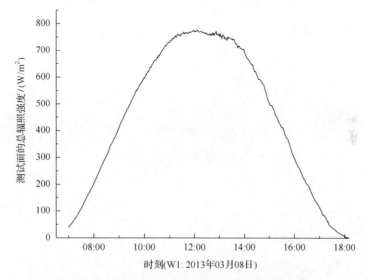

图 13.23　W1 天中测试面上总辐照随时间的变化[1]

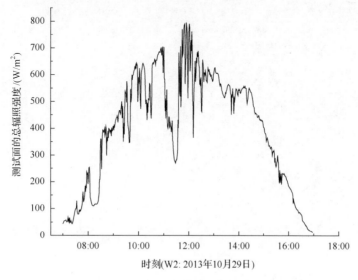

图 13.24　W2 天中测试面上总辐照随时间的变化[1]

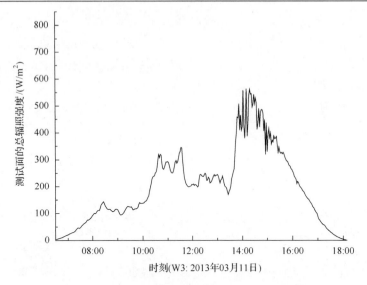

图 13.25　W3 天中测试面上总辐照随时间的变化[1]

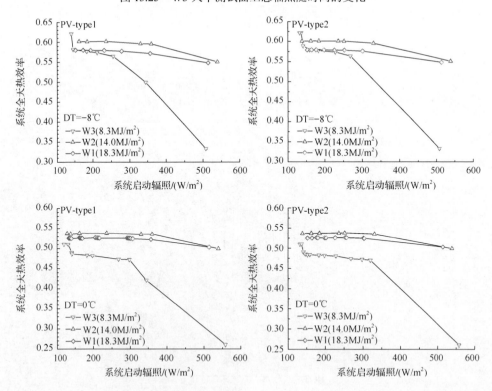

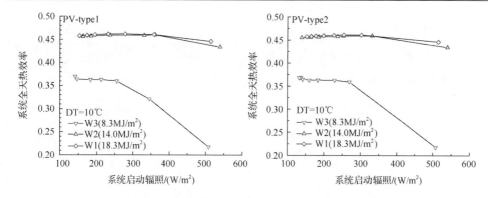

图 13.26　循环流量的启动辐照对系统全天热效率的影响

DT 为起始水温与全天平均环境温度之温差

其中循环流量的限定条件是基于传统热水系统的循环流量需求特性的研究。在恒定流量的传统热水系统中，水箱分层效果极好的系统在循环流量约 0.003L/(s·m²) 时系统热性能最优；而水箱分层效果一般的系统的热效率随循环流量的增加先增大而后在循环流量大于 0.006L/(s·m²) 后基本不变[12]。考虑到实际工程的可操作性和安全性，系统循环流量应设计在 0.006L/(s·m²) 以上。循环流量越小，水箱内进水的温度越高，进水搅动越小，如此水箱温度分层效果越好，系统热性能也越好。此外，自然循环式光伏热水系统其循环流量也随辐照而变化，此种特性与光伏直驱式热水系统相同。在自然循环式热水系统中，正午时系统的循环流量约为 0.01L/(s·m²)。鉴于以上考虑，建议本书所研究的光伏直驱式热水系统的循环流量设计在 0.006～0.01L/(s·m²)。当系统使用换热器后，考虑到换热器的成本，可适当提高循环流量以减小换热器的换热面积，从而减小设备成本。

13.3.4　不同光伏模块设计方案的比较

由 13.3.3 节所述，在所模拟的工况中，当循环流量的启动辐照相等时系统全天热效率也相等。因此，课题组比较了在相同循环流量的启动辐照下不同的光伏模块设计所需的最少光伏电池单元数目，如图 13.27 所示。由图可知，PV-type2 比 PV-type1 所需的光伏电池单元数目少许多。因而，在光伏直驱式热水系统中，相对于普通的 PV-type1、PV-type2 的光伏模块设计方式更优。

13.3.5　有无循环控制器的系统热性能的比较

图 13.28 显示了集热器阵列在晴天中瞬时输出效率随时间的变化。从图中可以看出，在下午集热器阵列出现负效率的情况。这就是说，此时流经集热器阵列的水在丧失热量。这是因为在光伏直驱式热水系统中，循环流量仅受辐照控制，当集热器进口水温很高而辐照很低时，集热器阵列吸收的太阳热能少于其散失的热能，因而集热器出现负效率的情况。

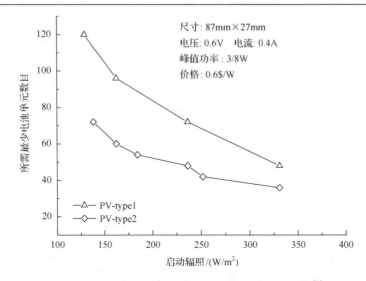

图 13.27　不同光伏模块设计所需的最小电池单元数[1]

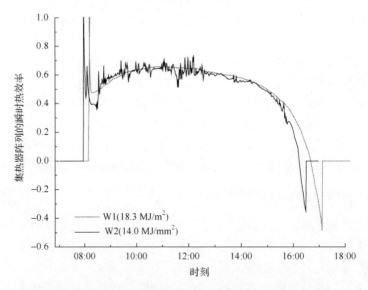

图 13.28　集热器阵列的瞬时输出热效率随时间的变化[1]

　　针对集热器出现负效率的问题，可使用控制器控制系统循环。控制器在集热器出现负效率时系统停止循环，避免热损失。但这将增加系统的复杂度与成本。对此，本书对比了使用和不使用控制器时，光伏直驱式热水系统的全天热效率的差异，如图 13.29 所示。由于水箱容量会影响全天水的温升，进而影响集热器阵列出现负效率的情况。因此，此图，给出了两种方式的系统的效率差随水箱容量的变化。由图可知，使用循环控制器后，晴天中系统的全天热效率有所提高，且提高量随水箱容量的减少而增大，但最大提升量不到1%(相对约2%)。因此，在光伏直驱式热水系统中，没有必要使用循环控制器。

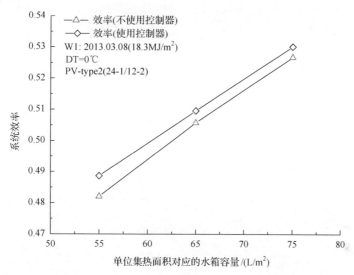

图 13.29　循环控制器对光伏直驱式热水系统全天热性能的影响[1]

13.3.6　光伏模块与直流泵连接方式的对比与选择

光伏直驱式热水系统结构简单、性能稳定。但由于光伏电池与直流泵直接连接，因而光伏模块的工作点偏离其最大功率输出工作点，光电输出效率较低。通过最大功率输出控制器(MPPT)连接光伏模块与直流泵可最大可能地利用光伏电池的发电能力。因此，为对光伏直驱式热水系统中光伏模块与直流泵的连接方式的选择提供参考依据，课题组研究和比较了几种常见的光伏模块与直流泵的连接方式以及它们对系统循环特性及热性能的影响。

图 13.30 为三种典型的光伏模块与直流泵的连接方式示意图。根据 13.3.3 节的模拟结果，在满足流量曲线特性的条件下，设计不同的光伏模块通过以上三种方式与直流泵相连后的输出流量特性曲线如图 13.31 所示。由于光伏直驱式热水系统的全天热性能和成本才是系统最核心的参数，光伏电池的使用效率并非需特别关注的参数。因而，需从系统热效率和成本等方面比较这几种连接方式的差异。

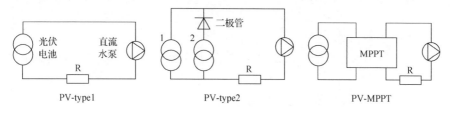

图 13.30　系统中光伏模块与直流泵的三种连接方式[2]

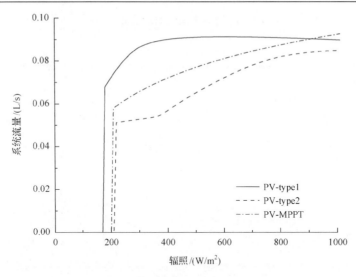

图 13.31　不同连接方式所对应的循环流量随辐照的变化趋势[2]

13.3.3 节中的研究结果表明，在光伏直驱式热水系统中，系统循环的启动辐照对系统全天热性能的影响最明显；循环流量的大小对系统热效率的影响相对较小；随着辐照而变化的循环流量特性有利于提高水箱的温度分层效果，从而有利于系统热性能的提高。当具有相同的启动辐照时，连接方式 PV-type1、PV-type2、PV-MPPT 分别需要 72、48、30 块小光伏电池(电压: 0.59V, 电流: 0.75A)。另外 PV-MPPT 还需要一个最大功率输出控制器(MPPT)(或类似单元)。由于所研究的热水系统所需的光伏电池较少(峰值功率约 10W)，因而系统所需的 MPPT 的成本很可能高于光伏电池。因此，三种连接方式中，PV-type2 最经济。此外，由图 13.31 及前文分析可知，PV-type2 中的流量变化趋势与 PV-MPPT 中的趋势较相似。这意味着，通过改变光伏模块的组成结构，PV-type2 可以产生和 PV-MPPT 基本相同的流量变化趋势。虽然使用 MPPT 后光伏模块的输出电效率远高于使用其他连接方式的电效率，但使用 MPPT 会增加系统的复杂性以及不稳定性。因此，考虑到系统的经济性及稳定性，PV-type2 应为此类热水系统的首选连接方式。近年来，也有团队将 MPPT 功能集成于无刷直流电极内部，并获得很好的经济性和稳定性。若用合适的产品用于光伏直驱式热水系统，将使系统的设计和运行更加简单高效。

13.3.7　模拟研究结果小结

光伏直驱式热水系统与传统温差控制式热水系统最大的区别在于系统循环流量的驱动和控制方式的不同。光伏直驱式热水系统使用光伏模块驱动直流泵，而后直流泵驱动热水系统循环将集热器转化的太阳能转移到水箱中。所以说系统的循环流量是光伏泵系统与热水系统的联系纽带，即不同的光伏模块与直流泵的设计导致不同的系统循环流量，而后不同的循环流量导致不同的热水系统的热性能。因此，本节对光伏直驱式热水系统的研究分成两个部分。第一部分为通过研究不同的光伏模块组成对系统循环流量的影响。第二部分为不同循环流量曲线对系统全天热性能的影响。通过这两部分的研究，确定影响系统热性能的主要循环流量特征，并基于此得到光伏直流泵系统的最佳设计方向。具体结论如下：

(1)不同的光伏模块设计将会有明显不同的系统循环流量随辐照变化的曲线。使用 PV-type1 的光伏直驱式热水系统的循环流量在全天的大部分时候几乎不随辐照变化，近似于恒定流量；而使用 PV-type2 的系统循环流量在全天的大部分时候会随辐照而变化。

(2)系统循环流量的主要特征为启动辐照、变化趋势、辐照 $1000W/m^2$ 时的循环流量大小。本书研究了启动辐照从 $100W/m^2$ 到 $550W/m^2$，流量变化趋势多样，循环流量在 $0.006 \sim 0.01L/(s \cdot m^2)$ 的光伏直驱式系统在各种气象条件和运行工况下的全天热性能。但本书发现仅有启动辐照对系统全天热效率有明显的影响，且最佳启动辐照约为 $250W/m^2$。

(3)当水温较高而辐照较弱时，系统中集热器阵列的瞬时效率可能出现负值。使用循环控制器可避免该问题的出现。但本书通过比较使用和不使用循环控制器时系统的全天热效率，发现使用控制器后系统效率提升非常微弱，相对提高不到 2%。此外，使用控制器增加了系统的复杂度和成本，也增加了不稳定性，因而，在光伏直驱式热水系统中并无必要使用循环控制器。

(4)当设计光伏直驱式热水系统时，PV-type2 需要的光伏电池单元较少，也更简单和稳定，是一个较好的光伏模块设计方案。当有合适的集成 MPPT 功能的无刷直流水泵产品时，将其运用于光伏直驱式热水系统也是一种不错的选择。

13.4　太阳能平板集热系统-光伏直驱式系统的设计方法与性能对比

13.1～13.3 节中对光伏直驱式太阳能热水系统的性能进行了实验和模拟研究。一方面验证了 PV-SWHS 的可行性，另一方面为此类系统的优化设计提供参考和依据。

1. 设计参数的选取

以往的研究和工程运用对太阳能热水系统的设计和施工已经积累了足够的资料和数据。PV-SWHS 与传统 SWHS 的差异主要体现在循环的实现方式和控制方式上。因而，设计 PV-SWHS 的主要任务是确定光伏模块和直流泵的选型和连接及安装方案。

PV-SWHS 中，光伏和泵通过改变热水系统循环流量的特性来影响热水系统的热性能。综合前文所述，系统循环流量特性中仅循环启动辐照对热水系统的热性能有明显影响，且最佳启动辐照约为 250W/m²。在研究中，系统的循环流量控制在 0.006～0.01L/(s·m²)。此外，本书通过研究发现使用光伏分组连接方式的 PV-type2 的光伏模块设计方案是较好的选择。这些参数应是设计 PV-SWHS 中光伏模块和泵系统的关键参数。

传统温差控制的恒定流量的 SWHS 中，当循环流速控制在 0.003～0.03L/(s·m²) 时，系统全天的热性能几乎一样。在工程实践过程中，考虑到设备老化后性能的降低以及系统的安全性，传统的热水系统选用循环流量 0.02L/(s·m²) 作为一次循环系统的设计循环流量。对于有换热器的二次热水系统此流量会根据换热器的性能成本做相应的调整。基于同样的考虑，本书给出以下设计建议：

(1) 当温度为 25℃、太阳辐照为 1000W/m² 时，系统循环流量为 0.01L/(s·m²)；

(2) 采用光伏模块与直流泵的直接连接方式；

(3) 选用 PV-type2 作为光伏模块的设计方案；

(4) 新系统的循环启动辐照接近但不高于 250W/m²；

(5) 当热水系统使用换热器时，系统循环流量的大小可根据换热器的需求进行调整；

(6) 光伏模块的开路电压应不高于直流泵额定工作电压的 1.2 倍，以确保泵的安全；

(7) 光伏模块的朝向与倾角与集热器阵列一致。

2. 设计方法

综上所述，PV-SWHS 的设计方法为：

(1) 根据用户对热水的温度 T_{end} 和体积 Q 的需求，选择水箱。

(2) 根据当地的气象条件（日平均辐照 G_{avq}，平均气温 $T_{air,avq}$）和补水温度 T_{in} 计算出集热器产品的全天平均热效率。

η_{avg} 的估算公式如下：

$$\eta_{day} = \eta_o - U \frac{T_{in} + f(T_{end} - T_{in}) - T_{air,avg}}{G_{avg}} \tag{13.7}$$

式中，η_o 为集热器产品的测试截距效率，国标规定不小于 72%；f 为入口水温修正系数，一般取 2/3；U 为总热损失系数，W/(℃·m²)。

(3) 通过用水需求以及气象条件计算出一次系统的集热器的面积，公式为

$$A = \frac{QC(T_{\text{end}} - T_{\text{in}})f_{\text{s}}}{J_{\text{avg}}\eta_{\text{avg}}\eta_{\text{s}}f_{\text{a}}} \tag{13.8}$$

式中，J_{avg} 为平均日总辐照量，J/m^2；η_{s} 为系统水力管路及水箱的全天热效率，根据系统保温和送水等管路的安装情况，一般取 0.85；f_{s} 为太阳能保证率；f_{a} 为集热器阵列流动不均匀性对效率的修正系数，4 块及以下并列的阵列其值可取 1，10 块左右并列的阵列其值可取 0.9。J_{avg} 和 f_{s} 的取法有以下几种：①f_{s} 取当地建议值，一般 0.5；J_{avg} 取全年平均日辐照量；②按照夏季晴好天气时，太阳能保证率 100% 来设计，如此，f_{s} 取 1，J_{avg} 取夏季晴好天气时的平均日辐照总量。③按照冬季晴好天气时，热水全由太阳能保证的原则来设计，如此相关参数取冬季晴好天气时的值。④按照全年一般晴天(典型天)时，热水全由太阳能保证原则来设计。T_{in}、J_{avg} 取全年中的一般晴天时的值。

(4)根据计算所得的集热器面积设计排列和安装方式。

(5)按面积流量 $0.006 \sim 0.01\text{L}/(\text{s} \cdot \text{m}^2)$ 计算干路总流量。对于小型系统其值可按小值取，对于较大的系统其值可按大值取。根据干路总流量设计管路的尺寸及保温方式。

(6)根据设计的系统水力系统、流量需求及设定的安全系数，计算流动阻力。选取无刷直流泵，使直流泵的额定工况(最大效率点)满足需求。

(7)根据所选的无刷直流泵的最小启动电流和电压，设计光伏模块的结构。光伏模块采用 PV-type2 类型。设定光伏模块在辐照为 250W/m^2 时有足够的动力启动直流泵。具体方式为先设计工作组光伏电池的开路输出电压为直流泵额定工作电压的 1.2 倍左右，最佳功率输出电压和电流满足直流泵的额定工作需求。然后根据工作组的设计，计算启动组所需的光伏组成。PV-type2 的启动组和工作组的阵列组成的具体估算公式如下(考虑到设备老化，取 20% 的设计余量)：

$$N_{\text{s,o}} = \frac{U_{\text{work,pump}}}{U_{\text{m,cell}}} \tag{13.9}$$

$$N_{\text{p,o}} = \frac{I_{\text{work,pump}}}{0.25I_{\text{m,cell}}} \tag{13.10}$$

$$N_{\text{s,s}} = \frac{1.2U_{\text{start,pump}}}{U_{\text{m,cell}}} \tag{13.11}$$

$$N_{\text{p,s}} = \frac{1.2I_{\text{start,pump}}}{0.25I_{\text{m,cell}}} - N_{\text{p,o}} \tag{13.12}$$

式中，$U_{start,pump}$、$I_{start,pump}$ 分别为直流泵的最小启动电压，V 和电流，A；$U_{work,pump}$、$I_{work,pump}$ 分别为直流泵的额定工作电压，V 和电流，A；$U_{m,cell}$、$I_{m,cell}$ 分别为所选用的小电池单元的额定最大输出电压，V 和电流，A；$N_{s,s}$、$N_{p,s}$ 分别为光伏模块启动组的串联与并联级数；$N_{s,o}$、$N_{p,o}$ 分别为光伏模块工作组的串联与并联级数。其中所选用的电池单元应尽量使光伏模块的串并联级数的计算结果是较小的整数。

(8)光伏模块与集热器阵列按相同的朝向和倾斜角安装。具体朝向依据当地遮挡情况和用水倾向决定。一般屋顶系统兼顾全年并倾向于冬季需求设计，其朝向正南，倾斜角为当地纬度加 5°左右。壁挂热水系统，其倾角为 90°，具体朝向受安装位置限制。若无限制，倾角 90°时，最佳朝向为南偏西 35°左右(用水需求主要在晚上及下午)。

(9)根据当地气象条件和资源，选择是否设计双水箱，并配置相应的辅助加热系统。

(10)当采用二次系统时，集热器面积修正及换热器选取方式可参考传统系统的设计方法。

3. 光伏直驱式太阳能热水系统与传统系统的性能对比

参考 13.4.1 节所述的最优化设计参数，PV-type(24-1/12-2)的光伏模块是实验所搭建的 PV-SWHS 的最优设计。优化设计的 PV-SWHS 与传统温差控制方式的 SWHS 在不同气象条件和工况下的性能差异对此种系统的实际运用至关重要。因此，本书综合前文的研究成果，通过实验和模拟研究和比较了多种不同地区不同工况下这两种系统的性能差异。具体信息可参考相关文献，其主要结论如下：

(1)光伏直驱式热水系统与传统热水系统在晴天、多云、阴天等多种天气以及不同的初始水温下具有几乎相同的系统全天热效率，两系统全年的热性能表现并无明显差异。

(2)在日辐照总量不足 $6MJ/m^2$ 的阴沉天气，当水箱初始温度比白天环境平均温度高 30℃以上时，光伏直驱式热水系统会因循环的启动而损失水箱中的热量；当水箱初始温度比白天环境平均温度高不到 30℃时，系统会因循环启动而增加水箱中的热量。由于实际使用过程中水箱初始温度几乎不可能高于环境温度 40℃以上，而此时因启动循环而导致的水箱温度损失仅约 1℃，因而对于光伏直驱式热水系统来说在这种恶劣工况下无需采取对应措施。

(3)在辐照较差的天气中，传统 SWHS 中的交流泵在全天都可能出现频繁启动和停止的问题，而光伏直驱式热水系统中的直流泵全天工况较为稳定。

(4)与目前工程使用的传统 SWHS 相比，PV-SWHS 系统在循环驱动和控制部

分的投资更少且无运行费用，经济性十分明显。即使不考虑传统 SWHS 中的循环
控制器的设备和运行成本，且将交流泵替换为无刷直流水泵时，PV-SWHS 仍然很
经济，相关设备的相对投资回报期为 3 年。此外，传统 SWHS 结构和安装更复杂，
且存在水泵频繁启动和停止的问题。系统维修一次所造成的损失及费用至少在百
元量级。因此，在考虑系统安装、维修费用及使用寿命时，PV-SWHS 的经济性将
更加突出。

参 考 文 献

[1] 王艳秋. 光伏直驱式太阳能热水系统的理论和实验研究. 合肥: 中国科学技术大学博士学位论文, 2015.

[2] 王艳秋, 季杰, 孙炜, 等. 光伏直驱式热水系统流量特性的实验和理论研究. 太阳能学报, 2017, 38 (2): 357-362.

[3] Ji J, Wang Y, Yuan W, et al. Experimental comparison of two PV direct-coupled solar water heating systems with the traditional system. Applied Energy, 2014, 136: 110-118.

[4] Wang Y Q, Ji J, Sun W, et al. Experiment and simulation study on the optimization of the PV direct-coupled solar water heating system. Energy, 2016, 100: 154-166.

[5] Al-Ibrahim A, Beckman W, Klein S, et al. Design procedure for selecting an optimum photovoltaic pumping system in a solar domestic hot water system. Solar Energy, 1998, 64 (4): 227-239.

[6] Al-Ibrahim A M. Optimum selection of direct-coupled photovoltaic pumping system in solar domestic hot water systems. Madison: University of Wisconsin-Madison, 1997.

[7] Dayan M. High performance in low-flow solar domestic hot water systems. University of Wisconsin-Madison, 1997.

[8] Bai Y, Fraisse G, Wurtz F, et al. Experimental and numerical study of a directly PV-assisted domestic hot water system. Solar Energy, 2011, 85 (9): 1979-1991.

[9] Ghoneim A. Design optimization of photovoltaic powered water pumping systems. Energy Conversion and Management, 2006, 47 (11): 1449-1463.

[10] Metwally H M, Anis W R. Dynamic performance of directly coupled photovoltaic water pumping system using DC shunt motor. Energy conversion and management, 1996, 37 (9): 1407-1416.

[11] Fanney A, Klein S. Thermal performance comparisons for solar hot water systems subjected to various collector and heat exchanger flow rates. Solar Energy, 1988, 40 (1): 1-11.

[12] Cristofari C, Notton G, Poggi P, et al. Influence of the flow rate and the tank stratification degree on the performances of a solar flat-plate collector. International Journal of Thermal Sciences, 2003, 42 (5): 455-469.

[13] Ghoneim A A, Al-Hasan A Y, Abdullah A H. Economic analysis of photovoltaic-powered solar domestic hot water systems in Kuwait. Renewable Energy, 2002, 25 (1): 81-100.

[14] Periasamy P, Jain N, Singh I. A review on development of photovoltaic water pumping system. Renewable and Sustainable Energy Reviews, 2015, 43: 918-925.